ALVENARIA ESTRUTURAL

Blucher

Carlos Alberto Tauil
Flávio José Martins Nese

ALVENARIA ESTRUTURAL

2ª edição

Alvenaria Estrutural, 2ª edição

Editora Edgard Blücher Ltda.

Publisher Edgard Blücher
Editores Eduardo Blücher e Jonatas Eliakim
Coordenação editorial Andressa Lira
Produção editorial Thaís Costa
Preparação de texto Catarina Tolentino
Diagramação Roberta Pereira de Paula
Revisão de texto MPMB e Évia Yasumaru
Capa Laércio Flenic
Imagem da capa iStockphoto

Blucher

Rua Pedroso Alvarenga, 1245, 4º andar
04531-934 – São Paulo – SP – Brasil
Tel.: 55 11 3078-5366
contato@blucher.com.br
www.blucher.com.br

Segundo o Novo Acordo Ortográfico, conforme 6. ed. do *Vocabulário Ortográfico da Língua Portuguesa*, Academia Brasileira de Letras, julho de 2021.

Dados Internacionais de Catalogação na Publicação (CIP)
Angélica Ilacqua CRB-8/7057

Tauil, Carlos Alberto
Alvenaria estrututral / Carlos Alberto Tauil, Flávio José Martins Nese. – 2. ed. – São Paulo : Blucher, 2023.
314 p.

Bibliografia
ISBN 978-65-5506-765-1

1. Engenharia de estruturas 2. Alvenaria I. Título II. Nese, Flávio José Martins

23-1174 CDD 624.1

Índices para catálogo sistemático:
1. Engenharia de estruturas

AGRADECIMENTOS

Agradeço a todos com quem convivi durante minha vida profissional desde 1968, com os quais muito aprendi no âmbito do projeto, da execução, da elaboração de normas, dos seminários, palestras e congressos, e também aos profissionais das indústrias e construtoras nas quais trabalhei durante os últimos 53 anos. Quero expressar aqui meu reconhecimento da sua contribuição para que fosse possível, hoje, registrar uma parte dessa experiência neste livro.

Agradeço também o apoio da minha família, cujo incentivo constante foi fundamental para percorrer essa trajetória.

Arq. Carlos Alberto Tauil

Este livro é resultado do trabalho conjunto que, há muito, vinha sendo conversado com o colega Carlos Tauil, o primeiro a quem quero agradecer o carinho e profissionalismo demonstrado durante esses 36 anos de amizade e ensinamento, além de muita troca de conhecimento. Agradeço pelo convite em compartilhar esta obra.

Meus agradecimentos são igualmente direcionados ...

... a meus pais, Helena e Dante, que me deram todas as condições para chegar até aqui; meus irmãos, Otávio, com quem sempre aprendo algo novo com seus conselhos, e Marco, que de maneira indireta e silenciosa antecipou em minha vida decisões presentes até hoje;

... a minhas filhas, Thais, Priscila e Letícia, que sempre estiveram ao meu lado incentivando e colaborando, desde a primeira edição deste livro;

... à Claudia Maria de Freitas, que me mostrou caminhos não antes trilhados; e

... a Hugo da Costa Rodrigues, profissional que com carinho e dedicação escreveu o prefácio desta edição, pessoa com quem tenho a oportunidade de aprender sempre;

... a todas as pessoas, técnicos, familiares, profissionais, clientes e conhecidos, que participaram, incentivaram e opinaram durante este trajeto.

Não posso deixar de mencionar a Editora Blucher, o Eduardo, toda a equipe da ABCP (Associação Brasileira de Cimento Portland), a Bloco Brasil e todos os profissionais que, em momentos distintos de minha carreira, colaboraram com conteúdo e ensinamentos.

Arq. Flávio José Martins Nese

PREFÁCIO DA PRIMEIRA EDIÇÃO

O livro *Alvenaria Estrutural*, especialmente voltado à alvenaria de blocos de concreto, é dedicado principalmente a uma das etapas mais importantes do processo de produção de um empreendimento: o projeto.

A doutrina da importância do projeto é facilmente compreendida pelos profissionais da construção de edifícios, pelo menos do ponto de vista conceitual, porém, nem sempre é praticada com a devida seriedade. O projeto, na sua essência, vai além da definição proposta pelos autores, pois nele estão definidos o desempenho do edifício, sua expectativa de vida útil ou sua vida útil de projeto, o custo de produção, os custos ao longo do tempo e todas as particularidades relacionadas ao seu uso, à operação e à manutenção. O projeto vai muito além da simples representação da obra.

Lendo o livro, observa-se que ele não tem a pretensão de esgotar o assunto alvenaria estrutural de blocos de concreto – não há abordagem sobre o projeto estrutural, por exemplo –, nem de elaborar um código de práticas recomendadas que, por definição, deveria contemplar as melhores práticas adotadas nas distintas regiões do país, incluindo aspectos de manutenção. Porém, seus autores, Carlos Tauil e Flávio Nese, incorporam todas as suas experiências práticas e abordam a etapa do projeto do edifício e da alvenaria estrutural, com grande propriedade e enfoque na arquitetura, desde a concepção até o detalhamento da alvenaria; apresentam os materiais a serem empregados, de acordo com as normas técnicas brasileiras, o que é fundamental do ponto de vista da qualificação dos blocos de concreto; e abordam práticas de execução da alvenaria de uma forma bastante didática.

É um livro, portanto, de grande valia aos arquitetos e engenheiros que atuam na prática da construção de edifícios, apresentado em uma linguagem de fácil compreensão e bastante ilustrado. É possível que haja divergência de opinião entre os profissionais do setor acerca de práticas recomendadas de projeto e execução, mas a espinha dorsal está definida e os conceitos foram abordados e fundamentados.

Tauil tem ampla experiência em alvenaria estrutural de blocos de concreto, desde o processo de produção dos blocos até a execução de obras, sendo um dos profissionais pioneiros na introdução desse sistema construtivo no Brasil. Para quem o conhece e pode desfrutar de sua convivência, mesmo que apenas profissionalmente, percebe sua seriedade, seu interesse, sua motivação e, poderíamos dizer, sua devoção ao assunto. Flávio Nese, um arquiteto mais jovem, com quem compartilhei alguns momentos de minha vida, tem a rebeldia ou a inquietude necessária para questionar paradigmas e propor mudanças em um cenário que nem sempre é favorável às grandes transformações. A união desses dois arquitetos foi muito oportuna e resultou na empreitada da elaboração deste livro, percebe-se, escrito a quatro mãos.

Cláudio Mitidieri, abril de 2010

PREFÁCIO DA PRIMEIRA EDIÇÃO

É sempre um motivo de expectativa e de otimismo o lançamento de livros técnicos, principalmente numa época em que as atividades acadêmicas, em diversas unidades de ensino, são muito insuficientes, quer do lado dos alunos, quer das faculdades.

O conhecimento complementar a ser adquirido no início da atividade profissional, principalmente para os profissionais ligados à área de projetação da Construção Civil e de outros, que estudam e optam pela adoção do sistema construtivo de alvenaria de blocos de concreto, vão encontrar nesta edição do livro de Alvenaria estrutural, da editora Pini, um conteúdo técnico, muito bem desenvolvido e detalhado, resultante de uma longa e contínua aplicação do sistema pelo arquiteto Flávio Nese, que agora coloca, nesta obra, essa experiência muito bem documentada por desenhos e textos.

Merecem, pois, os arquitetos Carlos Tauil e Flávio Nese nossos maiores elogios por essa tarefa e desempenho, contribuindo significativamente para o aprimoramento da Construção Civil.

Arq. Benno Perelmutter, abril de 2010

PREFÁCIO DA SEGUNDA EDIÇÃO

Ao desligar o celular após o convite para prefaciar a 2ª edição desta obra-prima da alvenaria estrutural com blocos de concreto, fiquei me perguntando, perplexo, por que eu havia sido escolhido para tão destacada e nobre missão. Confesso que fiquei "me achando a última bolacha do pacote", ou em outras palavras, o homem mais importante do mundo, e muito distante de merecer tamanha deferência. Assim, quero iniciar agradecendo profundamente aos colegas e grandes amigos, Carlos Alberto Tauil e Flávio José Martins Nese – o Tauil e o Nese –, em especial a este último, pela atenção e carinho na formulação do convite.

Mas não estou aqui para falar de mim, e sim, desses excepcionais profissionais e desta brilhante literatura técnica que não pode faltar a nenhum profissional da cadeia produtiva da construção e, muito menos, em nenhum escritório de projetos estruturais ou de arquitetura.

No entanto, estas minhas palavras não estarão debruçadas sobre a obra em si, por dois motivos muito simples. O primeiro é o fato de os arquitetos autores reunirem expressiva experiência prática na aplicação da tecnologia, que se encontra – de modo ordenado e gradual –, muito bem detalhada e descrita, a cada capítulo do livro. E segundo, porque se a obra está sendo atualizada e reeditada é porque possui lugar de destaque na literatura técnica sobre o tema e suficiente procura e necessidade por parte dos profissionais do *trade*.

Não me recordo com exatidão o ano em que conheci Tauil. Lembro sim do motivo da aproximação. Acredito que foi pelos idos de 1990, quando ele era o Diretor Técnico-Comercial da Reago Indústria e Comércio S.A., uma empresa fabricante de blocos de concreto que não mais existe e que pertencia ao então Grupo Camargo Corrêa.

Um telefonema meu – um tanto quanto inseguro e apreensivo de minha parte –, a ele, Tauil, solicitando uma reunião pessoal para formalizar um convite da Associação Brasileira de Cimento Portland (ABCP) – entidade que servi com dedicação e exclusividade por 45 anos –, para realização de um curso de capacitação sobre alvenaria estrutural de blocos de concreto, sendo ele, é claro, o instrutor.

Bingo!

Convite prontamente aceito e com tamanho entusiasmo que fiquei me crucificando do porquê eu não havia feito essa aproximação e convite muito antes. Nascia o CAEB, sigla do Curso Básico e Intensivo de Alvenaria Estrutural com Blocos de Concreto da ABCP que em pouco tempo se transformava em um êxito estrondoso que se estendeu por muitos anos. E a cada ano um novo e excepcional profissional dedicado ao tema era trazido pelo próprio Tauil, para se incorporar à atividade e ampliar o escopo e profundidade do conteúdo, sendo o Flávio Nese um desses profissionais.

Também não me recordo com exatidão quando conheci o Nese.

Creio ter sido por volta de 2004 e, com certeza, mais profundamente, a partir de 2014, quando ele assumiu, como instrutor, variados cursos da ABCP sobre o tema.

Fico também me perguntando que importa saber o ano exato que conheci e me aproximei desses profissionais, porque a sensação que sempre tive foi de já conhecê-los de vidas "técnicas" passadas, como colegas de profissão, amigos de jornada, para não dizer, como irmãos de coração, diante da generosidade de transmitir todo o vasto conhecimento técnico com maestria e sem jamais "esconder o jogo", "esconder o leite", como se costuma dizer daqueles "egoístas de plantão que ainda existem", os quais muitas vezes, não passam de profissionais superficiais e limitados, mas que são "encantadores de serpentes".

Algo do Nese que sempre me chamou muito a atenção foi o "sangue nos olhos", ou melhor, o "brilho nos olhos", ou ainda, em outras palavras, "o gosto e a vontade imensa de ser protagonista" do desenvolvimento, inovação e transferência de conhecimento técnico por intermédio de palestras, treinamentos e cursos, sem que em nenhum desses momentos estivessem envolvidos, ou fossem indispensáveis, aspectos de remuneração como recompensa pelo domínio aprofundado da técnica.

Na verdade, a recompensa era o prazer de poder ensinar.

Sem sombra de dúvida, de aprender também.

E, neste caso, pelo simples fato de ampliar a cobertura e profundidade de seu próprio conhecimento para seguir transmitindo sua experiência com maior maestria e abrangência.

Um profissional curioso e consequentemente irrequieto, repleto de boas ideias, e sempre motivado e compromissado com a sua formação técnica e, principalmente, daqueles que atuam na cadeia produtiva da construção.

E o "brilho nos olhos" era ainda mais intenso quando se tratava de ajudar os futuros profissionais, os estudantes.

Um “mackenzista da gema” que, ao ser convidado por mim, em nome da ABCP, para ser um dos instrutores de um curso de especialização para estudantes de arquitetura da Faculdade de Arquitetura e Urbanismo da Universidade Presbiteriana Mackenzie (FAU-Mackenzie), não só ministrou com excelência o conteúdo que lhe cabia exatamente sobre projeto arquitetônico e coordenação modular com alvenaria estrutural de blocos de concreto, como acompanhou e assistiu a todas as demais aulas que compunham o módulo Cimento e Concreto – e que, diga-se de passagem, não eram poucas –, chegando à sala de aula 30 minutos antes do início de cada uma delas.

E pasme-se: neste ano de 2022 acontecerá a 9ª edição desse curso, mais uma vez com sua presença como instrutor e, como em todas as edições anteriores, ele, Nese teve o mesmo comprometimento em assistir a todas as aulas.

Um entusiasta, sem dúvida, pela absorção e transmissão de conhecimento.

O que esperar quando dois renomados, experientes e compromissados profissionais – do naipe de Tauil e Nese –, se unem para elaborar um livro técnico, se não o fato de que o mercado da construção será brindado com um documento da mais alta excelência, sobre o tema alvenaria estrutural com blocos de concreto.

Foi uma falha imperdoável você já não dispor de um exemplar em sua biblioteca técnica particular em 2010, quando da 1ª edição dessa obra.

Não cometa o mesmo erro, perdendo agora a oportunidade de ter a 2ª edição mais atualizada.

Desejar sucesso a ambos, autores e a esta 2ª edição, seria pura redundância. Todos já são um sucesso indiscutível!

Hugo da Costa Rodrigues Filho,
Eng. Civil, MSc. HCR Consultoria e Engenharia Ltda.

CONTEÚDO

CAPÍTULO 1

Histórico no Brasil

Carlos Alberto Tauil

Alvenaria Estrutural tem sido usada há séculos pelo mundo afora. Entretanto, Alvenaria Estrutural com blocos de concreto é uma inovação relativamente recente. Em meados do século passado, máquinas manuais produziam os blocos, mas, a partir dos anos 1960, com a construção de usinas hidrelétricas no Brasil e, portanto, a necessidade de se construir uma vila para os milhares de trabalhadores, a construtora importou dos Estados Unidos máquinas do tipo *vibroprensa*, uma mecânica e de alta capacidade de produção de blocos de concreto, para serem usadas nas alvenarias estruturais de casas, escolas, hospitais etc., as quais, após a conclusão da usina, viraram cidades, como Jupiá e Ilha Solteira, no oeste do estado de São Paulo.

1.1 CANTEIRO DE OBRAS TORNA-SE MUNICÍPIO

1.1.1 CANTEIRO DE OBRAS VIRANDO MUNICÍPIO: ILHA SOLTEIRA[1]

É uma das poucas cidades planejadas do Brasil. Em meados da década de 1960, teve sua pedra fundamental assentada. Seu nome teve origem em decorrência de uma "ilha solitária" que se localiza próxima à usina (1).

Figura 1.1 – Vista geral da Vila Piloto, de Jupiá – cidade de Três lagoas/MS em 1962.

Fonte: Construções e Comércio Camargo Corrêa S.A. – CCCC.

[1] Disponível em: https://www.cartorioilhasolteira.com.br/?pG=X19wYWdpbmFz&idPagina=25.

Seu nascimento ocorreu de forma peculiar, visto que, inicialmente poderia ser considerada como um enorme alojamento, utilizado por trabalhadores oriundos de todo o Brasil (o que justifica a diversidade cultural existente), com o escopo único da construção da Usina Hidrelétrica de Ilha Solteira. A construção da usina teve seu pico em 1972, quando a "vila" comportava aproximadamente 32 mil habitantes.

Até então, Ilha Solteira era administrada de forma especial, devidamente autorizada pelo governo do estado, e dirigida pela Cesp (Companhia Energética de Ilha Solteira). Com o término das obras, Ilha Solteira passou a ser Distrito de Pereira Barreto/SP.

Esta situação perdurou até que um grupo de moradores, representantes da sociedade civil e dos diversos seguimentos da sociedade criaram uma Comissão de Emancipação, que lutou de maneira ilustre e honrosa durante aproximadamente quatro anos (1987-1991), proporcionando uma das maiores votações populares da história brasileira, culminando com sua emancipação, e consequente elevação à categoria de novo município brasileiro.

Sua infraestrutura tem ruas organizadas, iluminação, água e saneamento básico para toda a população. Com posição de destaque no IDH (Índice de Desenvolvimento Humano), tem sua localização privilegiada, maravilhas naturais que fazem a cidade ainda mais bela. Próxima aos rios Paraná, Tietê e São José dos Dourados, é atualmente considerada Estância Turística.

Encantos naturais fazem da cidade um lugar atrativo. No ramo da educação, também é modelo no ensino fundamental. Já no ensino superior tem, desde 1976, a Universidade Estadual Julio de Mesquita Filho (Unesp), que ocupa posição de destaque no âmbito nacional, notadamente pelos seus cursos de engenharia, graduação e pós-graduação.

1.1.2 VILA PILOTO, DE JUPIÁ – CIDADE DE TRÊS LAGOAS/MS

Conforme consta em *História, Memória e Patrimônio Cultural de Três Lagoas/MS: As Imagens Fotográficas da "Cidade das Águas"*,[2] no ano de 1964 teve início a construção da barragem Souza Dias (Jupiá), que foi um marco para o estímulo do desenvolvimento local.

Com isso, houve um crescimento populacional local através da migração interna, aumento nas relações comerciais, as implementações na infraestrutura local, com a viabilização de recursos possibilitando a oferta de energia, água encanada e escolas atendendo a demanda dos munícipes.

A Companhia de Energética de São Paulo (Cesp) foi responsável pela construção de duas vilas, uma no município de Três Lagoas/MS com nome de Vila Piloto com a finalidade de servir de moradias aos operários ligados diretamente a construção da

---

2 Disponível em: http://www.cih.uem.br/anais/2017/trabalhos/3515.pdf

hidrelétrica, e a outra, a Vila dos Operadores em Castilho/SP, que serviu de moradia aos técnicos e engenheiros.

Figura 1.2 – Implantação da cidade. Acampamento de Ilha Solteira em 1962.

Fonte: Construções e Comércio Camargo Corrêa S.A. – CCCC.

1.2 CONSTRUÇÃO DE MORADIAS

A industrialização no Brasil após a Segunda Guerra Mundial levou a grande massa de trabalhadores do campo a migrar para as cidades à procura de melhores empregos, fazendo com que a rápida urbanização demandasse a construção de moradias para atender essa população recém-instalada nas áreas urbanas.

Somente em 1965, já no governo militar, decide-se criar um grande programa de construção de moradias por meio da fundação do Banco Nacional de Habitação (BNH) e de um sistema de crédito e financiamento para permitir a construção de milhares de moradias financiadas para essa leva de novos moradores das cidades.

Com esse modelo de crédito e financiamento, em 1968 é construído no bairro da Lapa, em São Paulo, o primeiro conjunto de prédios residenciais em Alvenaria Estrutural (AE) de blocos de concreto. Na época, o meio técnico chamava esse tipo de estrutura de Alvenaria Armada. No começo, eram erguidos prédios de quatro andares e, posteriormente, de até doze andares.

Figura 1.3 – Central Parque Lapa, 1971; doze pavimentos em AE – bloco de 19. Foto C.A. Tauil.

Figura 1.4 – Central Parque Lapa, 1966; quatro pavimentos em AE – bloco de 19. Foto C.A. Tauil.

Nessa época, uma indústria instalada junto a uma pedreira em Guarulhos, com máquinas trazidas da obra da construção das casas da vila das usinas hidrelétricas citadas, passa a ser a primeira fornecedora de blocos estruturais de concreto para AE em São Paulo. Os diretores dessa indústria observaram então o grande potencial de mercado para a comercialização de blocos estruturais para a construção de edifícios habitacionais, cujos projetos induziam à construção de paredes repetitivas e moduladas em 20 cm, com blocos estruturais 19x19x39 cm.

O Eng. Cid Luiz Racca, um dos diretores dessa indústria, apresenta no 1° Encontro Nacional da Construção (Enco), em 1972, um manual de cálculo orientativo para o projeto estrutural em Alvenaria Armada, quando ainda não tínhamos normas brasileiras de projeto de AE. Havia, no entanto, desde 1968, mas ainda ignorado pelo meio técnico em geral, um anteprojeto de norma elaborado na COPPE/UFRJ (Instituto Alberto Luiz Coimbra de Pós-Graduação e Pesquisa de Engenharia, da Universidade Federal do Rio de Janeiro) pelo engenheiro e professor-doutor Fernando Luiz Lobo Carneiro (1913-2001), feito por encomenda do BNH, mas sem uso até então, porém de conhecimento do engenheiro Jorge Kurken Kurkdjian (1937-1989).

Como arquiteto, e tendo projetado e acompanhado a construção de sobrados e edifícios de quatro pavimentos entre 1972 e 1975 na construtora Zarvos Imóveis, atividades nas quais pude aplicar conceitos de coordenação modular desenvolvidos com o grupo SAR, na Holanda, vi na AE grande potencial para o desenvolvimento de um sistema construtivo muito flexível em termos de organização do espaço, permitindo soluções arquitetônicas para a construção de edificações as mais diversas.

A título de exemplo, em 1975, a Cia. Construtora Guaratinguetá tinha um desafio para construir o Edifício Muriti, em São José dos Campos/SP, com pilotis e mais dezesseis pavimentos-tipo. O prazo era muito pequeno e só foi viabilizado com o projeto estrutural em alvenaria armada elaborado pelo engenheiro José Luiz Pereira (1940-2020), um pioneiro no Brasil no cálculo de edifícios altos em alvenaria armada de blocos de concreto.

Figura 1.5 – Edifício Muriti, em São José dos Campos/SP. Foto C.A. Tauil.

A partir de 1976, trabalhando na indústria de blocos, fui testemunha ocular do desenvolvimento da AE em várias construtoras da época: Balbo, Concima, Tibério, Sergus, Jaú etc.

Essas os Inocoop's (Instituto de Orientação às Cooperativas Habitacionais de São Paulo), Cohab's (Central da Habitação da Prefeitura de São Paulo) e para o mercado imobiliário. A cada obra era observada a necessidade de criar novos tipos de blocos, além do bloco inteiro: o meio-bloco, a canaleta inteira, a meia-canaleta e outros. Mais tarde, quando se passou a projetar as paredes com blocos de 14x19x39 cm, foi necessário fabricar blocos de canto de 14x19x34 cm e blocos de encontro de paredes estruturais de 14x19x54 cm, para se manter a modulação de 20 cm.

Com o conhecimento da literatura americana da *National Concrete Masonry Association*[3] (NCMA), das normas americanas da *American Standard for Testing and Materials*[4] (ASTM) e uma palestra do engenheiro Greer Ferver, de San Diego, Califórnia (EUA), que havia sido proferida no Instituto de Engenharia de São Paulo (IE-SP)

3 Disponível em: https://ncma.org/.

4 Disponível em: https://www.astm.org/.

em 1968 e na qual foram mostrados o projeto e a construção do primeiro edifício (Hotel Hanalei) feito em Alvenaria Armada nos Estados Unidos, alguns calculistas se propuseram a enfrentar projetos de edifícios mais altos, mesmo não existindo até então normas da ABNT (Associação Brasileira de Normas Técnicas) para tais.

Figura 1.6 – San Diego, Hotel Hanalei, 1968.

Fonte: https://classicsandiego.com/hotels/town-and-country-motor-hotel/

Em 1977, a Cohab-SP coloca em licitação o primeiro conjunto de 37 prédios a serem erguidos em Itaquera, bairro da zona leste de São Paulo. A construtora Beter aceitou o desafio de utilizar um projeto alternativo em Alvenaria Armada, elaborado pelo escritório do engenheiro Kurkdjian, projeto esse contratado como investimento de uma indústria de blocos de concreto, apostando no sucesso da empreitada. Estavam certos, pois a partir daí muitos outros conjuntos de edifícios de quatro e cinco pavimentos foram construídos em Alvenaria Armada.

Figura 1.7 – Cohab Itaquera, 1979.

Fonte: Disponível em: https://www.facebook.com/memoriasdacohabitaquera1/photos/a.1643187565898766/1643187545898768

1.3 DISCUSSÕES TÉCNICAS DA AE, SUA NORMALIZAÇÃO BRASILEIRA E ENSINO

Após um Seminário de Alvenaria Estrutural no Instituto de Engenharia de São Paulo (IE-SP), no final de 1977, com grande participação da cadeia produtiva da construção civil, é finalmente instalada a Comissão de Estudo das Normas Brasileiras de Alvenaria Estrutural com Blocos Vazados.

Faziam parte dessa comissão, quando da instalação, os calculistas Kurkdjian e José Luiz Pereira, engenheiros Carlos Eduardo Tango e Paulo Helene, do IPT (Instituto de

Pesquisas Tecnológicas de São Paulo); engenheiros Wanderley Guimarães, da Concremat, Salvador Giamusso, da ABCP (Associação Brasileira de Cimento Portland), e este autor, além de diversos outros colegas de construtoras e indústrias.

Depois de mais de duzentas reuniões, realizadas entre 1977 e 1989, e mais de 100 participantes ao longo desse tempo, finalmente foi editada a norma brasileira de projeto, última norma do conjunto de normas de requisitos e ensaios diversos que abordavam de resistência à compressão simples de bloco, prisma e parede, além da norma de execução e controle. Vale lembrar que hoje essas normas estão todas revisadas, acompanhando o estado da arte da normalização internacional, sob a coordenação do engenheiro professor Dr. Guilherme Parsekian.

Um evento que teve bastante repercussão, em 1978, foi o Colóquio de Alvenaria Estrutural, promovido pelo Ibracon (Instituto Brasileiro do Concreto), com apresentação de trabalhos em relação a projetos, produção de blocos, ensaios, controle estatístico dos blocos de concreto, visita a uma obra do arquiteto Fuad Jorge Curi na Vila Santa Catarina, em São Paulo. Nessa obra, o sistema construtivo de AE se completava com lajes, escadas e vergas pré-fabricadas, com o uso de blocos arquitetônicos nas fachadas, sem utilizar carpintaria, portanto, sem o uso de madeira. Tratava-se de um conjunto de quatro torres de doze pavimentos em formato de "Y", com seis apartamentos por andar. Após esse colóquio e uma viagem deste autor com o engenheiro Kurkdjian aos Estados Unidos para saber se havia tido alguma mudança no critério de projeto de AE por tensões admissíveis para estado-limite último, voltamos com a convicção que no estado da arte de então (1980), a norma de projeto deveria caminhar pelo critério de tensão admissível, que perdurou até a sua revisão em 2013, quando passou a adotar o critério de estado-limite.

Apesar de muitas palestras feitas pelo Brasil sobre o sistema construtivo em AE, surgiram apenas exemplos pontuais de obras com esse sistema devido à falta de uma indústria forte instalada nos estados do Sul, Sudeste, Nordeste, Centro-Oeste e Norte do Brasil. Essa expansão da indústria só aconteceu após o ano 2000.

Ao longo dos anos 1980, a academia começa a se interessar pela Alvenaria Estrutural, inclusive pelo início de produção do bloco cerâmico para AE. Diversas faculdades de engenharia, como a Escola Politécnica da USP (Universidade de São Paulo), Unicamp (Universidade de Campinas), Escola de Engenharia Civil da USP e Federal de São Carlos, por intermédio de alguns professores, foram aos poucos introduzindo o ensino da AE nos cursos de graduação. No Sul, professores da UFRGS (Universidade Federal do Rio Grande do Sul) e de Santa Maria/RS, e da UFSC (Universidade Federal de Santa Catarina), de Florianópolis, passam a ter bastante interesse no ensino e pesquisa da AE.

Com o início da produção de lajes alveolares em concreto protendido com 3 a 12 metros de vão, arquitetos passam a projetar escolas, mezaninos de galpões industriais, creches, unidades básicas de saúde (UBS), presídios (celas e muralhas) utilizando o sistema AE e lajes alveolares. Assim, racionalizavam-se as construções, eliminando fôrmas e escoramentos, e aumentando a velocidade de execução com equipamentos adequados para a logística de transporte horizontal e vertical dos então blocos paletizados e das lajes alveolares pré-fabricadas.

Da mesma maneira, as construtoras de grandes conjuntos habitacionais para as Cohab's e Inocoop's aplicam as lajes alveolares em prédios de 4 a 13 pavimentos, com 3 a 7 metros de vãos entre paredes estruturais. Divisões internas são construídas com blocos de vedação de 6,5 ou 9 cm de largura, mas também modulados em 20 cm. Eliminava-se desse modo a preocupação de não poder derrubar parede interna em caso de reforma na moradia. A AE mostrava assim a grande flexibilidade oferecida ao se projetar com esse sistema construtivo.

1.4 DÉCADA DE 1990 A 2010

Com as normas da ABNT de AE publicadas em seu conjunto, a indústria cresce com novas plantas se instalando fora da região metropolitana de São Paulo e em outros estados, produzindo blocos e pisos intertravados de concreto e outros sistemas de lajes pré-fabricadas (lajes treliçadas) surgem no mercado. O setor passa então a se preocupar ainda mais com a qualidade dos blocos de resistências cada vez mais altas, para atender os projetos de edifícios residenciais com 15, 18, 20 e 22 pavimentos.

Os programas de qualificação de componentes começam a exigir dos fabricantes de blocos de concreto e das construtoras maior rigor na compra dos produtos qualificados para as obras públicas, inicialmente, e posteriormente também para o mercado imobiliário.

Em 2009, volta a ser farto o crédito federal, agora não mais pelo BNH (extinto em 1985), mas pela Caixa Econômica Federal, para uma nova etapa de construção de milhares de moradias pelo Brasil. Grandes construtoras de São Paulo, Rio de Janeiro e Minas Gerais levam o sistema construtivo em AE para muitos estados brasileiros, motivando investidores a instalar plantas industriais para a produção de blocos de concreto.

Em 2003, as indústrias do Rio Grande do Sul, Santa Catarina e Paraná criam uma associação chamada BlocoSul que, em 2005, com a adesão de outros estados, passa a se chamar BlocoBrasil Associação Brasileira da Indústria de Blocos de Concreto.

1.5 DESEMPENHO DE EDIFICAÇÕES HABITACIONAIS 2013

Entrou em vigor em 2013 a norma brasileira da ABNT *NBR:15.575* que trata das condições de habitabilidade de casas, sobrados e edifícios residenciais. Essa norma é de grande importância para quem projeta e quem constrói e, portanto, deve ser de conhecimento dos profissionais que atuam nesta área.

Importante saber que a partir da edição da norma os moradores de edificações residenciais construídas a partir de então ganharam mais força para questionar em juízo algum defeito que possa haver nas condições de habitabilidade de suas moradias, para que atendam ao item específico questionado.

A *NBR:15.575* estabelece os requisitos para os subsistemas que compõe a edificação, bem como os critérios a serem adotados para uma avaliação quantitativa que se queira analisar, seja estrutura, parede, piso, esquadrias, portas e cobertura.

Este livro que trata de alvenarias de blocos de concreto tem um capítulo específico para tratar do desempenho do SVVIE (Sistemas de Vedação Vertical Interno e Externo), ou seja, a Parte 4 da *NBR:15.575* mostrando avaliações produzidas em laboratórios oficiais dos ensaios feitos desde 2015, pela Associação Brasileira da Indústria de blocos de concreto (Associação BlocoBrasil) com a finalidade de apresentar aos projetistas e construtores, os índices obtidos nas dezenas de ensaios em paredes com blocos de concreto, quanto à resistência ao fogo, retenção de som, estanqueidade, efeito térmico, choque térmico, durabilidade, impacto de corpo mole, corpo duro e resistência a peças suspensas.

A Associação BlocoBrasil e associações de outros materiais e componentes têm procurado através dos ensaios em laboratório e em campo, quando possível, avaliar o desempenho dos diversos subsistemas de vedação vertical, com seus componentes participantes destes subsistemas, propiciando maior conhecimento ao meio técnico na escolha específica num projeto de edificação habitacional.

Vale ressaltar finalmente a importância de os componentes serem caracterizados quando dos ensaios para se ter certeza de que atendam às normas prescritivas específicas para os materiais ou componentes das paredes do subsistema avaliado.

1.6 2020[5]

O conjunto de normas *ABNT NBR 16868*, que tratam de alvenaria estrutural, foram adicionadas à Consulta Nacional em 19 de fevereiro, a fim de recomendar à Comissão de Estudo a aprovação dos textos como apresentados e a aprovação dos textos com sugestões, que deverão ser tecnicamente justificadas.

ABNT NBR 16868 – 1 Alvenaria estrutural – Parte 1: Projeto;

ABNT NBR 16868 – 2 Alvenaria estrutural – Parte 2: Execução e controle de obras;

ABNT NBR 16868 – 3 Alvenaria estrutural – Parte 3: Métodos de ensaio.

Elaboradas pela Comissão de Estudo de Alvenaria Estrutural (CE-002:123.010) do Comitê Brasileiro da Construção Civil (ABNT/CB-002), em conjunto com o Comitê Brasileiro de Cerâmica Vermelha (ABNT/CB-179), as três partes cancelarão e substituirão as normas *ABNT NBR 15812-1:2010, ABNT NBR 15961-1:2011, ABNT NBR 15812-2:2010, ABNT NBR 15961-2:2011, ABNT NBR 15812-3:2017* e *ABNT NBR 16522:2016*, quando aprovadas, sendo que nesse período as referidas normas continuam em vigor.[6]

---

5 https://cbic.org.br/normas-de-alvenaria-estrutural-em-consulta-nacional-na-abnt/

6 https://cbic.org.br/normas-de-alvenaria-estrutural-em-consulta-nacional-na-abnt/

Segundo Guilherme Parsekian, professor da Universidade Federal de São Carlos (UFSCar), o que motivou a nova estrutura unificada e a divisão das partes foi a possibilidade de corrigir uma distorção que havia antes, em dividir normas para projeto e execução de alvenaria estrutural, com textos separados para blocos cerâmicos e de concreto. Como destaca:

> Na realidade todos os conceitos, modelos, critérios de projeto e execução são os mesmos. Todas as normas internacionais de alvenaria estrutural não fazem essa separação. Mesmo na normalização brasileira, apesar de existirem normas distintas antes desta revisão, os textos das duas normas são muito semelhantes. Essa era uma antiga demanda técnica do setor, que felizmente conseguimos resolver. (PARSEKIAN, 2022)

A *ABNT NBR 16868*, sob o título geral "Alvenaria estrutural", tem previsão de conter mais duas partes:

- Parte 4: Estrutura em situação de incêndio;
- Parte 5: Projeto para ações sísmicas.

Sobre essa divisão em partes, Parsekian explica que ela já existia, decorrente do público usuário de cada parte e da organização dos conceitos técnicos. E avalia:

> A parte 3, de métodos de ensaio, estava dispersa em várias normas individuais, uma para cada tipo de ensaio, e foi também unificada e incluída no mesmo número de norma. Isso facilita para quem trabalha na área. As partes 4 e 5 são demandas técnicas atuais, estrutura em situação de incêndio e projeto para ações sísmicas, que precisam ser respondidas. É um trabalho que está em fase inicial, com contribuições de vários técnicos. (PARSEKIAN, 2022)

O coordenador destaca ainda que são várias novidades na norma, respondendo a dúvidas técnicas que estavam "no ar" e incluindo conceitos não previstos antes. Como frisa:

> Na parte de projeto as definições dos termos e notações são mais claras. Foram definidos critérios para melhor consideração daesbeltez, com condição especial para edificação térrea com blocos de 9 cm, possibilidade de considerar travamentos laterais, possibilidade de projeto de paredes armadas muito esbeltas. Foram incluídas especificações para alvenaria estrutural com tijolos cerâmicos. Critérios para verificação da estabilidade lateral de edifícios são definidos. Elimina-se a necessidade de se desprezar boa parte da resistência do aço no dimensionamento, com inclusão de detalhes para melhorar a aderência bloco e graute. Um ponto muito importante, que deve resolver uma fonte frequente de desconhecimento e erro por parte de projetistas, foi a inclusão de recomendações para especificação correta de resistências de argamassa e graute, em função do tipo de bloco, e do valor da resistência de prisma a ser considerado. São incluídos anexos preenchendo lacunas no projeto de alvenaria estrutural quanto a detalhes para evitar colapso progressivo; dimensionamento de painéis como paredes de shopping, galpões, depósitos e outros; inclusão da alvenaria estrutural participante do contraventamento como preenchimento de pórticos de concreto ou aço ou outro material. (PARSEKIAN, 2022)

Já na parte de execução, alguns detalhes foram melhorados, de acordo com o especialista:

> A parte de controle de obras foi completamente redefinida, respondendo dúvidas e lacunas existentes. Por exemplo, existia controvérsia se as regras para controle da qualidade de bloco existentes nas normas de produto (NBR 6136 e NBR 15270) valiam para obra ou só para fábrica. O projeto de norma deixa claro procedimentos específicos para obra, com critérios muito bem ponderados. Responde a questões como necessidade ou não de ensaio de bloco, definição do lote e amostragem. Isso vale para argamassa e graute. Na questão do prisma, são incluídas possibilidades, dentro de critérios específicos, para redução no número de corpos de prova, possibilidade de construção de prisma diretamente no laboratório. Em casos de empreendimentos com várias edificações, existe critério para reduzir o número de ensaios após algumas repetições. (PARSEKIAN, 2022[7])

1.6.1 ABNT NBR 16868:2020 – SOBRE AS PARTES[8]

A *ABNT NBR 16868-2*, Alvenaria estrutural – Parte 2: Execução e controle de obras, de 10 de agosto de 2020, substitui as normas *ABNT NBR 15812-2:2010*, Alvenaria estrutural – Blocos cerâmicos, Parte 2: Execução e controle de obras e *ABNT NBR 15961-2:2011*, Alvenaria estrutural – Blocos de concreto, Parte 2: Execução e controle de obras.

Já a *ABNT NBR 16868-3*, Alvenaria estrutural – Parte 3: Métodos de ensaio, de 10 de agosto 2020, substitui as normas *ABNT NBR 15812-3:2017*, Alvenaria estrutural – Blocos cerâmicos, Parte 3: Métodos de ensaio e *ABNT NBR 16522:2016*, Alvenaria de blocos de concreto – Métodos de ensaio.

> É importante ressaltar que essa norma se aplica apenas a alvenarias estruturais de blocos de tijolos cerâmicos e de blocos de concreto. Na prática, houve uma unificação das normas anteriores, que foram canceladas e substituídas, que tratavam isoladamente de alvenaria estrutural de blocos cerâmicos e de blocos de concreto. Portanto, passa a ser uma única referência para alvenaria estrutural de tijolos e blocos cerâmicos e de blocos de concreto, não só para o projetista da estrutura, mas também para a etapa de execução. Traz aspectos a serem controlados nos produtos empregados, ou seja, nos materiais e componentes recebidos na obra, traz parâmetros para a produção da alvenaria nos canteiros de obras, ou seja, para o controle do processo de produção ou de execução da alvenaria, como locação e elevação das paredes e grauteamento, e traz também critérios para aceitação da alvenaria, explica Cláudio Vicente Mitidieri Filho, engenheiro civil, pesquisador da Área de Concentração em Habitação e Edificações do IPT, e professor doutor do Programa de Mestrado Profissional em Habitação do IPT.

7 Disponível em: https://cbic.org.br/normas-de-alvenaria-estrutural-em-consulta-nacional-na-abnt/

8 Disponível em: https://www.mapadaobra.com.br/capacitacao/16868-alvenaria-estrutural/

1.7 CONCLUSÃO

C.A.Tauil

Com milhares de prédios construídos em AE pelo nosso país, sendo a maior concentração no estado de São Paulo, e com diversas dissertações de mestrado e teses de doutorado, pesquisas acadêmicas, intercâmbio internacional e alguns livros publicados, o Brasil apresenta certamente grande conhecimento do processo construtivo.

Tem-se agora o objetivo de alcançar o melhor desempenho possível de habitabilidade e conforto que as moradias em AE possam oferecer e que, em conjunto com outros componentes das paredes, estarão sem dúvida atendendo aos requisitos da norma *NBR:15.575-2013* da ABNT, a Norma de Desempenho de Edificações Habitacionais.

F.J.M.Nese

Além do exposto acima pelo arquiteto Carlos Alberto Tauil e trabalhando nas pesquisas sobre o assunto, percebe-se que muito temos que caminhar na direção da qualidade das execuções e na divulgação do sistema de alvenaria estrutural com blocos de concreto. Questões como modulação, coordenação modular, compatibilização de componentes, possibilidades de utilização, utilização de equipamentos, argamassas de assentamento, grauteamento, entre outros assuntos pertinentes, ainda precisam ser amplamente divulgados principalmente no meio acadêmico para que possamos olhar a alvenaria de blocos de concreto como um sistema que interage com outros sistemas da edificação.

Ferramentas projetuais e conceitos de aplicabilidade do bloco, geometria de projetos arquitetônicos e muitas outras questões ainda são desconhecidas.

Os ensaios desenvolvidos pela BlocoBrasil trouxeram ao mercado uma série de informações que poderão auxiliar na correta especificação do bloco para várias situações e utilizações. Atendendo aos novos requisitos de normas e principalmente às questões de desempenho, esses ensaios, que serão apresentados no final deste livro, podem nortear de forma adequada o uso do sistema em todo o território nacional.

CAPÍTULO 2
Introdução

Por Carlos Alberto Tauil

O livro *Alvenaria Armada* foi publicado em 1981 em coautoria com o engenheiro Cid Racca. Ao longo da década de 1980, foram lançadas mais quatro edições que se esgotaram na década seguinte.

Após uma conversa com o colega arquiteto Flávio Nese, que adotou o sistema construtivo de alvenaria de blocos de concreto em inúmeros projetos de sua autoria, decidi relançar o livro com a Editora Pini, desta vez, retirando o capítulo relativo ao projeto estrutural de autoria do engenheiro Cid e substituindo um capítulo inicial que versava sobre o projeto do ponto de vista do arquiteto, mostrando seu desenvolvimento e coordenação com os outros profissionais em suas especialidades, para que a obra em alvenaria estrutural, ao ser executada, não sofra solução de continuidade por falta de detalhes inesperados. Assim, o colega Flávio encarregou-se do desenvolvimento desse texto inicial e, juntos, revisamos os outros capítulos, redesenhando os detalhes em nova versão, com novas fotos e melhor apresentação formal.

Desde a primeira edição, em 1981, houve uma evolução do sistema construtivo e, graças às normas editadas pela Associação Brasileira de Normas Técnicas (ABNT) desde então, as diversas indústrias de blocos de concreto partiram para a certificação dos produtos, passando muito mais confiança aos projetistas de estruturas, construtores e incorporadores dedicados à realização de edificações de múltiplos andares.

A cada dia, em escala cada vez maior, a alvenaria estrutural tem representado a solução construtiva com características de durabilidade, sem desperdícios, econômica e totalmente em dia com os princípios da sustentabilidade que a sociedade procura para a construção de seu habitat.

Assim, após redesenhar todos os detalhes construtivos e acrescentar novos e o estímulo do colega Flávio, que passa então a ser o coautor desta nova edição, esperamos que o livro possa ser de grande utilidade para os colegas que projetam e constroem com blocos de concreto.

Por Arq. Flávio José Martins Nese

Em 1989, recebi um convite para comparecer ao evento de lançamento de um livro voltado para racionalização construtiva. Como sempre me interessei por assuntos relacionados à redução de valores e à otimização de atividades, fui ao evento de lançamento do Manual Técnico de Alvenaria, realizado na Associação Brasileira de Construção Industrializada (ABCI).

Ali, tive a oportunidade de conhecer o arquiteto Carlos Alberto Tauil, na época presidente da entidade e coordenador do livro. Após contatos comerciais e acadêmicos, estreitamos nossa amizade e, desde aquela época, venho trabalhando sempre com o foco do projeto voltado à racionalização e à coordenação modular, a partir do bloco de concreto.

A partir do início dos anos 1960, as empresas e outras organizações começaram a ver o benefício de organizar o trabalho em torno de projetos. Muito se desenvolveu na execução de projetos e obras em alvenaria, novos procedimentos foram incorporados aos processos, surgiram equipamentos mais seguros e adequados para cada atividade, além de outras melhorias: conceito de logística de entrega e armazenamento, transporte vertical e horizontal na obra e fora dela, canteiros de obra bem projetados, treinamento e qualificação de mão de obra e, durante as primeiras duas décadas do século XXI, os modernos conceitos de gestão de projeto onde inúmeras ferramentas se tornaram disponíveis no mercado para auxiliar o profissional a desenvolver seu trabalho em con-sonância com as melhores práticas de qualidade e sustentabilidade.

Muito se desenvolveu na execução de projetos e obras em alvenaria, novos procedimentos foram incorporados aos processos, surgiram equipamentos mais seguros e adequados para cada atividade, além de outras melhorias: conceito de logística de entrega e armazenamento, transporte vertical e horizontal na obra e fora dela, canteiros de obra bem projetados, treinamento e qualificação de mão de obra e, em 2020, os modernos conceitos de gestão de projeto onde inúmeras ferramentas se tornaram disponíveis no mercado para auxiliar o profissional a desenvolver seu trabalho em consonância com as melhores práticas de qualidade e sustentabilidade.

Nas últimas cinco décadas, a organização do projeto e da obra mudou muito, todo o tipo de tecnologia foi incorporado ao processo construtivo. Em um encontro com o colega e grande amigo Carlos Tauil, surgiu a ideia de reeditar o livro de alvenaria armada, complementando o existente com um capítulo sobre a organização do projeto arquitetônico, a coordenação modular e os detalhes de execução redesenhados com nova visualização e uso de ferramentas de desenho atualizadas.

Avaliando o momento da construção civil para 2020/2030 com o apoio da Editora Blucher e sua equipe de profissionais, decidimos dar continuidade ao projeto e lançar a segunda edição do livro *Alvenaria Estrutural*, acreditando que poderá ser tão útil aos profissionais como foram as primeiras publicações.

2.1 O OLHAR SOBRE A ALVENARIA ESTRUTURAL (AE) COM VISTAS AO DESEMPENHO

A norma de desempenho *NBR 15.575* chegou ao mercado trazendo novos conceitos na organização dos projetos de construção civil. A norma fixa parâmetros para que possa ser avaliado o estado global da obra da edificação, envolve toda a cadeia produtiva da construção civil e abrange projeto, obra, fabricantes de materiais e mão de obra de execução de alvenarias e de instalações, além de outros produtos de instalações, em resumo todos os componentes que fazem parte da construção hoje possuem seus parâmetros balizados pela norma de desempenho.

Todo o trabalho de desenvolvimento dessa norma tem como objetivo alcançar melhores níveis de conforto ao usuário, por exemplo, do conforto térmico para dias quentes nos quais as temperaturas internas devem ser mantidas de forma agradável sem que seja necessário o uso de recursos mecânicos para adequar o conforto interno da edificação ao ser humano. É nesse momento que entram profissionais responsáveis pelo processo para que possam avaliar os espaços os sistemas construtivos os materiais utilizados e seus respectivos resultados de ensaios laboratoriais para que o conjunto da obra ofereça ao usuário ou melhor possível do ponto de vista da habitabilidade.

Abrangência da norma de desempenho não se limita única e exclusivamente ao conforto e passa obrigatoriamente por itens como segurança e sustentabilidade além da habitabilidade que, nesse caso, está sendo usada como sinônimo de conforto ao usuário para as paredes de bloco de concreto. Os elementos mais importantes estão contemplados no Capítulo 4 da norma *ABNT NBR 15.575-2013.*

Um problema considerado a recorrente nas edificações é a questão da estanqueidade da alvenaria, portanto, é de fundamental importância que esse assunto seja tratado em conjunto com os outros componentes do sistema levando em conta que no caso o nosso sistema é a parede. O sistema parede é composto por bloco argamassa, caixilhos, mão de obra elementos e produtos de vedação nos entornos, nos pontos de ancoragem, entre outros. A própria estrutura, no caso das estruturas reticuladas, podem ser metálicas, concreto ou madeira sendo esse último um produto que se encontra em grande desenvolvimento no mundo por tratar-se de um produto altamente sustentável por sua capacidade de recomposição no local de onde foi extraído.

Inicia-se nesse momento uma preocupação muito grande com a especificação de materiais que devem ser colocados em memorial e em projeto com todas as especificações técnicas advindas de seus fabricantes, o bloco, argamassa de assentamento, o caixilho e tantos outros produtos que podem fazer parte do sistema de parede considerando a diversidade arquitetônica e a diversidade de projetos que surgem no mercado a cada dia.

A norma de desempenho preconiza e esclarece pontos polêmicos quando se fala em alvenaria e conforto, o conforto térmico e o conforto acústico sempre foram pontos de discussão e discordância entre profissionais, fabricantes e o proprietário A partir do mapeamento das oito zonas bioclimáticas definidas pela *NBR 15.575*, desde a temperatura mais fria até a mais quente e úmida, a norma estabelece parâmetros para que os componentes sejam fabricados contornando de maneira técnica e eficaz esses desconfortos habitacionais.

Com a finalidade de esclarecer ainda mais sobre a abordagem da norma de desempenho relacionado às alvenarias de blocos de concreto, o (capítulo x) deste livro reproduz manual de desempenho de alvenaria de blocos de concreto guia para atendimento a norma ABNT *NBR 15.575* elaborado pela ABCP, BlocoBrasil e Sinaprocim, entidades ligadas ao setor cimentício e que tratam processo de fabricação, qualidade do produto e manuseio, considerando as exigências normativas.

2.2 A COMPATIBILIZAÇÃO DE PROJETOS TÉCNICOS

A compatibilização é uma das etapas do processo de produção de projeto que mais beneficia o sucesso da execução da obra e da finalização do empreendimento. Sendo assim, a interferência entre estrutura, instalações elétricas, de segurança e demais atividades, que ocorrem dentro de uma construção, são extensas grandes e precisam ser cuidadosamente estudadas, de tal forma que a execução de cada uma delas não interfira negativamente em outra. Por isso, a compatibilização de projeto é um caso típico da frase que adaptada a esta situação, diz que: a sua liberdade começa onde termina a liberdade do outro. Isso é muito válido para o projeto. Todas as atividades projetuais necessárias para o empreendimento tem total liberdade para executar o que é estabelecido nas normas e nas boas práticas profissionais. Porém, não devemos realizar nenhum tipo de instalação sem que antes conhecer o conjunto das necessidades que são solicitadas no escopo do cliente e do projeto.

Para que não tenhamos nenhum tipo de problema, a disciplina de compatibilização é fundamental pois ela consiste em analisar cada projeto individualmente e de maneira conjunta. As compatibilizações mais comuns são aquelas ligadas a projetos arquitetura com estrutura, de instalações hidráulicas e elétricas, instalações mecânicas, paisagismo, projetos de áreas molhadas (sanitários, cozinha e áreas de serviço) e, por fim, projetos de impermeabilização e de climatização.

Outro projeto necessário à boa compatibilização são os projetos de segurança, desenvolvidos por profissionais habilitados, nos quais essas duas disciplinas devem, necessariamente, ser iniciadas em conjunto com os projetos arquitetônicos.

No caso específico da alvenaria estrutural, a compatibilização é tão importante quanto em qualquer outro tipo de projeto, a definição correta de pontos de energia, de iluminação, tomadas, posicionamento de *shafts*, disposição correta de caixilhos e portas, colocação das tomadas que irão atender todos os pavimentos, caixa d'água e as demais interferências são muito importantes para que a obra assuma um ritmo de execução ininterrupta.

Se a opção pela alvenaria estrutural foi feita pensando na otimização de materiais, consequentemente, a redução de desperdício na perfeita acomodação de caixilhos, portas, elevadores, sistemas de carenagem e outros, a não compatibilização é desconsiderar toda a premissa da escolha do sistema construtivo. Com certeza, todas as adaptações necessárias em obra, bem como, todo o desperdício ocorrido durante a execução não é recuperável. Admitindo que o conceito de recuperar prazo e desperdício, são duas ações impossíveis, pois, depois de executado, são prejuízos já incorporados ao custo final do empreendimento.

O arquiteto, desde o momento em que desenvolve os primeiros desenhos relacionados ao empreendimento, nos quais já foram consideradas todas as questões legais do projeto da edificação, já deve se reunir com todos os profissionais envolvidos no todo da obra, as interferências entre as várias disciplinas devem ser discutidas o quanto antes, no projeto. A boa compatibilização do projeto, em consequência do bom planejamento da atividade, vai resultar nos benefícios esperados do sistema construtivo quando ele foi escolhido.

2.3 A COMPATIBILIZAÇÃO DE PROJETOS E O BIM

A compatibilização de projetos na construção civil serve para verificar o que foi projetado de fato pelos diversos projetistas, a fim de evitar interferências entre os projetos elétrico, hidrossanitário, estrutural, de ar-condicionado, mecânicos, de elevadores, de segurança contra incêndio, de esgoto sanitário, por exemplo, e muitos outros, dependendo da finalidade da edificação.

Mais do que isso: a compatibilização integra as soluções de engenharia e arquitetura, do início ao fim da obra, passando por todas as disciplinas técnicas necessárias. Pensando nisso, vamos mostrar, a seguir, as principais maneiras de se fazer a análise de interferências e as vantagens do uso do *Building Information Modeling* (BIM)[1] nessa tarefa. Afinal, uma das grandes vantagens de se utilizar o BIM é garantir a compatibilização segura e solucionar eventuais interferências e obstáculos que podem ocorrer entre elas.

[1] Ou Modelagem de Informação da Construção.

A compatibilização de projetos na construção civil sempre foi feita com a sobreposição dos desenhos, manualmente ou com desenhos CAD 2D, e foi feita por décadas desta forma, no entanto, ao analisarmos o trabalho envolvido, o tempo gasto e o custo de retrabalho, percebemos o quanto o desenvolvimento do BIM faz-se necessário a todos os tipos de projeto. No projeto com BIM o arquiteto tem a possibilidade de construir virtualmente, prevendo o que pode ocorrer na execução.

Especificamente no caso dos projetos de alvenaria estrutural, a compatibilização em BIM torna-se fundamental ao considerarmos que se trata de um sistema construtivo no qual paredes compostas por blocos de concreto formando o sistema construtivo faz a função de pilares, vigas e vedações. A responsabilidade atribuída ao sistema começa no projeto, adaptações durante ou depois da obra não são bem-vindas e daí a coordenação ser um assunto de tamanha importância.

Além disso, o uso do BIM traz informações paramétricas dos componentes utilizados no sistema, essas informações vão desde as especificações dimensionais dos produtos até características de desempenho que auxiliam na tomada de decisão.

O que significa de fato o termo “paramétrica”?

AUTODESK EM 22 DE JANEIRO DE 2019[2]

A modelagem paramétrica refere-se à relação entre todos os elementos em um projeto que permite a coordenação e o gerenciamento de alterações que os programas oferecem. Estas relações são criadas tanto automaticamente pelo software quanto por você enquanto trabalha.

Em CAD matemáticos e mecânicos, os números ou características que definem estes tipos de relações são denominados parâmetros. Portanto, a operação do software é paramétrica. Esta capacidade oferece a coordenação fundamental e os benefícios de produtividade do Revit: altere qualquer coisa a qualquer momento e em qualquer lugar no projeto, e o Revit coordena aquela alteração através de todo o projeto.

Os seguintes exemplos são demonstrações dessas relações entre elementos:

- Uma porta é uma cota fixa a partir de uma parede divisória adjacente. Se você mover a parede, a porta retém essa relação com a parede.
- A borda de um piso ou de um telhado está relacionada com a parede externa de tal maneira que quando a parede externa for movida, o piso ou telhado permanecerá unido a ela. Neste caso, o parâmetro é de associação ou conexão.

---

2 Disponível em: https://knowledge.autodesk.com/pt-br/support/revit/getting-started/caas/CloudHelp/cloudhelp/2018/PTB/Revit-GetStarted/files/GUID-71F2C8EE-2A90-4076-A6C7-702082566DDF-htm.html#:~:text=A%20modelagem%20param%C3%A9trica%20refere%2Dse,quanto%20por%20voc%C3%AA%20enquanto%20trabalha.

- O vergalhão é igualmente espaçado em uma determinada elevação. Se o comprimento da elevação for alterado, a relação de igualdade de espaçamento será mantida. Neste caso, o parâmetro não é um número, mas sim, uma característica proporcional.

Os programas determinam imediatamente o que foi afetado pelas alterações e reflete estas alterações para quaisquer elementos afetados. Uma característica fundamental dos programas é sua capacidade de coordenar as alterações e manter a consistência em todos os momentos. Você não terá que interferir para atualizar os desenhos ou outro conteúdo. Quando você altera algo, o programa usa dois conceitos principais que o tornam especialmente poderoso e fácil de usar. O primeiro consiste na captura de relações enquanto o projetista trabalha. O segundo consiste na propagação das alterações na construção. O resultado destes conceitos é um software que trabalha como você, sem exigir registros de dados sem importância para o seu projeto.

CAPÍTULO 3
Projeto de Alvenaria Estrutural

3.1 CONCEITUAÇÃO

Para que a comunicação e a troca de informações contidas neste livro fluam sem dúvidas e alcancem o objetivo proposto, é muito importante conhecer algumas definições e conceitos, como veremos a seguir.

3.1.1 SISTEMA

Por definição a palavra "sistema" significa um conjunto de peças/componentes justapostos de forma organizada que desempenham uma determinada função, ou seja, possuem uma finalidade. Fica claro que deve ser tratado como um produto composto por vários componentes e serviços a ele incorporados.

3.1.1.1 Sistema Parede

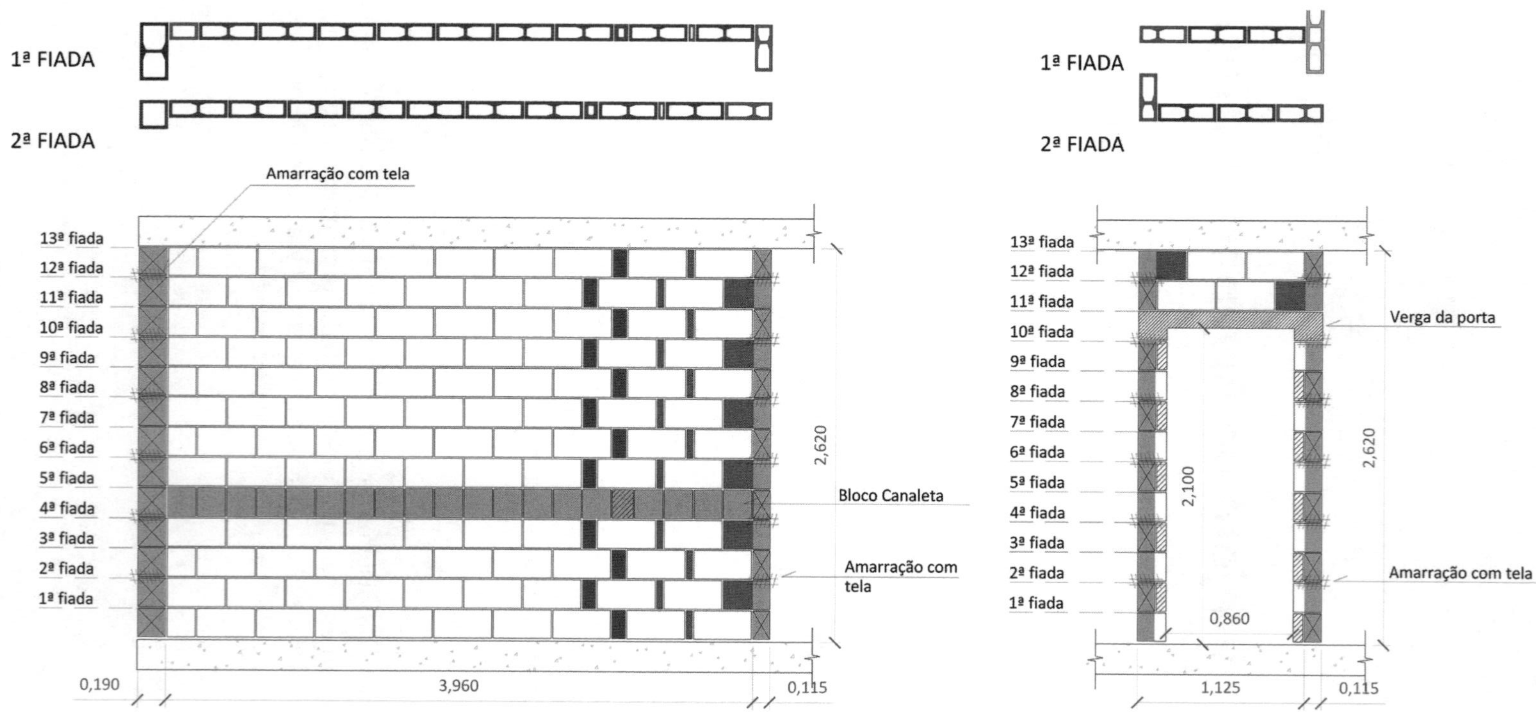

ELEVAÇÃO PAREDE 53
ESPESSURA: 11,5 cm
OBS: As juntas junto ao pilar são de apenas 5 mm.

QUANTITATIVO DE BLOCOS:
Bloco de Amarração (11,5 x 19 x 31,5): 6 pç
Bloco Inteiro (11,5 x 19 x 39): 108 pç
Meio Bloco (11,5 x 19 x 19): 6 pç
Meia Canaleta (11,5 x 19 x 19): 19 pç
Compensador de 9 (11,5 x 19 x 9): 12 pç
Compensador de 4 (11,5 x 19 x 4): 12 pç

ELEVAÇÃO PAREDE 54
ESPESSURA: 11,5 cm

QUANTITATIVO DE BLOCOS:
Bloco de Amarração (11,5 x 19 x 31,5): 2 pç
Bloco Inteiro (11,5 x 19 x 39): 4 pç
Meio Bloco (11,5 x 19 x 19): 10 pç

Figura 3.1 – Exemplo de sistema parede. Conjunto componentes..tif.

3.1.2 ALVENARIA

Alvenaria de blocos de concreto é um conjunto de blocos sobrepostos, colados por uma argamassa, formando um elemento vertical. A função desse elemento é resistir a cargas gravitacionais, resistir a impactos, fornecer proteção acústica e térmica aos ambientes, vedar espaços.

Não é tema deste livro, mas será abordado adiante, uma situação em que as alvenarias de vedação devem ser tratadas como estrutural, são os casos onde a alvenaria possui dimensões fora do padrão adotado em edificações habitacionais, é o caso das paredes altas utilizadas em shopping, galpões e outras utilizações semelhantes. Grandes extensões de paredes sofrem influências significativas de esforços horizontais e cargas, isto deve ser tratado de maneira diferenciada no cálculo e durante a execução. Veremos mais adiante.

3.1.3 SISTEMA DE ALVENARIA ESTRUTURAL

O que é uma parede de blocos de concreto, seja ela em alvenaria estrutural ou de vedação?

A parede é um dos componentes mais importantes da construção, com a função de dividir ambientes, na sua grande maioria e muitas vezes sendo utilizada como a estrutura da edificação. Ela é responsável por organizar os ambientes, proteger a edificação, assegurar as áreas internas, receber caixilhos, portas, instalações elétricas e hidráulicas entre outras funções.

Além das divisões de ambientes, temos as vedações de *shafts*, aberturas nas lajes para que as prumadas verticais de instalações possam caminhar de um andar para outro sem que seja necessária uma grande quantidade de tubulação passando por baixo das lajes, obrigando a necessidade de forro.

As paredes são responsáveis ainda pela proteção térmica e acústica do ambiente, proporcionando conforto.

Já que não estamos falando única e exclusivamente de blocos, o sistema parede aqui refere-se ao bloco de concreto, argamassa de assentamento, as instalações embutidas nos vazios, as aberturas para caixas de tomadas e interruptores. Também outras necessidades como sonorização, iluminação, passagem de sistema de rede e TV, instalação de caixilhos de portas, revestimentos internos e revestimentos externos, podendo estes serem de vários materiais distintos como: argamassa, gesso, o chapisco, emboço, reboco, revestimento com argamassa única, pigmentado ou não, enfim, a parede completamente pronta.

A partir da definição acima é possível concluir que, ao se desenvolver um projeto de alvenaria estrutural com blocos, após a modulação da parede, a execução das elevações gera um sistema para cada parede. Cada vão de parede é único, cada elevação está relacionada a um vão e a composição de cada vão de alvenaria forma o sistema da edificação. As diferenças existentes por conta das necessidades de cada parede, a existência ou não de instalações, de caixilhos, de portas, de quadros de distribuição de energia, nos mostra um sistema único para cada uma das paredes.

O caderno, com as elevações de paredes identificadas no projeto detalhado, que vai para o canteiro de obra, tem suas elevações numeradas de tal forma ao executor identificar cada uma delas em sua devida posição e com todos os acessórios, complementos e instalações necessárias para cada uma delas.

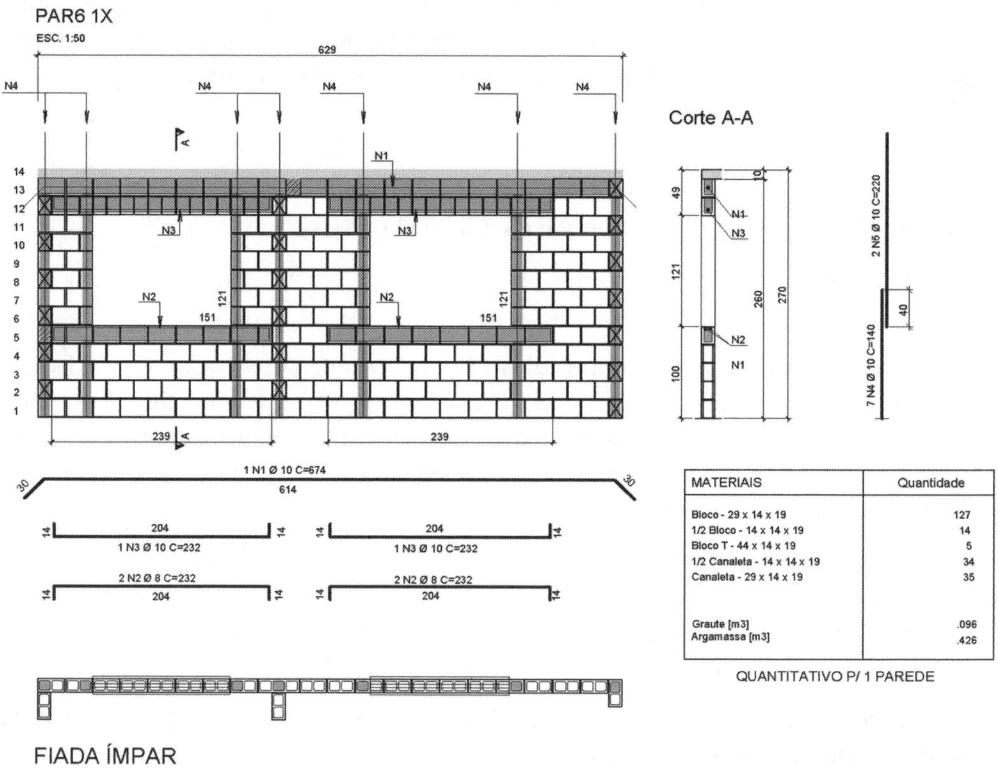

Figura 3.2 – Modelo de representação da alvenaria modulada com as especificações de armações.

O sistema parede é um conjunto que engloba todas as necessidades que deverão estar presentes nessa face de parede em função de sua localização e utilização. Temos como exemplo, paredes internas com revestimento em gesso em ambas as faces, mais instalações embutidas, paredes externas com revestimento em gesso na face interna e argamassa na face externa, com e sem a inclusão de caixilhos ou portas e paredes internas com o revestimento cerâmico e gesso em faces distintas com e sem instalações.

Além de considerarmos tudo que vai ser colocado na alvenaria em elevação, o sistema construtivo em paredes com blocos de concreto ainda deve considerar tudo o que está incluído nessa alvenaria, a mão de obra, as instalações, os acessórios e os revestimentos.

No caso da alvenaria estrutural, dependendo do andar em que está a representação gráfica, ou seja, em que pavimento será executada, a presença ou não de ferragens verticais e preenchimento dos vazios do bloco com graute e principalmente a resistência do bloco são de fundamental importância para a segurança da edificação e deve estar claro no projeto de cálculo estrutural.

3.2 APLICAÇÕES

Esse conjunto coeso serve para vedar espaços, resistir a cargas oriundas da gravidade, promover segurança, resistir a impactos e à ação do fogo, isolar e proteger acusticamente os ambientes, contribuir para a manutenção do conforto térmico, além de impedir a entrada de vento e chuva no interior dos ambientes.

Além desses benefícios, intrínsecos à função, a alvenaria de blocos de concreto, quando tratada de forma adequada, proporciona vantagens significativas no processo de racionalização da construção se comparada a outros processos tradicionais.

Dentre os vários benefícios, podemos citar como um dos mais importantes a precisão dimensional das peças e sua planicidade proporcionando um ótimo rendimento quando da aplicação dos revestimentos internos e externos.

Por tratar-se de um produto que atinge sua resistência por meio da evolução da cura de uma mistura de outros produtos, ao término do processo a variação dimensional e mínima e estabelecida por norma em +/- 3 mm.

3.3 CLASSIFICAÇÃO DAS ALVENARIAS

De acordo com a sua utilização são classificadas em:

3.3.1 ALVENARIA DE VEDAÇÃO

São aquelas que resistem apenas ao seu próprio peso, e tem como função separar ambientes ou fechamento externo. Não tem responsabilidade estrutural.

Devemos considerar também a nomenclatura de paredes de vedação com função estrutural, são aquelas que devido a altura de fechamento do vão, precisam ser calculadas. Enrijecedor: elemento de alvenaria, vinculado a u ma parede estrutural, com a função de enrijecer na direção perpendicular ao seu plano; usualmente intervém quando a parede está sujeita à ação lateral fora do seu plano ou em paredes altas.

Figura 3.3 – Estrutura de concreto com a marcação da primeira fiada modulada e com compensadores. Foto: C. Andruskevicius.

Figura 3.4 – Estrutura de concreto com a primeira fiada modulada e nivelada. Foto: C. Andruskevicius

Figura 3.5 – Estrutura de concreto com as vedações sem função estrutural racionalizadas. Foto: C. Andruskevicius.

Figura 3.6 – Estrutura de concreto com vedações do *shaft* em bloco sem função estrutural. Foto: C. Andruskevicius.

Figura 3.7 – Estrutura de concreto com vedações em bloco sem função estrutural. Foto: C. Andruskevicius.

3.3.2 ALVENARIAS ESTRUTURAIS OU PORTANTES

Têm a finalidade de resistir ao seu peso próprio e outras cargas advindas de outros elementos estruturais, tais como lajes, vigas, paredes de pavimentos superiores, carga de telhado etc.

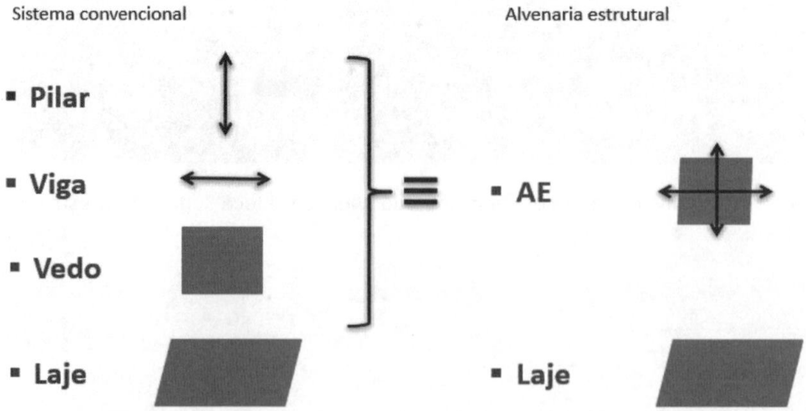

Figura 3.8 – Esquema comparativo entre sistema reticulado e alvenaria estrutural.

Fonte: Nese

Na ilustração acima apresentamos de forma esquemática a diferença entre os dois sistemas construtivos: a esquerda, o convencional em estrutura de concreto, chamada de reticulada, composta de pilares (verticais), vigas (horizontais), as vedações ou vedos (paredes de fechamento da edificação) e as lajes que definem os pavimentos; a direita, o sistema em alvenaria estrutural, onde as alvenarias (paredes), fazem a função conjunta de pilar, viga e vedações, havendo em comum a laje que define o pavimentos.

3.3.3 ALVENARIAS DE CONTRAVENTAMENTO OU ENRIJECEDORAS

Paredes estruturais projetadas para enrijecer o conjunto, tornando-o capaz de resistir também a cargas horizontais como, por exemplo, o vento.

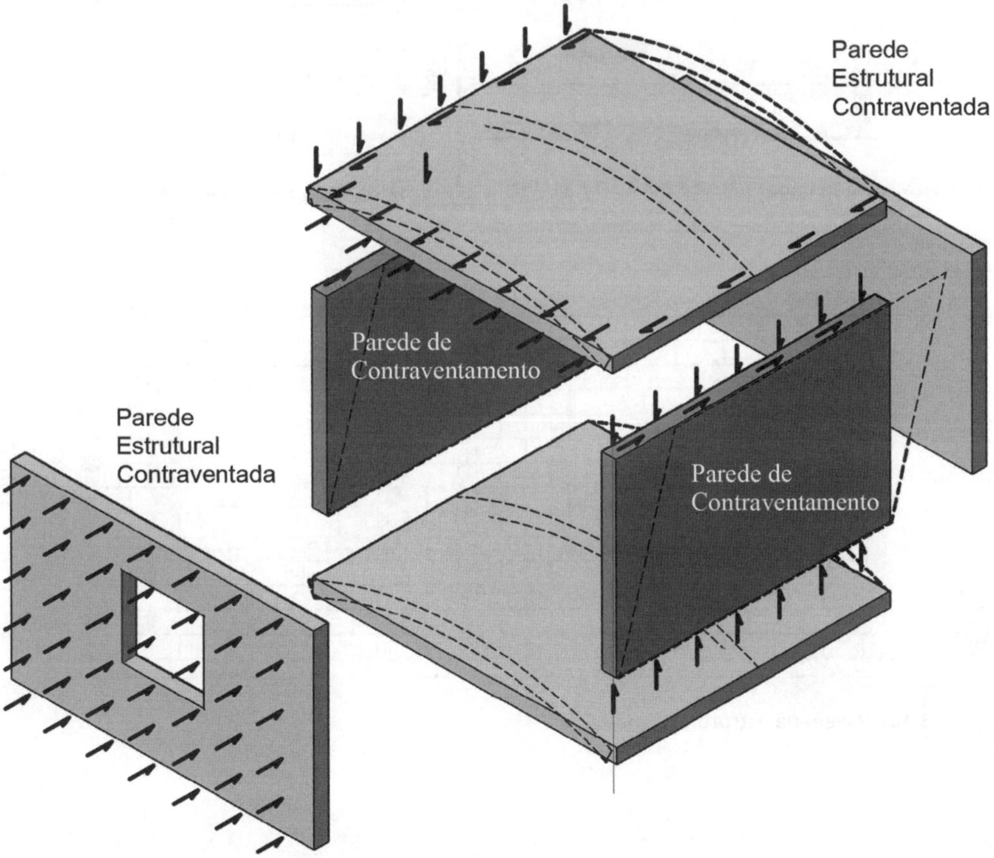

Figura 3.9 – Esquema da incidência de esforços nas alvenarias estruturais e de contraventamento. As forças devidas ao vento devem ser consideradas de acordo com a ABNT *NBR 6123:1988 Versão Corrigida 2:2013 – Forças devidas ao vento em edificações*.

Fonte: Nese

3.4 TIPOS DE ALVENARIA ESTRUTUAL

Como neste caso a alvenaria será a estrutura da edificação, é fundamental a execução de um projeto detalhado, compatível com a utilização de produtos normatizados confiáveis e de mão de obra qualificada. Em alvenaria estrutural não se utilizam pilares e vigas, pois as paredes chamadas de portantes compõem a estrutura da edificação e distribuem as cargas uniformemente ao longo das fundações. Deve-se prestar atenção em armações e grauteamento dos blocos e instalações que serão incorporadas à parede em questão.

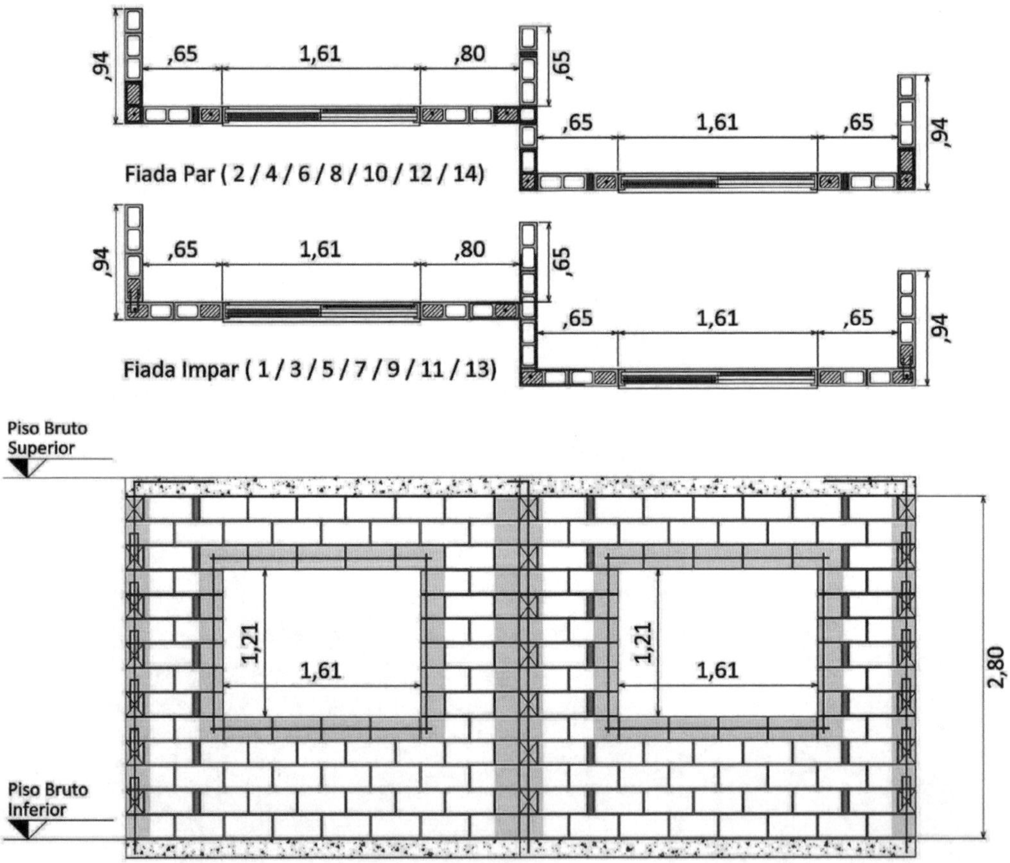

Figura 3.10 – Alvenaria estrutural armada.

Alvenaria não armada: tipo de alvenaria que não recebe graute, e sim, os reforços de aço (barras, fios e telas), apenas por razões construtivas – vergas de portas, vergas e contravergas de janelas e outros reforços construtivos para aberturas – e para evitar patologias futuras – trincas e fissuras provenientes da acomodação da estrutura, movimentação por efeitos térmicos e de vento, além de concentração de tensões.

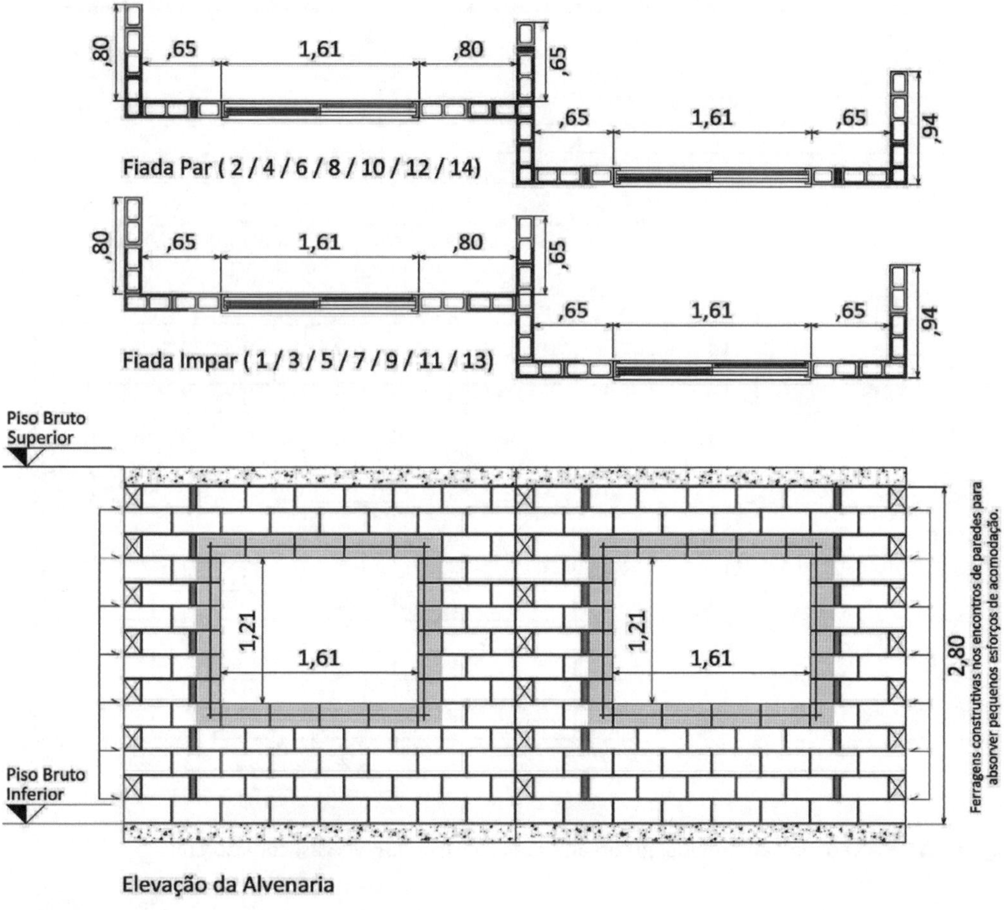

Figura 3.11 – Alvenaria não armada.

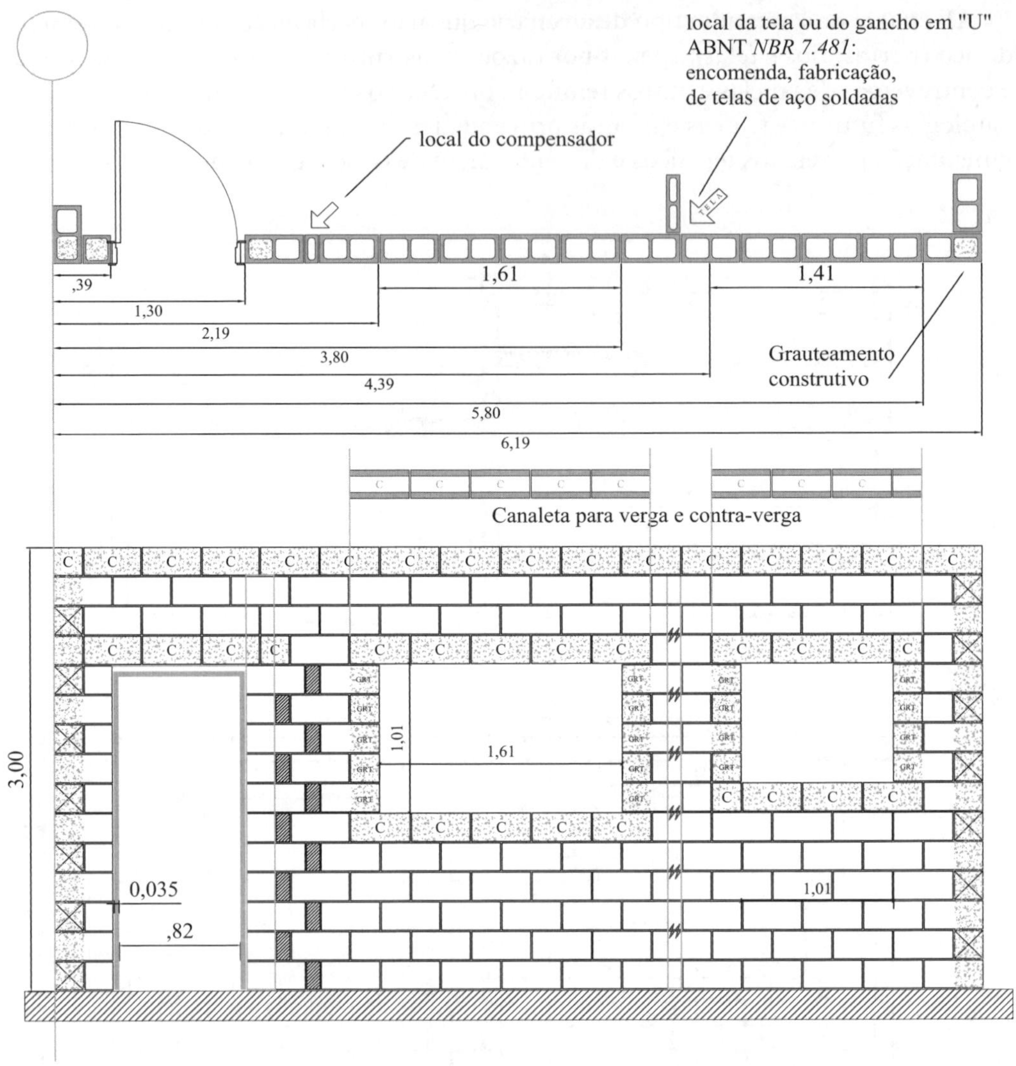

Figura 3.12 – Alvenaria não armada, grauteamentos construtivos, vergas, contra-vergas.

Alvenaria parcialmente armada, com destaque para eixos, cotas cumulativas, canaletas de vergas e contra-vergas, e detalhes construtivos.

Alvenaria não armada são comuns em edifícios de baixa e média altura em regiões de baixa atividade sísmica como é o caso do Brasil, não possuem armadura e grauteamento estrutural, apenas pontos específicos onde o grauteamento e a armação são elementos construtivos.

Em todos os casos na alvenaria estrutural e na alvenaria de vedação a presença de vergas e contra-vergas nos vãos, aberturas para janelas e portas, são necessárias.

Por tratar-se de a alvenaria muito resistente à compressão e pouquíssimo resistente à tração, seu uso está limitado a casos específicos nos quais estas ações não estão presentes ou estão presentes, mas com baixíssimo impacto no conjunto.

Alvenaria armada ou **parcialmente armada:** tipo de alvenaria que recebe reforços em algumas regiões, por causa de exigências estruturais. São utilizadas armaduras passivas de fios, barras e telas de aço dentro dos vazios dos blocos e posteriormente grauteados, além de ser realizado o preenchimento de todas as juntas verticais.

As armaduras são necessárias para que ocorra a absorção das tensões causadas pelas ações de esforços de tensão e cisalhamento.

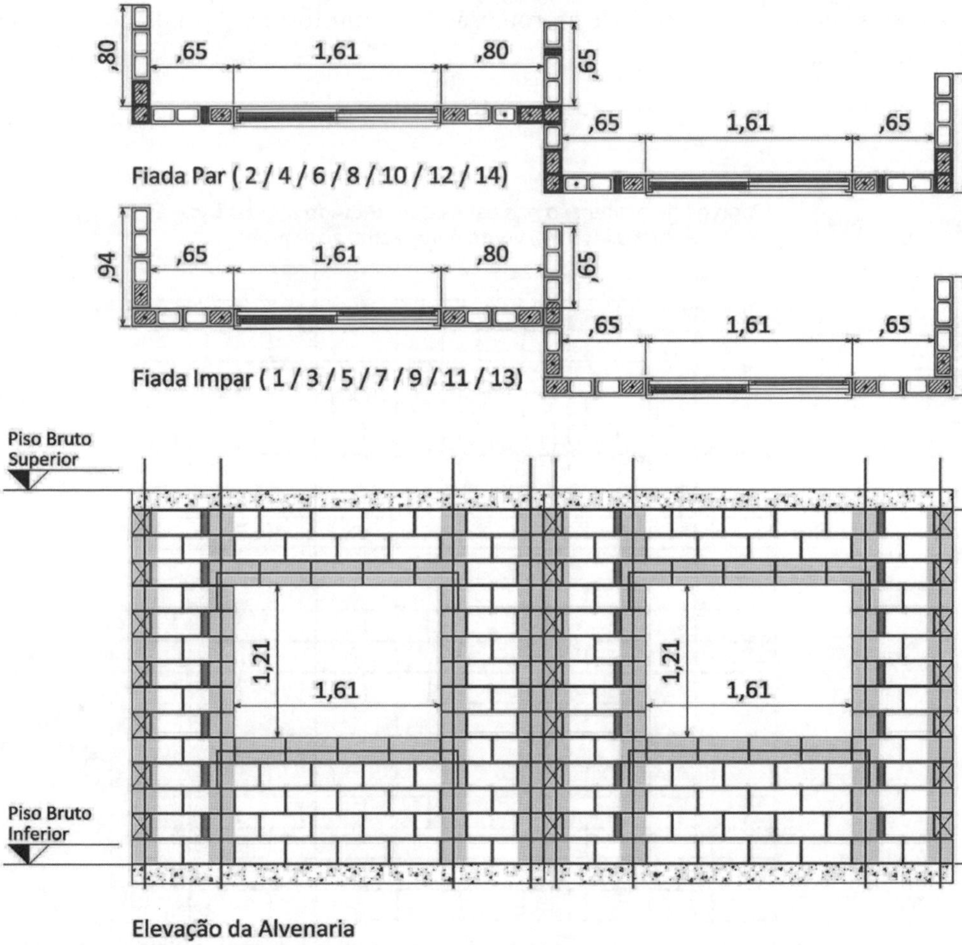

Figura 3.13 – Alvenaria armada ou parcialmente armada.

Alvenaria protendida: tipo de alvenaria reforçada por uma armadura ativa (pré--tensionada) que submete a alvenaria a esforços de compressão. Esse tipo de alvenaria é pouco utilizado, pois os materiais, dispositivos e mão de obra para a protensão têm custo muito alto para o nosso padrão de construção.

- fixar a espera da barra ou cabo de protensão nas fundações;
- levantar a parede, encaixando os furos dos blocos na barra;
- prever furos nas fiadas de caneletas;
- na altura da emenda da barra os trechos são conectados e protegidos;
- segue-se a alvenaria até a última fiada;
- após catorze dias, aplica-se a protensão com um torquímetro, lembrando-se de engraxar as barras;
- efetua-se a medição e o grauteamento da ancoragem.

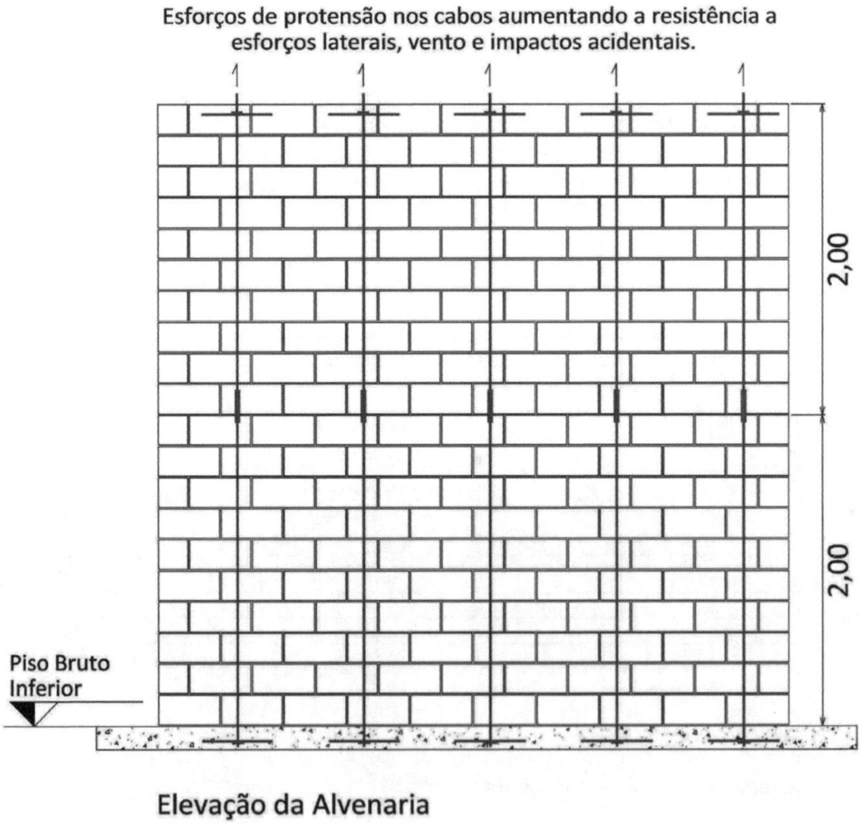

Figura 3.14 – Alvenaria protendida.

3.5 COORDENAÇÃO MODULAR

A coordenação modular pode ser definida como a ordenação dos espaços na construção civil.

No Brasil, sua implementação foi prejudicada, a partir da década de 1980, com uma interrupção abrupta da bibliografia, somada ao caos dimensional de grande parte dos componentes construtivos (GREVEN; STAUDT, 2007). Tal discussão foi retomada quando a Associação Brasileira de Normas Técnicas (ABNT) propôs a revisão de seu conjunto de normas e aprovou a *NBR 15.873:2010*, visando à difusão da medida. Segundo a revista (FERRAZ, 2019), tal iniciativa foi fruto do amadurecimento do setor, somado aos argumentos favoráveis para o sucesso da normativa.

Analisando a maioria das referências, é possível concluir que a coordenação modular organiza todas as peças ou componentes que fazem parte de um edifício, dentro de uma base, com medidas predefinidas. A partir da terminologia, pode-se concluir que coordenar modularmente é organizar ou arranjar peças e componentes de forma a atenderem a uma medida de base padronizada.

O módulo adotado neste livro e na maioria das literaturas sobre alvenaria estrutural é o M=100 mm, ou seja, M é a menor unidade de medida modular inteira da quadrícula de referência igual a 100 x 100 mm. *Essa medida é a base de todo o desenvolvimento do projeto.*

Todos os dados apresentados neste livro estão de acordo com a norma de coordenação modular *NBR 15.873:2010* – Norma de Coordenação Modular para edificações, 001/janeiro-2010.

Ao contrário do que possa parecer, projetar de maneira modular utilizando uma base reticulada espacial nos eixos cartesianos não impede a criatividade no projeto e possibilita uma perfeita organização dos espaços e compatibilização dos elementos construtivos. A coordenação modular possibilita e flexibilidade necessária ao atendimento do escopo, à proposta técnica e ao partido arquitetônico desejada pelo arquiteto. Sempre que necessário utilizam-se submódulos de M, o que possibilita ainda mais flexibilidade no desenvolvimento do projeto de arquitetura.

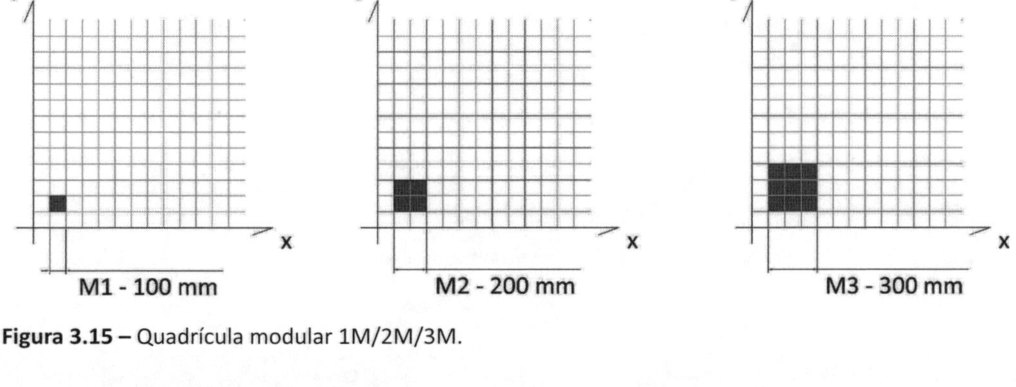

Figura 3.15 – Quadrícula modular 1M/2M/3M.

Após termos definido o módulo a partir do bloco de concreto disponível no mercado, todo o processo de organização modular ocorrerá de maneira automática, e todos os ambientes do projeto terão suas medidas internas e externas múltiplas do módulo de referência adotado. Essa maneira de projetar apresenta muitas vantagens, e uma delas é a de auxiliar na definição dos ambientes, na definição de caixilhos, nas instalações e até mesmo na hipótese de existir alguma mudança de projeto, durante o processo de desenvolvimento ou mesmo após a finalização.

Apesar de adotarmos o módulo M=10, nada nos impede de trabalhar com múltiplos e submúltiplos da medida modular, ou seja, ½ módulo – 5 cm, 1½ módulos – 15 cm, 2 módulos – 20 cm, 3 módulos – 30 cm e assim por diante. O que importa é termos sempre uma referência originada de um padrão base de medida.

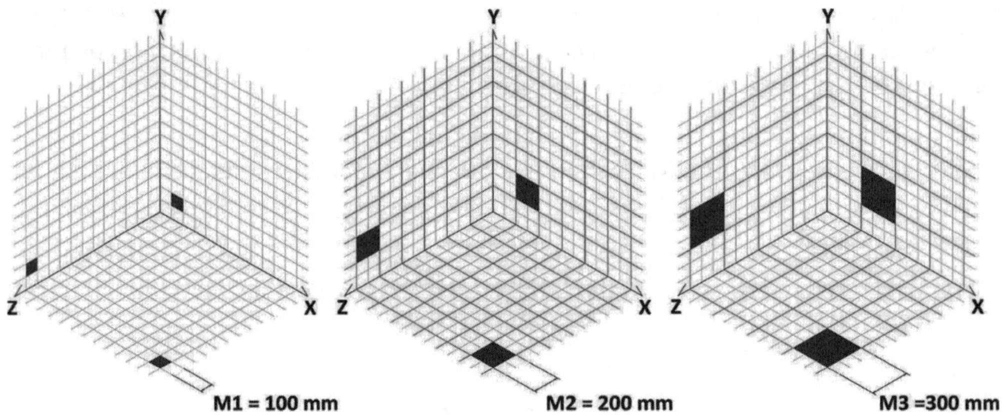

Figura 3.16 – Quadrícula modular nos planos X, Y e Z.

Historicamente, o uso da coordenação modular aparece na arquitetura em uma interpretação clássica dos gregos, sob um caráter estético; dos romanos, sob um caráter estético-funcional; e dos japoneses, sob um caráter funcional (ROSSO, 1976).

A proporção dos elementos das ordens gregas era a expressão da beleza e da harmonia (CHING, 1998). Para a unidade básica das dimensões era utilizado o diâmetro da coluna.

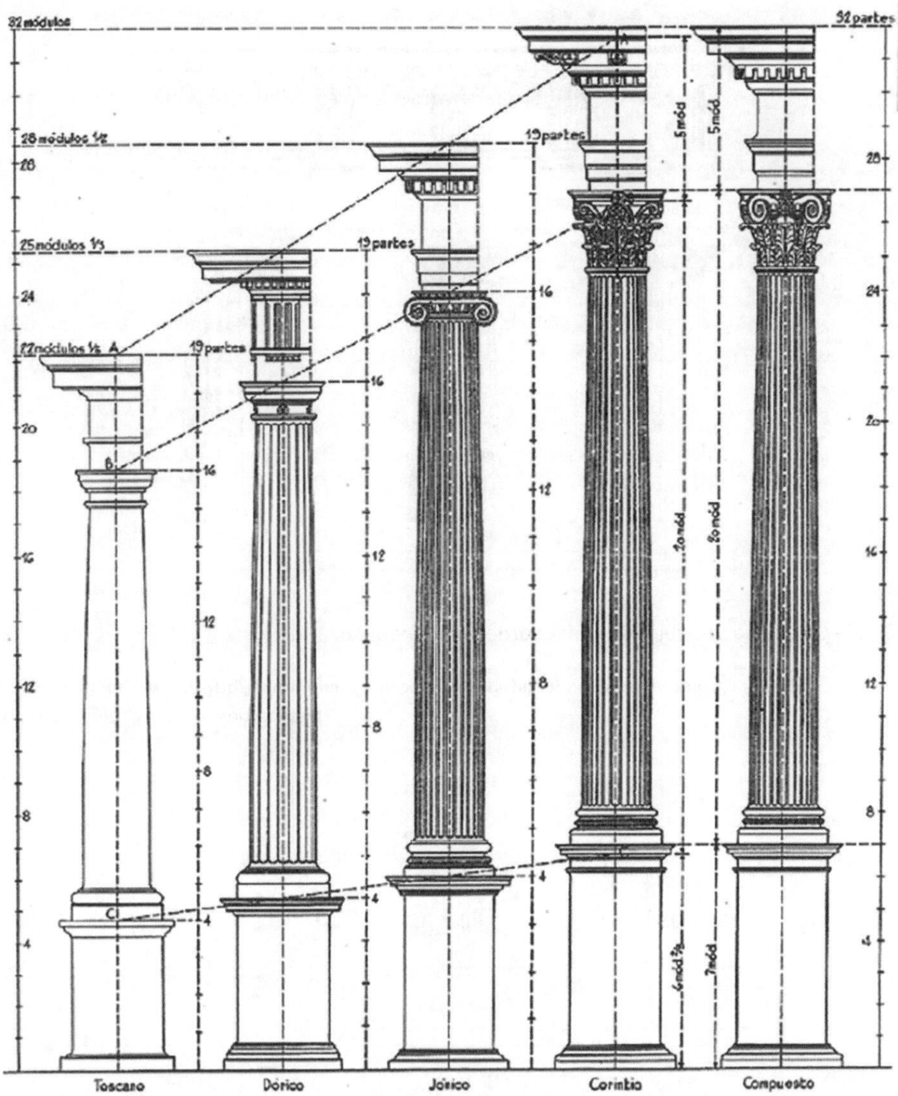

Figura 3.17 – Coluna da antiguidade com coordenação modular.

A partir desse módulo criavam-se todas as demais dimensões, não só da própria coluna - como o fuste, o capitel e a base –, como de todas as demais dimensões da obra arquitetônica.

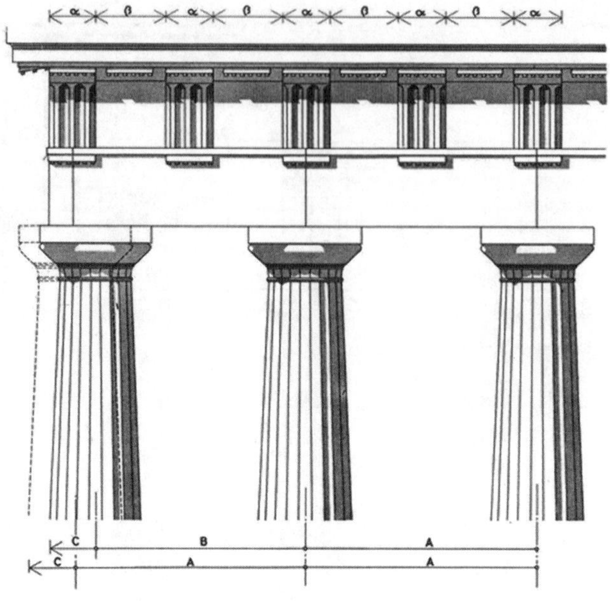

Figura 3.18 – Coluna da antiguidade com coordenação modular.

Fonte: chrome-extension://efaidnbmnnnibpcajpcglclefindmkaj/http://www.habitare.org.br/pdf/publicacoes/arquivos/colecao10/CAP2.pdf

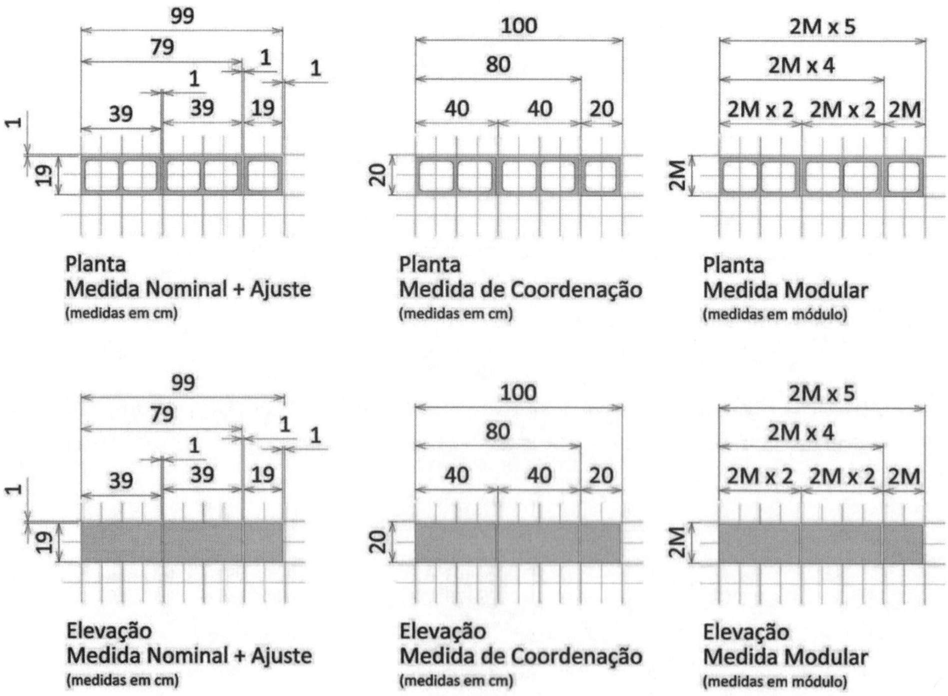

Figura 3.19 – Exemplo de aplicação da modulação (horizontal e vertical).

3.6 NORMA DE COORDENAÇÃO MODULAR

Após estudos desenvolvidos pelo CB-2, pela Comissão de Estudos de Coordenação Modular para Edificações, (CE-02:138.15) da Associação Brasileira de Normas Técnicas, em 2010 foi lançado a nova norma de coordenação modular, *ABNT NBR 15.873:2010*, em substituição a um número significativo de normas que já não atendiam ao mercado da construção civil.

Um dos tópicos mais importantes desta norma está na nomenclatura, termos e definições.

- ajuste de coordenação – diferença entre uma medida nominal e a medida de coordenação correspondente. O ajuste de coordenação garante espaço para deformações, tolerâncias e materiais de união, quando for o caso;
- componente (construtivo) – unidade distinta de determinado elemento do edifício, com forma definida, com medidas especificadas nas três dimensões e destinada a cumprir funções específicas. Exemplos: bloco de alvenaria, telha, painel e outros;
- componente modular – componente construtivo cujas medidas de coordenação são modulares;
- conjunto modular – agrupamento de componentes construtivos que, em conjunto, resultam em medidas de coordenação modulares;
- coordenação dimensional – interrelação de medidas de elementos e componentes construtivos e das edificações que os incorporam, usada para seu projeto, sua fabricação e sua montagem;
- coordenação modular – coordenação dimensional mediante o emprego do módulo básico ou de um multimódulo;
- elemento (construtivo) – parte da edificação com funções específicas, constituída por um componente ou conjunto de componentes e/ou materiais de construção. Exemplo: parede, janela, escada e outros elemento modular – elemento construtivo cujas medidas de coordenação são modulares espaço amodular – espaço de medidas não modulares, adjacente a um ou mais sistemas de referência modulares;
- espaço de coordenação – espaço necessário a um elemento ou componente construtivo, incluídas folgas para deformações e instalação, tolerâncias e materiais de união, quando for o caso;
- incremento submodular – fração do módulo básico usada quando há necessidade de um incremento menor do que o módulo básico para facilitar a coordenação modular;
- material (de construção) – insumo para a construção não formado como uma unidade distinta. Exemplo: areia, brita, cal, cimento e outros;

- medida de coordenação – medida do espaço de coordenação de um elemento ou componente. Exemplo: painel de 60 cm x 280 cm x 10 cm;
- medida modular – medida de coordenação cujo valor é igual ao módulo básico ou a um multimódulo. Exemplo: painel de 6 M x 28 M x 1 M (ver 2.17);
- medida nominal – medida esperada de um objeto, definida antes da execução/fabricação. Exemplo: painel de 59 cm x 279 cm x 9 cm;
- medida real – medida verificada diretamente no objeto singular, após sua execução/fabricação. Exemplo: painel de 58,82 cm x 279,10 cm x 8,93 cm;
- módulo básico – menor unidade de medida linear da coordenação modular, representado pela letra M, cujo valor normalizado é M = 100 mm;
- multimódulo – múltiplo inteiro do módulo básico;
- sistema de referência modular – sistema geométrico tridimensional de n planos ortogonais, no qual a distância entre quaisquer planos paralelos é igual ao módulo básico ou a um multimódulo;
- tolerância – diferença admissível entre uma medida real e a medida nominal correspondente.

3.7 COMBINAÇÕES DE PEÇAS E SUAS DIMENSÕES MODULARES

3.7.1 MODULAÇÃO (ESPESSURA DE PAREDES 10/15/20 CM)

Todas as dimensões de 1 cm referem-se aos ajustes de coordenação entre os componentes modulares, e a combinação a seguir demonstra as possibilidades de ajustes modulares para atender ao projeto de arquitetura e aos demais projetos de outras disciplinas.

Caso seja necessário um ajuste menor que o módulo, é possível a utilização de peças chamadas compensadoras, que são incrementos submodulares, no caso do bloco de concreto, em que a medida modular é M = 10 cm, o incremento submodular terá sua medida igual a M/2 = 5 cm ou 4 cm + 1 cm (ajuste de coordenação).

A seguir, é demonstrado as composições de peças inteiras, com meias peças e peças compensadoras para a alvenarias com espessuras de 20 cm, 15 cm e 12 cm.

Modulação Combinada Bloco Inteiro, Meio Bloco e Compensadores. para parede com espessura de 19 cm.

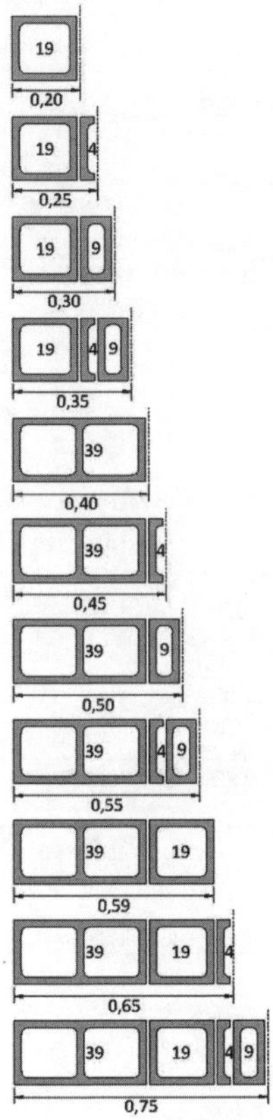

20 cm ou *19cm + 1cm*

25 cm ou *19cm + 1 cm + 4cm + 1cm*

30cm ou *19cm + 1cm + 9cm + 1cm*

35cm ou *19cm + 1cm + 4cm + 1cm + 9cm + 1cm*

35 cm ou *39cm + 1cm*

40cm ou 39cm *+ 1cm + 4cm + 1cm*

40cm ou *39cm + 1cm + 9cm + 1cm*

45cm ou *39cm + 1cm + 4cm + 1cm + 9cm + 1cm*

45cm ou *39cm + 1cm + 19cm + 1cm*

50 cm ou *39cm + 1cm + 19cm + 1cm + 4cm + 1 cm*

55 cm ou *39cm + 1cm + 19cm + 1cm + 4 cm + 1cm + 9cm + 1cm*

Figura 3.20a – Combinação de peças normatizadas para atendimento de medidas submúltiplas de 5,00 cm em paredes de 19 cm de espessura. (*continua*)

Fonte: Nese.

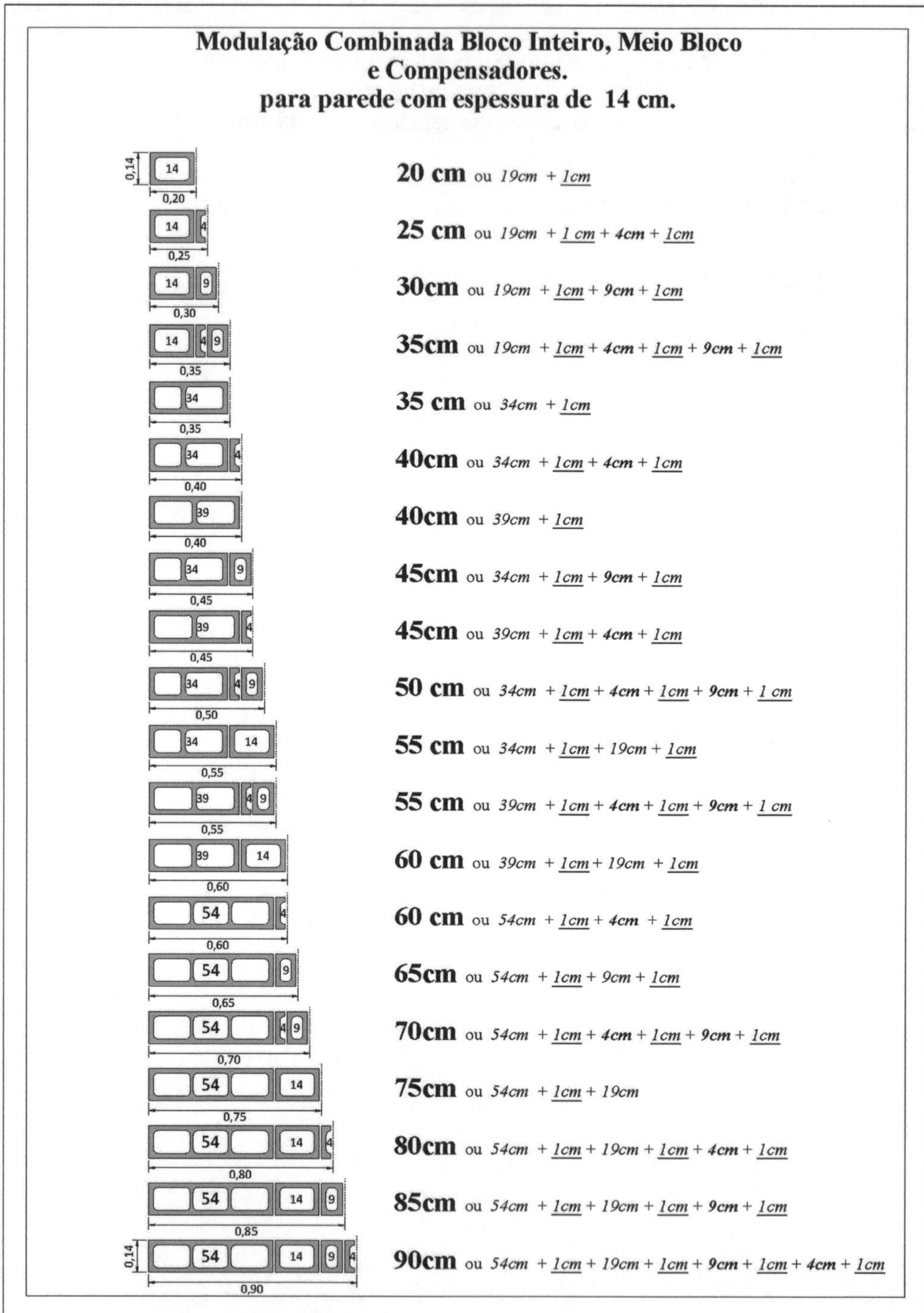

Figura 3.20b – Combinação de peças normatizadas para atendimento de medidas submúltiplas de 5,00 cm em paredes de 14 cm de espessura. (*continua*)

Fonte: Nese.

Modulação Combinada Bloco Inteiro, Meio Bloco e Compensadores. para parede com espessura de 11,5 cm.

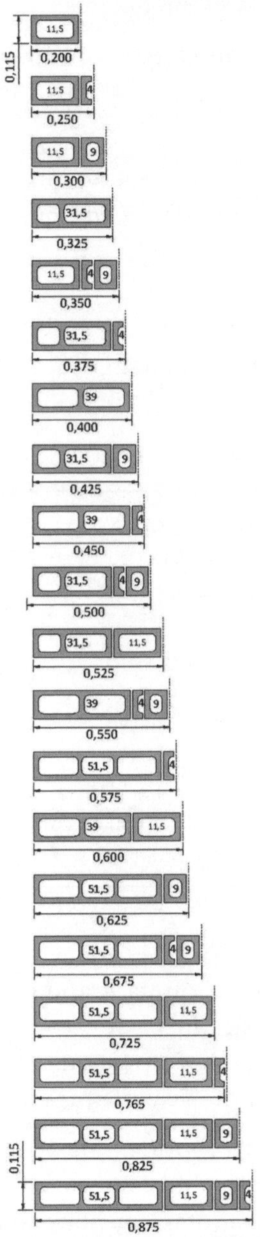

20 cm ou *19cm + 1cm*

25 cm ou *19cm + 1 cm + 4cm + 1cm*

30cm ou *19cm + 1cm + 9cm. + 1cm*

32,5cm ou *31,5cm + 1cm*

35 cm ou *19cm + 1cm + 4cm + 1cm + 9cm + 1cm*

37,5cm ou *31,5cm + 1cm + 4cm + 1cm*

40cm ou *39cm + 1cm*

42,5cm ou *31,5cm + 1cm + 9cm + 1cm*

45cm ou *39cm + 1cm + 4cm + 1cm*

50 cm ou *31,5cm + 1cm + 4cm + 1cm + 9cm + 1 cm*

52,5 cm ou *31,5cm + 1cm + 19cm + 1cm*

55 cm ou *39cm + 1cm + 4cm + 1cm + 9cm + 1 cm*

57,5 cm ou *51,5cm + 1cm + 4cm + 1cm*

60 cm ou *39cm + 1cm + 19cm + 1cm*

62,5cm ou *51,5cm + 1cm + 9cm + 1cm*

67,5cm ou *51,5cm + 1cm + 4cm + 1cm + 9cm + 1cm*

72,5cm ou *51,5cm + 1cm + 19cm*

76,5cm ou *51,5cm + 1cm + 19cm + 1cm + 4cm + 1cm*

82,5cm ou *51,5cm + 1cm + 19cm + 1cm + 9cm + 1cm*

87,5cm ou *51,5cm + 1cm + 19cm + 1cm + 9cm + 1cm + 4cm + 1c*

Figura 3.20c – Combinação de peças normatizadas para atendimento de medidas submúltiplas de 2,50 cm em paredes de 11,5 cm de espessura. (*continuação*)

Fonte: Nese.

Todas as dimensões de 1 cm referem-se aos ajustes de coordenação entre os componentes modulares. As combinações anteriores demonstram as possibilidades de ajustes modulares para atender ao projeto de arquitetura e aos demais projetos de outras disciplinas. Caso seja necessário um ajuste menor que o módulo, é possível a utilização de peças chamadas compensadoras, que são incrementos submodulares.

No caso do bloco de concreto, em que a medida modular é M = 10 cm, o incremento submodular terá sua medida modular igual a M/2 = 5 cm ou 4 cm + 1 cm (ajuste de coordenação).

No exemplo anterior foi utilizado o componente compensador como incremento submodular para que pudéssemos chegar na dimensão de 25 cm, que está fora da medida modular de coordenação de 20 cm.

3.7.2 MODULAÇÃO DE 30 (ESPESSURA DE PAREDES 15 CM)

Tabela 3.1 – Combinação de peças modulares – famílias de 15 e 30

	Medida modular = 1M e 1/2M Medida de coordenação = 15 cm ou 14 cm + 1 cm (ajuste de coordenação)
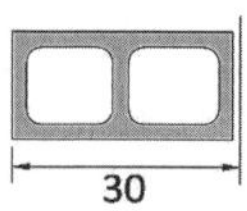	Medida modular = 3M Medida de coordenação = 30 cm ou 29 cm + 1 cm (ajuste de coordenação)
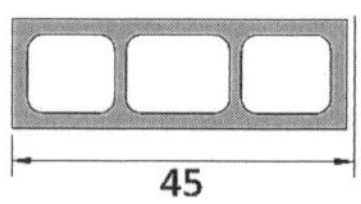	Medida modular = 4 e 1/2M Medida de coordenação = 45 cm ou 44 cm + 1 cm (ajuste de coordenação)

As combinações apresentadas possibilitam atender a uma grande variedade de vãos modulares utilizando peças da mesma família de blocos de concreto. Devemos entender essas combinações como sendo o ajuste necessário para que as medidas internas do ambiente sejam respeitadas, conforme a planta de prefeitura.

Vale lembrar que as peças compensadoras, como o próprio nome diz, servem para compensar, complementar ou ajustar espaços e vãos com dimensões fora da modulação múltipla do M10, ou seja, compensadores são peças complementares ou de encaixe para projetos que não nasceram modulados ou projetos que não foram desenvolvidos dentro da quadrícula modular de referência.

3.7.2.1 Modulação vertical

Tratando-se de blocos de concreto, a modulação vertical é o multimódulo 2M (20 cm) atendendo à norma de coordenação modular e à norma de especificação de blocos de concreto *NBR 6.136*.

3.7.2.2 Legenda de projeto

Por não existir uma legenda que possa ser utilizada regularmente, sugerimos a seguir uma forma gráfica de representar os componentes nas quatro formas que ele pode aparecer no projeto, em planta (vista superior), em elevação (vista lateral), do topo (em vista na espessura da parede) e em corte transversal.

3.7.3 SUGESTÃO DE LEGENDA PARA A FAMÍLIA DE 20 X 40/E = 20

	Componente em planta	**Componente em vista**	**Componente de topo**	**Componente em corte**
Bloco – 19 x 19 x 39				
Meio bloco – 19 x 19 x 19				
Bloco canaleta – 19 x 19 x 39				
Bloco canaleta – 19 x 19 x 19				
Canaleta – 19 x 19 x 19	C	C	C	
Compensador – 19 x 19 x 19		9		
Compensador – 19 x 19 x 4				

3.7.4 SUGESTÃO DE LEGENDA PARA A FAMÍLIA DE 15 X 40/E = 15

	Componente em planta	**Componente em vista**	**Componente de topo**	**Componente em corte**
Bloco – 14 x 19 x 39				
Meio bloco – 14 x 19 x 19				
Bloco canaleta – 14 x 19 x 39				
Bloco canaleta – 14 x 19 x 19				
Canaleta – 14 x 19 x 19	C	C	C	
Canaleta – 14 x 19/28 x 19	J	J	J	
Bloco – 14 x 19 x 34	34	34	34	
Bloco – 14 x 19 x 34	54	54	54	
Compensador – 19 x 19 x 19		9		
Compensador – 19 x 19 x 4		4		

3.7.5 SUGESTÃO DE LEGENDA PARA A FAMÍLIA DE 15 X 30/E = 15

	Componente em planta	Componente em vista	Componente de topo	Componente em corte
Bloco – 14 x 19 x 29				
Meio bloco – 14 x 19 x 14				
Bloco canaleta – 14 x 19 x 29				
Bloco canaleta – 14 x 19 x 14				
Bloco – 14 x 19 x 34	44	44	44	

3.7.6 SUGESTÃO DE LEGENDA PARA A FAMÍLIA DE 10 X 40/E = 10

	Componente em planta	Componente em vista	Componente de topo	Componente em corte
Bloco – 9 x 19 x 39				
Meio bloco – 9 x 19 x 19				
Canaleta – 9 x 19 x 39				
Canaleta – 9 x 19 x 19				
Compensador – 9 x 19 x 9		9		
Compensador – 9 x 19 x 4		4		

Para facilitar a compreensão, sugerimos que seja inserida em todas as folhas do projeto uma legenda com as peças utilizadas na respectiva folha. Além da legenda gráfica, recomendamos a inserção de informações como resistência do componente, traço de argamassa, armazenagem, manuseio e transporte.

3.8 PROJETO

Atualmente, a palavra projeto possui uma dimensão muito além da que sempre estivemos acostumados nas áreas técnicas.

3.8.1 O QUE É O PROJETO, AFINAL?

A definição mais adequada é a encontrada no PMBOK (Project Management Institute, 2017): "Projeto é um esforço temporário empreendido para criar um produto, serviço ou resultado exclusivo". Adequando essa definição ao processo de projeto de arquitetura e especificamente ao processo de projeto de produção da alvenaria, passando por todas as etapas de desenvolvimento de projeto, definiríamos da seguinte forma:

> Projeto é um esforço temporário empreendido a partir da coleta de informações provenientes do cliente, que serão interpretadas, analisadas, discutidas, conceituadas e enquadradas legal e tecnicamente por uma equipe de profissionais e por uma equipe técnica, gerando um resultado exclusivo para a criação de uma edificação em alvenaria estrutural.

As etapas de projeto sempre foram claras e subdivididas em três fases distintas: estudos preliminares, anteprojeto e projetos executivos. Essas etapas envolviam todas as demais disciplinas que fossem necessárias para o perfeito desenvolvimento dos projetos de uma edificação.

Atualmente, com a utilização de ferramentas de produção gráfica mais dinâmicas e pela facilidade de se criar várias versões do mesmo projeto de maneira muito rápida, além do fato de a construção civil ser vista e comparada com uma indústria, em que não são poucos os componentes fabricados fora do canteiro, as etapas de projeto sofreram mudanças em sua nomenclatura e no conteúdo de suas tarefas.

Este livro não pretende apresentar inovações para as etapas de desenvolvimento de projeto, apenas sugerir e propor uma subdivisão mais adequada às ferramentas de produção e de comunicação disponíveis na maioria dos escritórios de arquitetura. Para que fique clara cada etapa do projeto, devemos ter em mente o que é o projeto de alvenaria.

O projeto de alvenaria estrutural, pela sua importância no todo da edificação, é o desenho preciso de cada lâmina de parede que sustentará a edificação trabalhando em conjunto com outras em todos os sentidos e nas três direções ou coordenadas. É o projeto que substitui a estrutura de concreto formada por pilares e vigas. Além disso, é o projeto que determina os vãos modulares de janelas, portas e todos as demais interferências da edificação, como *shafts*, localização de instalações, espaços comuns no térreo, elevadores, posição de caixas d'água, até mesmo as vagas de garagem, tudo é dimensionado para a medida modular da alvenaria.

A importância dessa modulação deve-se também ao fato de estarmos desviando o sentido de caminhamento das cargas para cada situação ou abertura que fazemos na lâmina de parede.

A subdivisão a seguir não busca invalidar as nomenclaturas das etapas existentes ou habituais de cada empresa, procuramos adequá-la ao foco do livro, que é o projeto de alvenaria estrutural de blocos de concreto.

Tabela 3.2 – Proposta de etapas de projeto com foco na alvenaria

Usual	Proposto
Programa do projeto O programa de projeto fornece as necessidades do cliente voltadas ao produto desejado, orienta o profissional sobre o que e como o cliente deseja um determinado produto.	**Escopo do projeto** O escopo do projeto fornece ao cliente e a todas as equipes técnicas, além das necessidades e o objetivo do projeto, a hierarquização das ações dentro de um contexto macro de atividades técnicas.
Estudo preliminar Fase em que o projeto está sendo criado; momento em que se faz o estudo de massa e quando se define o rumo das ações a serem tomadas para o desenvolvimento do programa do projeto.	**Estudo e anteprojeto** Com as atuais ferramentas de pesquisa e de produção de desenhos, desenvolver um estudo preliminar com características de anteprojeto é absolutamente comum, a disponibilidade da informação e a velocidade de produção possibilitam a unificação de várias etapas, inclusive com todas as disciplinas, estruturas, instalações, projetos de entorno etc.
Projeto legal Projeto que se destina à aprovação da edificação na municipalidade.	**Projeto e diretrizes legais** Projeto que se destina à aprovação na municipalidade e em demais setores de governo para expedição de diretrizes construtivas do próprio empreendimento ou do entorno.

(*continua*)

Tabela 3.2 – Proposta de etapas de projeto com foco na alvenaria (*continuação*)

Usual	Proposto
Anteprojeto Fase em que as ações de desenvolvimento mudam de escala e existe o incremento da coordenação e compatibilização com as outras disciplinas.	**Pré-executivo** Nesta etapa, após as compatibilizações já terem sido previamente discutidas na etapa anterior, entre o anteprojeto e o projeto legal, iniciam-se os dimensionamentos definitivos para os projetos de estrutura, instalações e demais. Nesta etapa o desenvolvimento ocorre em outra escala e o *zoom* se fecha sobre as interferências construtivas e entre os diversos componentes.
Projeto executivo Etapa que no passado era vista como o passo final, em que todas as fases de projeto já haviam sido superadas, e o próximo passo era finalizar o memorial de descritivo e fazer as cópias heliográficas para enviar o projeto para orçamento e execução.	**Projeto executivo ou projeto de produção** Etapa em que o projeto está finalizado em sua concepção estrutural construtiva e esse é o momento de compatibilizar os últimos detalhes, equalizar informações com os fornecedores dos vários produtos e componentes, detalhar em várias escalas pontos críticos de execução, elaborar, além do memorial descritivo da obra o memorial de execução, o cronograma físico-financeiro da obra e estabelecer as diretrizes de execução com o controle.

3.8.2 O PROJETO DE ALVENARIA NO TEMPO

3.8.2.1 O cronograma de projetos e sua organização no tempo

O cronograma de projetos é uma ferramenta gráfica em que todas as atividades a serem desenvolvidas são apresentadas no decorrer do tempo do projeto e que indica em qual momento ocorrem as interações das atividades, quando acontecem simultaneamente e quando são definitivamente independentes no tempo, mas dependentes da finalização daquela ação imediatamente anterior.

Não existe uma predefinição do grau de detalhamento de um cronograma. Cada atividade pode ser subdividida em "n" sub-etapas e essas em outras, e o tempo pode variar em função do prazo maior. Por exemplo, um cronograma de uma atividade de um dia pode ser apresentado de forma detalhada com intervalos de trinta minutos ou de duas ou três horas, o que depende do grau de precisão e do tipo de tarefa que está sendo executada. Uma atividade de projeto que dure por dois anos pode ter seu cronograma subdividido em dias, semanas ou meses.

O mais importante é que exista a clareza e a compreensão de cada atividade envolvida e que sejam estabelecidos pontos de controle de cada uma delas, com a finalidade de aferir o andamento da atividade em relação ao prazo total. No caso deste livro, em que o foco das atividades é o projeto da alvenaria estrutural, segue uma sequência de atividades projetuais sugerida para o controle de cada atividade para o perfeito andamento dos projetos. Deve ser levado em conta que uma série de atividades pode ocorrer simultaneamente ou se sobrepor em função do tipo de obra e do detalhamento do cronograma. A seguir, apresentamos um cronograma padrão que deve ser adequado a cada situação, inclusive àquelas nas quais a alvenaria será utilizada como parte da obra e a outra parte será realizada em estrutura convencional de concreto, metálica, pré-moldado ou outro sistema qualquer.

O que importa realmente é lembrar que, na alvenaria estrutural, seja qual for a edificação, o sistema construtivo está relacionado a todos os seus outros subsistemas e componentes e, portanto, nos momentos iniciais do projeto, deve-se abranger o máximo de possibilidades de interação. Assim, para cada novo projeto subsequente ao da arquitetura e da modulação e para cada necessidade externa, fica claro onde alocá-lo e na fase de desenvolvimento.

A seguir, apresentamos graficamente as etapas mais significativas, de forma generalizada, pois cada projeto de alvenaria estrutural é único e possui suas especificidades. Destacamos os pontos de controle (PC), que nada mais são do que etapas em que um cuidado especial deve ser tomado pelo arquiteto coordenador, pois normalmente são momentos em que surgem questionamentos, e que necessitam de soluções rápidas e experiência para que o processo de projeto não seja paralisado: na aquisição do terreno, na definição da geometria, durante a elaboração da planta de venda, na elaboração do cronograma, na organização modular da alvenaria, na compatibilização com as outras disciplinas e no detalhamento.

3.8.3 PASSO A PASSO DOS PROJETOS E TEMPO

	Atividades com foco nas alvenarias	Responsáveis	1	2	3	4	5	6	7	8	9	10	11	12	13	14	15	16	17	
	Etapa 1 do desenvolvimento																			
1	Identificação das Necessidades	Arquiteto																		
2	Escolha do terreno	Cliente			PC	Ponto de Controle das Alvenarias														
3	Definir padrão da edificação	Arquiteto																		
4	Estudo de viabilidade/diretrizes	Orgãos Públicos																		
5	Enquadramento legal do projeto	Arquiteto																		
6	Estudo de massa	Arquiteto																		
7	Anteprojeto de arquitetura	Arquiteto								Ponto de Controle das Alvenarias										
8	Viabilidade comercial/técnica	Cliente																		
9	Planta de venda	Cliente/Arquiteto										Ponto de Controle das Alvenarias								
10	Projeto legal	Arquiteto																		
	Etapa 2 do desenvolvimento																			
11	Cronograma de projetos e obras	Arquiteto												Ponto de Controle das Alvenarias						
	Etapa 3 do desenvolvimento																			
12	Organização modular	Arquiteto													Ponto de Controle das Alvenarias					
13	Modulação pavimento tipo	Arquiteto																		
	Etapa 4 do desenvolvimento																			
14	Compatibilização de projetos	Arquiteto															Ponto de Controle das Alvenarias			
15	Verificação de interferencias	Arquiteto																		
16	Modulação definitiva e compatibilização	Arquiteto																		
	Etapa 5 do desenvolvimento																			
17	Detalhamento dos projetos	Arquiteto																		Ponto de Controle das Alvenarias

Figura 3.21 – Exemplo de Cronograma Parcial com destaque aos pontos relevantes para Alvenaria Estrutural.

PASSO A PASSO DOS PROJETOS NO TEMPO

Item 1 e 2 – Escolha do terreno após pré-avaliação legal e técnica (momento de avaliação se é possível e como pode ser utilizada a alvenaria estrutural). Esta etapa deve ser desenvolvida pelo arquiteto e a equipe de apoio. Terrenos em aclive ou declive, posição das garagens, sub-solo ou sobre-solo, ocupação do terreno em função dos lindeiros. Todas as informações legais e físicas devem ser ajustadas nesta etapa pois é nesse momento que é definida qual a melhor solução construtiva para o projeto do ponto de vista físico e executivo.

Itens 3 a 6 – Elaboração dos estudos de projeto (momento de geometria para alvenaria estrutural). Nesta etapa a geometria é definida em função dos aspectos físicos e legais.

Itens 7 a 8 – Planta de venda (já elaborada com memorial especificando o sistema construtivo e outros componentes afins). Etapa na qual já estão definidas as principais diretrizes de projeto, ocupação no terreno e já podem ser definidas as paredes estruturais e de vedação.

Item 11 – Elaboração de cronograma de atividades no qual estão inseridas todas as etapas de produção de projetos para todas as disciplinas envolvidas já ajustando com as dimensões dos projetos legais.

Item 12 – Organização modular (prevendo o sistema construtivo e suas interferências com outros componentes). Este é o momento em que o arquiteto monta a modulação e faz todos os ajustes da modulação. Esta é a etapa em que todos os ajustes com a planta de perfeitura já foram feitas e iniciam-se os projetos executivos.

Itens 12 a 14 – Compatibilização da modulação inicial com a modulação estrutural. Essa é uma etapa fundamental para a produção dos projetos alinhados com a coordenação modular e ajustes em todas as disciplinas.

Item 17 – Detalhamento da arquitetura e das especificidades pertinentes a alvenaria modulada de blocos. Esta etapa é fundamental para perfeito entendimento das plantas em obra.

3.8.4 O PROJETO DE ALVENARIA E SUAS ETAPAS

O projeto de alvenaria deve ser desenvolvido em etapas distintas e que possibilitem o atendimento a toda as necessidades técnicas, do processo de coordenação modular até seu detalhamento em escalas adequadas.

Apresentamos a seguir duas sequências gráficas nas quais se procura demonstrar a participação e o esforço de cada uma das principais disciplinas que compõem o processo de desenvolvimento de projeto.

No primeiro gráfico, hoje pouco utilizado, a atividade de arquitetura aparece dentro de um esforço comum e apenas acompanhando cada etapa, desenvolvendo ações preestabelecidas e lineares. Apesar de na maioria dos casos ser considerado o carro-chefe do projeto, pouco é percebido quando se trata de interface, arquitetura e outros, principalmente do ponto de vista da coordenação e da gestão do processo.

Os projetos estruturais eram desenvolvidos, há duas décadas, do mesmo modo e só havia empenho e esforço máximo na fase do executivo, para fechar o escopo do serviço contratado. Isso também acontecia com as disciplinas de instalações elétricas, hidráulicas e projetos complementares não exigidos formalmente. Nessa modalidade, a necessidade de gerenciamento de projeto não é percebida, porque o foco é o cumprimento do contrato e não a qualidade do produto que vai gerar a edificação.

Não há menção alguma ao projeto de alvenaria. Esse projeto é uma mera consequência do sistema construtivo adotado e não uma necessidade conceitual que deveria ser pensada desde a fase de estudo na criação dos primeiros rabiscos do projeto.

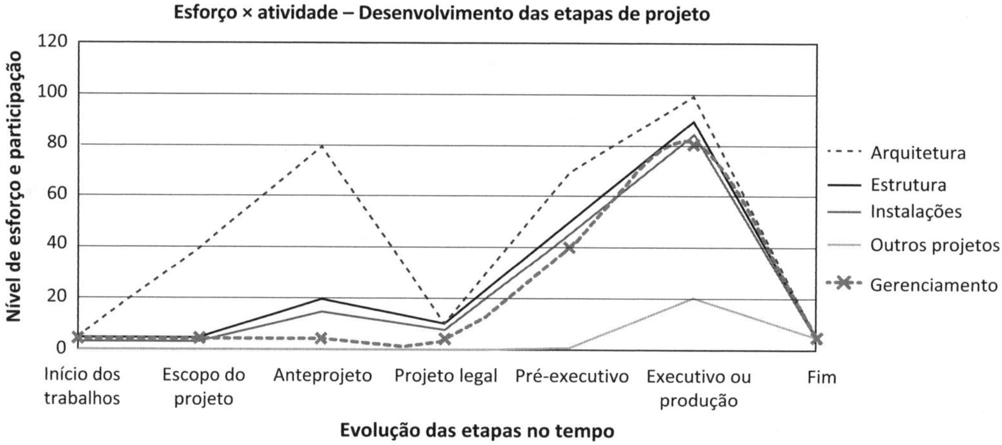

Figura 3.22 – Gráfico demonstrativo da participação do gerenciamento em relação ao processo de desenvolvimento de projetos.

No segundo gráfico, o cenário é outro. Destaca-se o equilíbrio de esforços durante todo o processo de desenvolvimento dos projetos. A partir do momento em que se iniciam as tarefas dentro de cada etapa, todas as outras disciplinas já estão trabalhando simultaneamente com empenho significativo e em torno do foco principal colocado pelo gerencial.

O gerenciamento de projeto é atuante desde o início dos trabalhos e segue sempre acima do esforço conjunto das outras disciplinas. O coordenador deve trabalhar sempre à frente das atividades que estão ocorrendo.

O projeto já nasce conceituado para a coordenação modular e para ser desenvolvido em alvenaria estrutural de blocos de concreto. O gráfico demonstra que o sistema construtivo[1] é definido na conceituação do escopo ou, no máximo, durante a fase do anteprojeto, seguindo paralelamente ao esforço significativo com todas as outras disciplinas. Não deve existir descompasso entre todos os participantes e disciplinas. A de integração é uma atividade fundamental.

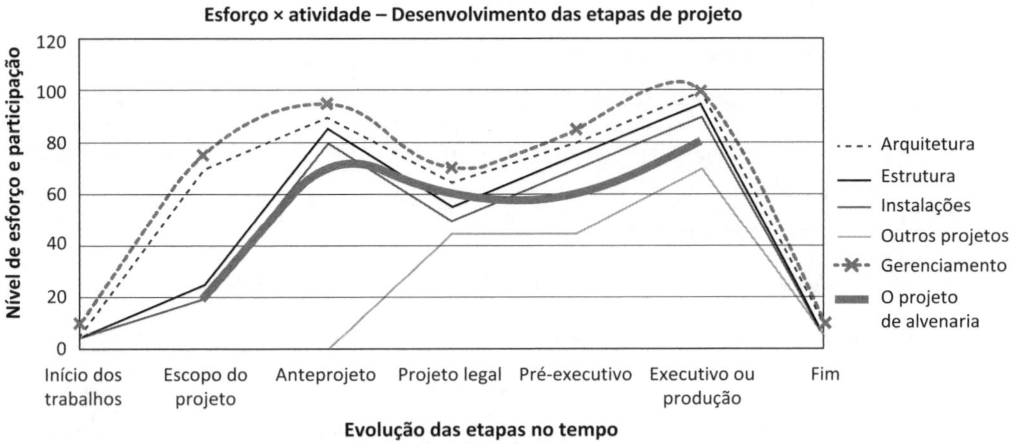

Figura 3.23 – Gráfico demonstrativo de esforço após o incremento do gerenciamento e a inclusão do projeto específico da alvenaria.

Aplicando as fases de projeto apresentadas anteriormente, daremos início às atividades de projeto voltadas à alvenaria. O foco deste livro é *a alvenaria estrutural de blocos de concreto*, e é com esse conceito que iremos apresentar o passo a passo para se obter o projeto mais adequado às suas necessidades.

3.8.5 PRIMEIRA ETAPA – DO ESCOPO À CONCEITUAÇÃO

3.8.5.1 Escopo do projeto

O escopo do projeto fornece ao cliente e à equipe técnica as necessidades e o objetivo do projeto e a hierarquização das ações dentro de um contexto macro de atividades técnicas.

Definir o escopo do projeto significa definir o propósito do trabalho e, para isso, é fundamental ouvir o cliente,[2] suas demandas, necessidades e anseios. Todo projeto

---

[1] Sistema construtivo: conjunto de elementos conectados entre si de modo a formar uma única edificação com o objetivo de atingir uma finalidade específica. Definição adaptada pelo autor a partir de http://pt.wikipedia.org/wiki/Sistema.

[2] Cliente: toda e qualquer pessoa, entidade pública ou privada que possui a necessidade que origina o projeto.

de edificação possui finalidade futura, dimensão desejada, meta de utilização e previsão de verba, portanto, é essencial que essas perguntas sejam respondidas o quanto antes, para que não ocorra perda de tempo e de recursos durante o processo.

O escopo do projeto descreve a maioria dos itens ou premissas de um conjunto de atividades que precisam ser controladas e avaliadas durante seu desenvolvimento. Então inicia-se a fase de planejamento e monitoramento de atividades. Por exemplo:

- Edificação voltada ao uso residencial;
- Área máxima total de 450 m² de laje;
- 6 unidades por laje, cada uma com 2 dormitórios, 2 banheiros, sala, cozinha e lavanderia;
- Sacadas em todas as unidades;
- Pretensão de uma edificação com 10 andares;
- Caixa de escada e 3 elevadores;
- Pé-direito técnico de 3,40 m e útil de 2,80 m;
- Fachada com caixilhos de alumínio tipo *maxi-ar*;
- Utilização de *shafts* para ventilação;
- Infraestrutura de telefonia, cabeamento estruturado etc.

Com a descrição anterior e mais ou menos informações, o arquiteto já consegue moldar a forma do que será projetado e como será desenvolvido o anteprojeto. Com um mínimo de dados, é possível desdobrar as informações, montar o escopo das atividades e colocá-las no tempo. O escopo do projeto deve vir preferencialmente acompanhado de um cronograma de atividades. Atividades, relações e tempo são fatores determinantes para o sucesso do trabalho.

Nos itens apresentados como exemplo, as palavras que estão em destaque correspondem aos dados relevantes ao desenvolvimento do projeto. O escopo do projeto deve ser claro a ponto de orientar o arquiteto na concepção do anteprojeto já com o máximo de detalhes possíveis em conjunto com os profissionais das outras disciplinas.

3.8.5.2 Escolha e avaliação técnica do terreno

Uma vez que as premissas de projeto já foram delineadas e o escopo está claro, vamos orientar a escolha do terreno que atenda às aspirações do cliente, questões mercadológicas, tendências de crescimento e investimentos feitos em determinadas regiões, público, padrão de consumo, nível de atividade econômica e outras informações que serão úteis na aquisição do melhor imóvel do ponto de vista comercial. Além disso, avalia-se a infraestrutura e a predominância da vizinhança: proximidades com terminais de ônibus, estações metrô, shopping centers, locais de alimentação, hospitais, acessos a aeroportos, condomínios, vias de acesso próximas, dimensões das ruas de entorno etc.

Então realizar a análise do terreno, na qual deve-se avaliar topografia, conformação geológica, declividades, lindeiros, ruas e avenidas próximas, servidão, acessos e outras tópicos que o arquiteto julgue necessários. Nesse momento, é fundamental verificar, por exemplo, a necessidade de garagens, número de vagas por unidade residencial, comercial, acessos de veículos, entrada e saída de garagens e outros itens específicos de cada projeto.

Em seguida é preciso avaliar o zoneamento, verificando de forma clara a legislação vigente para o local, taxa de ocupação, coeficiente de aproveitamento e diretrizes de tráfego, e formas diferenciadas.

E finalmente fazer o estudo de massa, definir a ocupação no terreno e a geometria da edificação.

Mediante aprovação prévia do item anterior, dá-se início aos estudos de organização dos espaços internos em conformidade com seu escopo, estudando em paralelo o sistema construtivo mais adequado à arquitetura, ao uso e ao custo ideal.

3.8.5.3 Enquadramento legal do projeto

Uma vez encontrado o terreno adequado às necessidades do projeto, o próximo passo é analisar a legislação vigente dos órgãos competentes para a aprovação futura do projeto, a partir das perguntas listadas a seguir.

- Quanto é possível construir?
- Qual é a taxa de ocupação (TA) e o coeficiente de aproveitamento (CA) do terreno?
- Quais são os recuos de entorno exigidos?
- Qual é o gabarito exigido por lei?
- A partir de onde se inicia o primeiro pavimento?
- O que é ou não área computável?
- Quais são as limitações de trânsito?
- Quais outros órgãos deverão emitir diretrizes para meu projeto?

3.8.5.4 Estudos de massa e/ou anteprojeto

Com as atuais ferramentas de pesquisa e de produção de desenhos, desenvolver um estudo preliminar com características de anteprojeto é algo comum; a disponibilidade da informação e a velocidade de produção possibilitam a unificação de várias etapas, inclusive com todas as disciplinas: estrutura, instalações e demais projetos.

O projeto é pensado de forma integrada e, portanto, já nasce com conceitos predefinidos em todas as disciplinas. É possível conduzir o desenvolvimento moderado, ora quadrícula, com o menor número de peças.

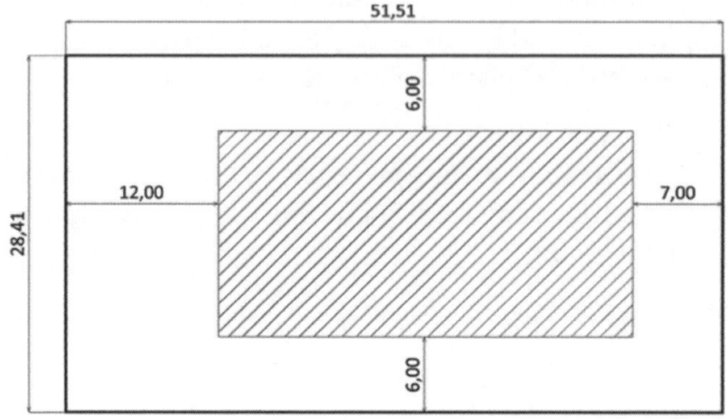

Figura 3.24 – Coeficiente de aproveitamento (CA) e taxa de ocupação (TA).

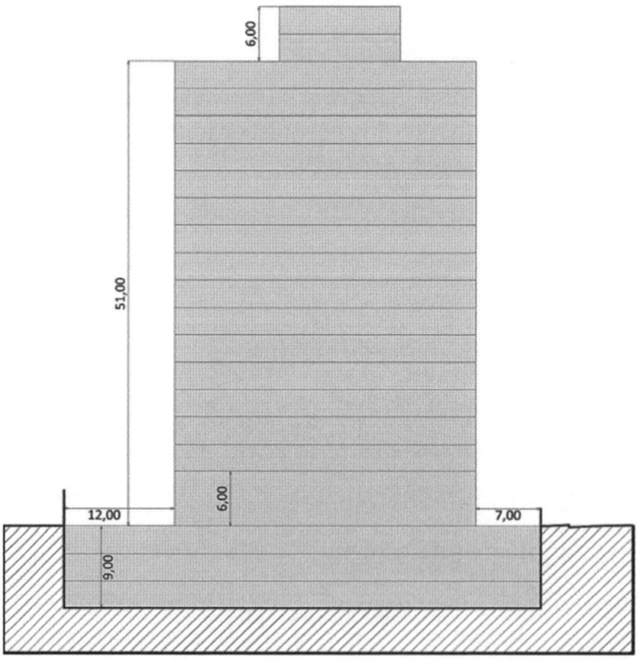

Figura 3.25 – Potencial construtivo, gabarito e volumetria.

Além dos estudos diretos que envolvem a ocupação do imóvel, outras restrições técnicas também devem ser estudadas, como diretrizes ambientais, proximidade de rios, córregos e condições de conservação e estabilidade das construções das edificações vizinhas.

3.8.5.5 Geometria: arranjo arquitetônico

A geometria e a volumetria de uma edificação informam quais serão as paredes portantes, de contraventamento e de vedação. Em uma análise conjunta com os projetistas de estrutura e de instalações, devem ser definidas algumas questões: qual será o bloco utilizado nas empenas portantes, como serão os níveis de laje, a espessura, uso de pilotis ou não, *shafts*, caixas de escada e elevador, caixas d'água, barriletes, varandas, sacadas, chaminés, garagens e demais detalhes, arquitetônicos ou não, que possam necessitar de tratamento específico. É a partir da geometria que fazemos as análises de ações das cargas verticais (carga permanente e cargas acidentais) e cargas horizontais (cargas de vento).

A seguir, apresentamos algumas das formas geométricas mais utilizadas e favoráveis para a utilização do sistema alvenaria estrutural. Lembramos que cada modelo apresentado a seguir é apenas uma orientação, cabendo ao arquiteto a melhor adequação às sugestões feitas. Além das diversas formas de sobrados geminados, casas térreas e prédios altos, inúmeras outras geometrias permitem a utilização da alvenaria estrutural.

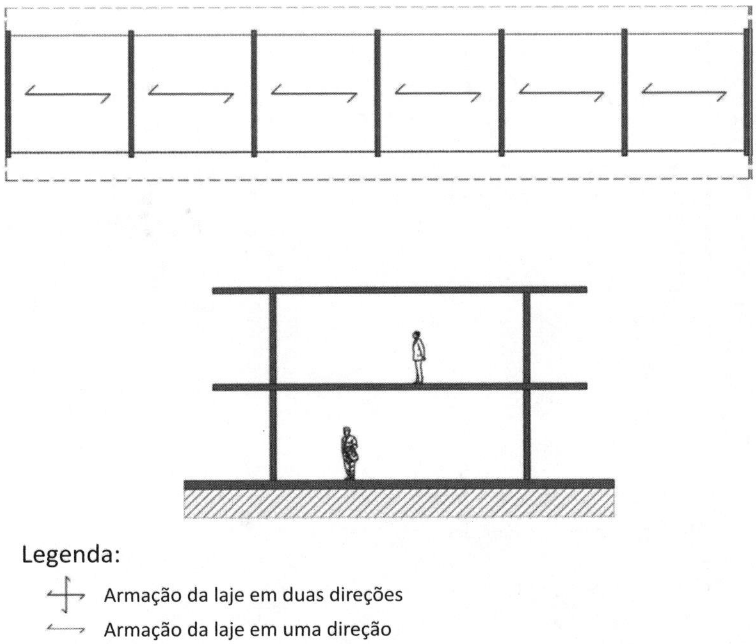

Figura 3.26 – Sobrados geminados.

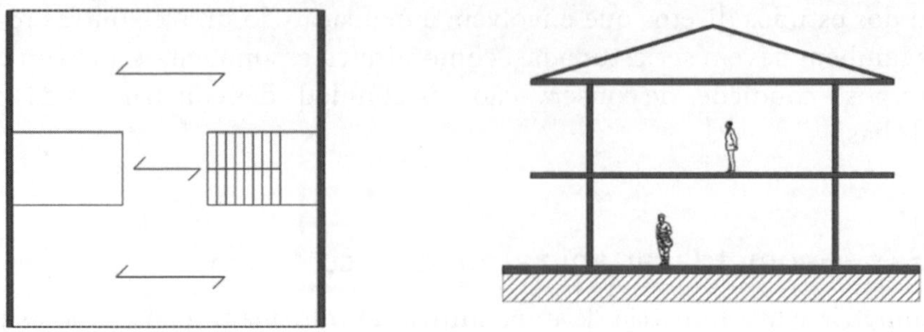

Figura 3.27 – Sobrados isolados com varanda e beiral.

Figura 3.28 – Casas térreas geminadas ou isoladas.

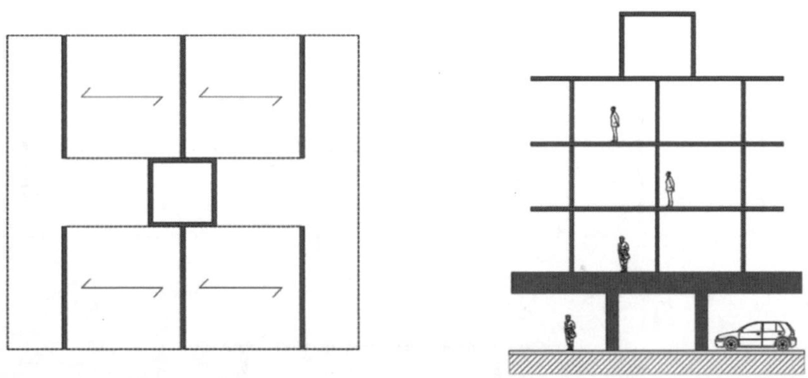

Legenda:

Armação da laje em duas direções

Armação da laje em uma direção

Figura 3.29 – Edifícios baixos sob pilotis.

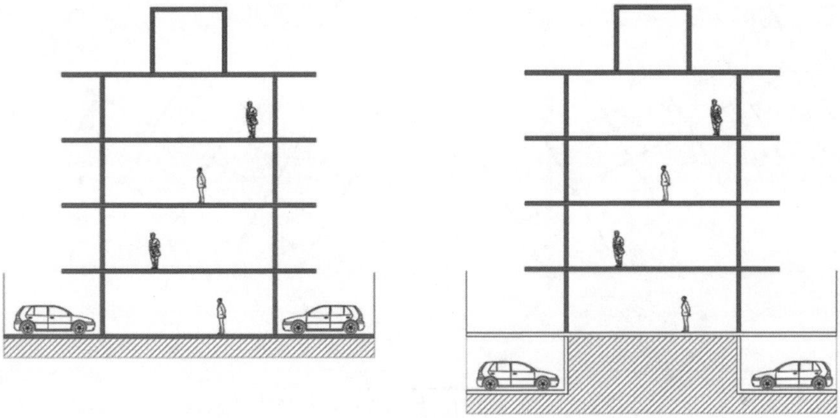

Figura 3.30 – Edifícios sem pilotis e com garagem fora da projeção.

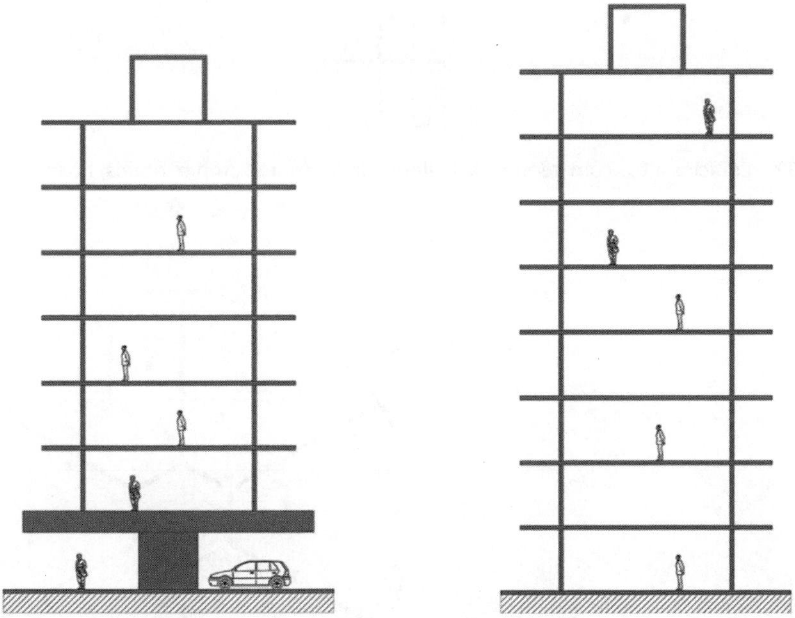

Figura 3.31 – Edifícios altos sob pilotis ou com alvenaria até o térreo.

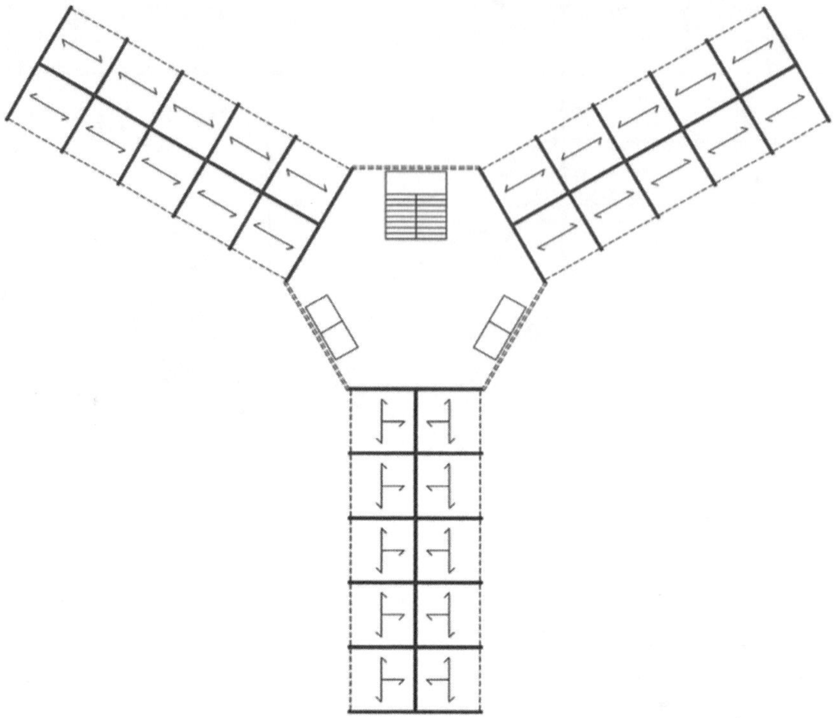

Figura 3.32 – Edifícios altos com geometrias diferenciadas (por exemplo, hotéis, hospitais etc.).

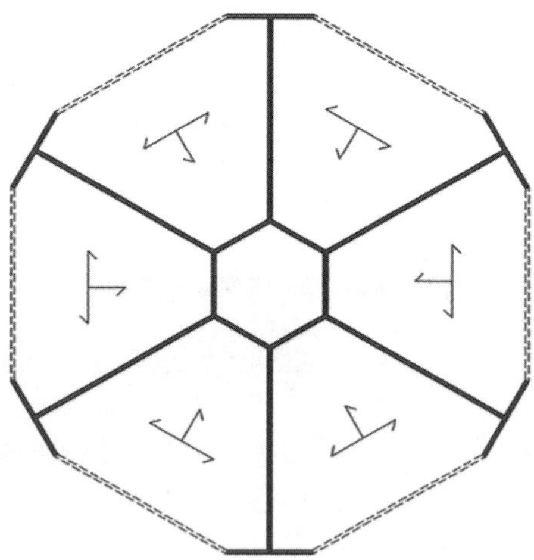

Legenda:

Armação da laje em duas direções

Armação da laje em uma direção

Figura 3.33 – Edifícios altos com geometrias diferenciadas (por exemplo, hotéis, hospitais etc.).

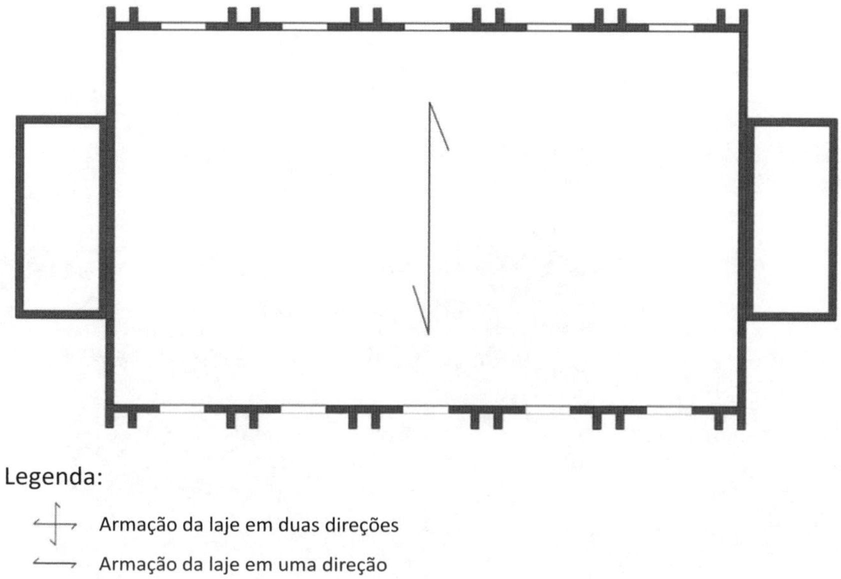

Figura 3.34 – Edifícios corporativos com grandes vãos.

Tão importante quanto definir a geometria da edificação e suas empenas estruturais é estabelecer o sentido de colocação e armação das lajes que trabalharão em conjunto com o sistema estrutural.

Com o objetivo de absorver as ações horizontais sobre fachadas de edifícios, além da disposição das paredes portantes que por si só já enrijecem o conjunto, utiliza-se a rigidez no plano horizontal das lajes de piso e de cobertura. Essa função é conhecida como *ação diafragma* ou *laje diafragma*. Esses diafragmas serão considerados elementos essenciais no sistema de contraventamento da edificação e consequentemente utilizados no cálculo do conjunto. Pela ação do diafragma, a força horizontal (vento) incidente em uma ou duas empenas da fachada será distribuída entre todas as paredes portantes até as fundações da edificação.

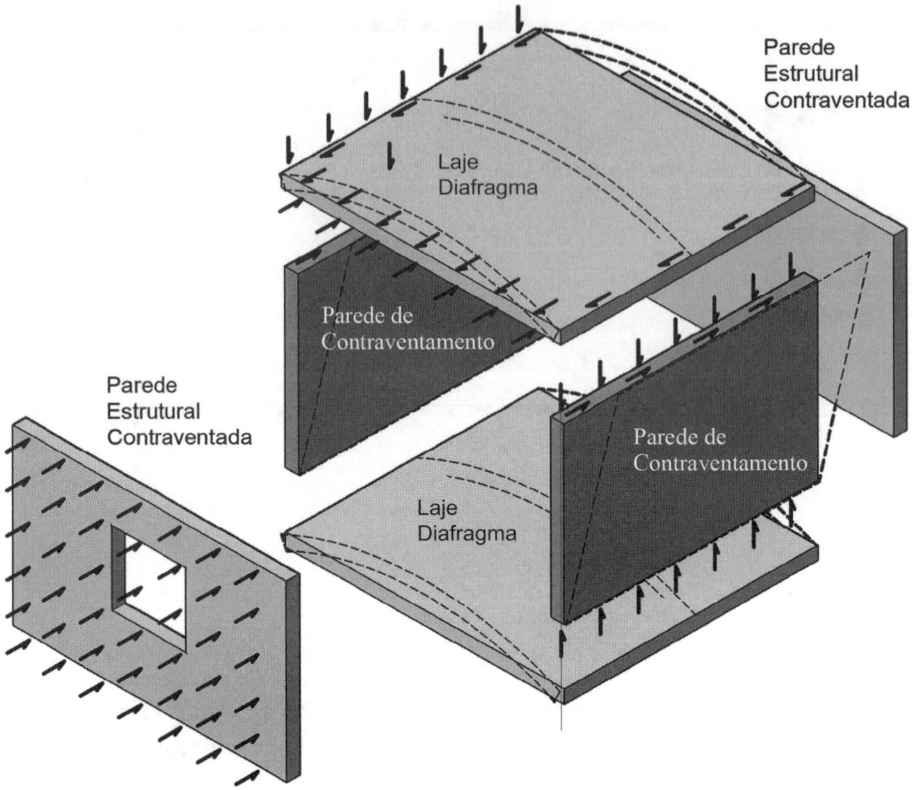

Figura 3.35 – Comportamento da alvenaria estrutural ao vento e função das paredes de contraventamento.

Segundo a *NBR 16.868-1,* a dispersão de qualquer ação vertical concentrada ou distribuída sobre um trecho de um elemento ocorre por uma inclinação de 45°, em relação ao plano horizontal, podendo-se utilizar essa especificação tanto para a determinação da parte de um elemento que efetivamente trabalha para resistir a uma ação quanto para a parte de um carregamento que eventualmente atue sobre um elemento.

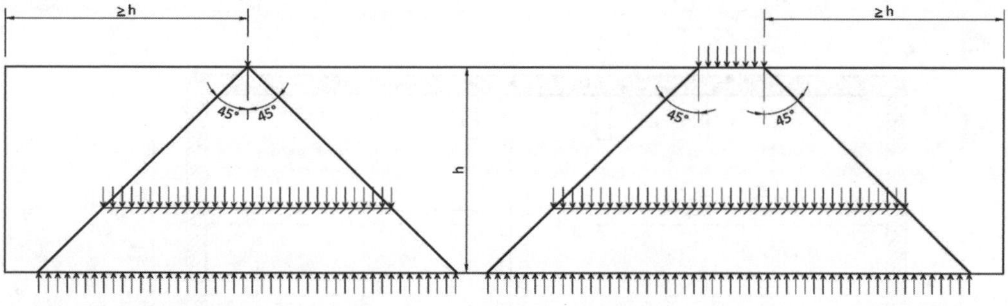

Figura 3.36 – Espraiamento das cargas concentradas em painéis. O ângulo máximo de espraiamento é de 45°, dependendo da rigidez das ligações.

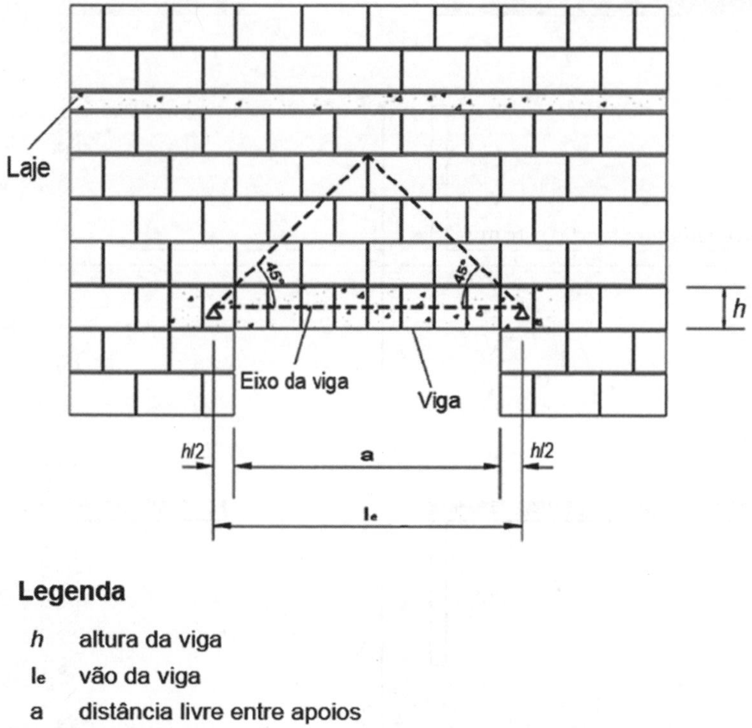

Figura 3.37 – Determinação da região que carrega a viga segundo a regra de dispersão de cargas verticais.

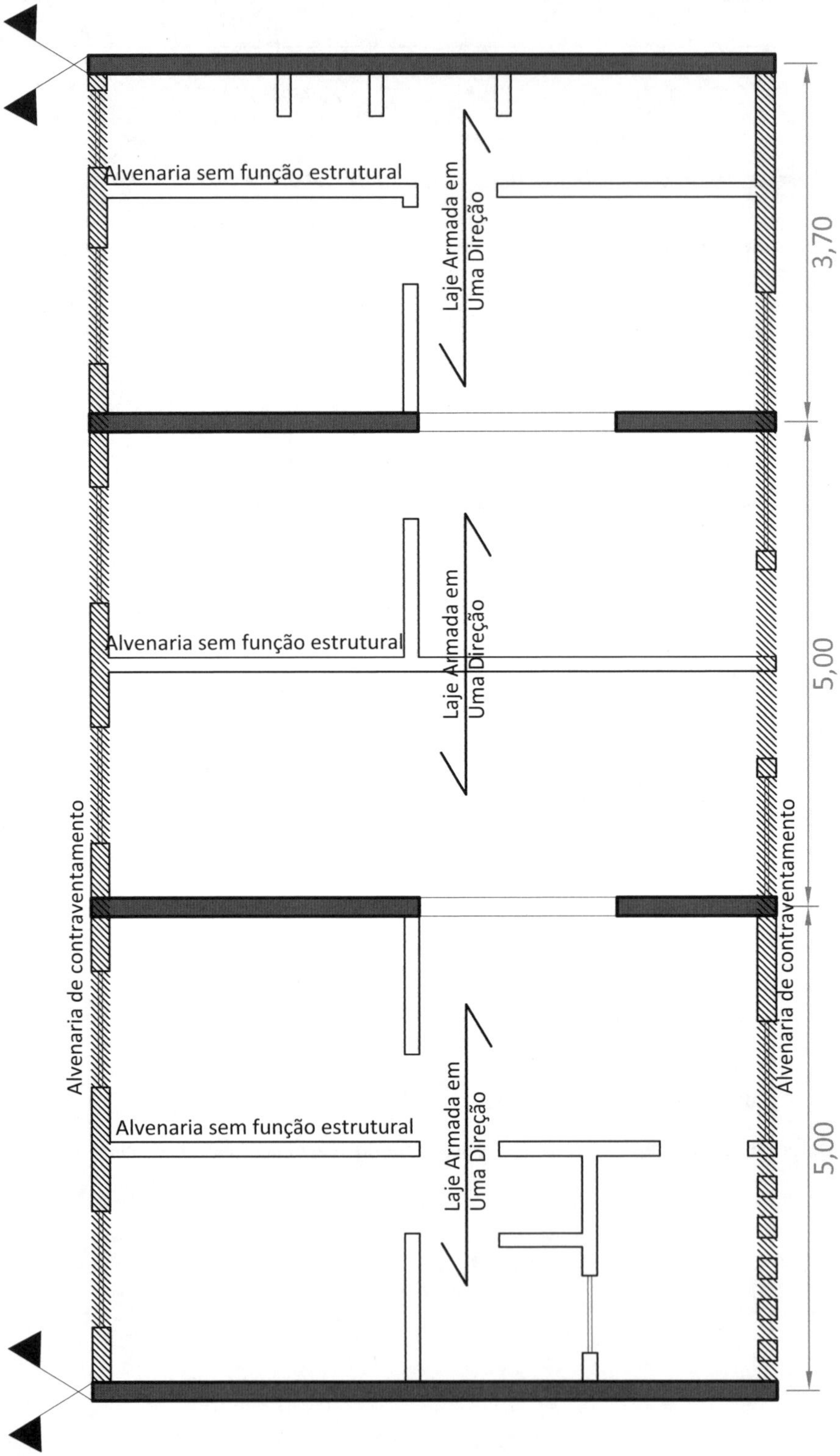

Figura 3.38a – Ilustração da solidarização laje empena vertical com a laje armada em uma direção. (*continua*)

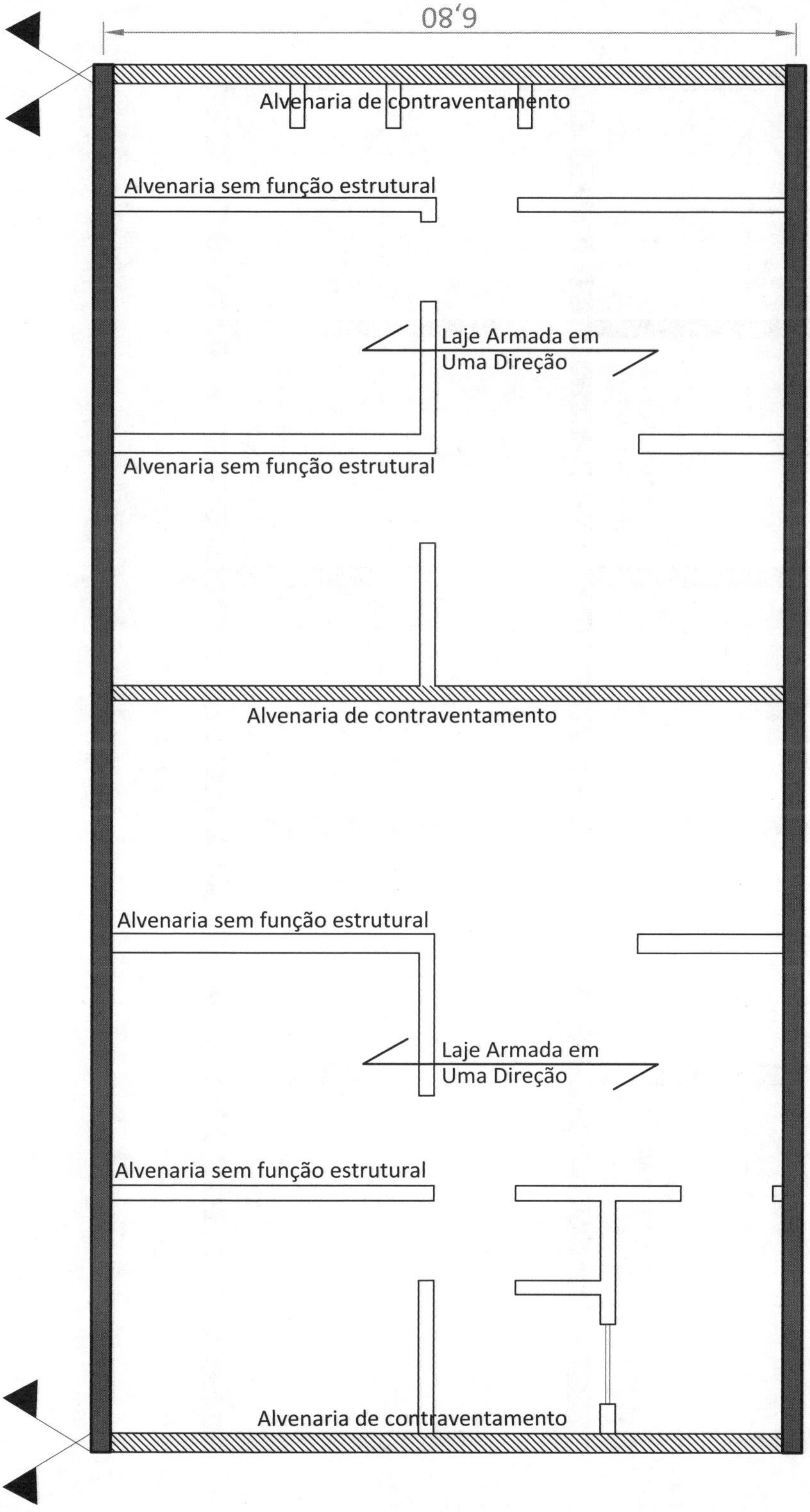

Figura 3.38b – Ilustração da solidarização laje empena vertical estrutural, laje armada em uma direção e alvenarias de contraventamento. (*continuação*)

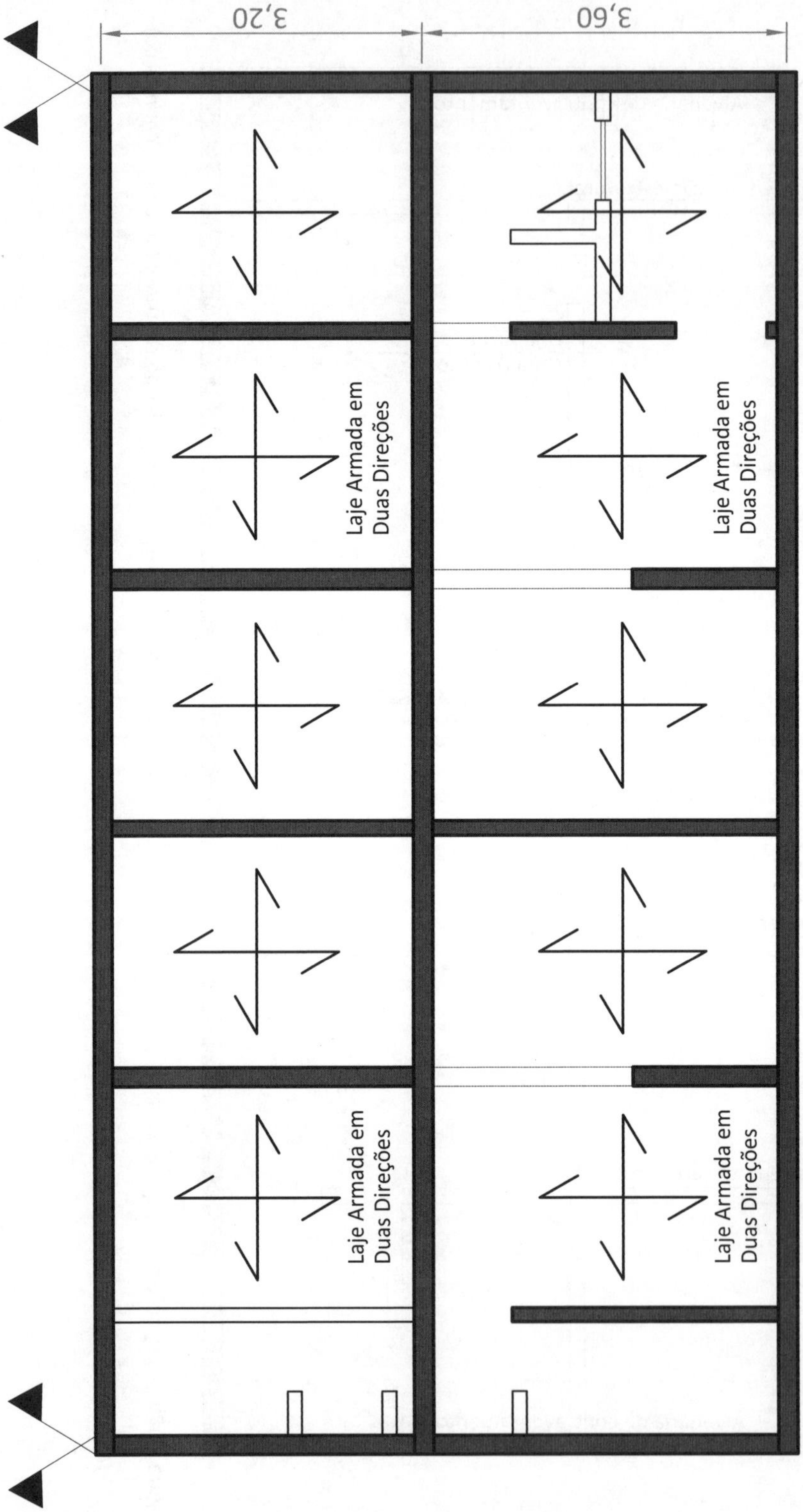

Figura 3.38c – Ilustração da solidarização laje empena vertical com a laje armada em duas direções. *(continuação)*

3.8.5.6 Conceituação arquitetônica para Alvenaria Estrutural

Para auxiliar na tarefa da concepção do projeto arquitetônico, apresentamos os primeiros passos para um projeto racionalizado e orientado para um sistema construtivo de alvenaria estrutural:

Definir espaços internos, considerando a utilização do imóvel residencial, comercial, educacional, hospitalar, hotel ou outro dentro da quadrícula modulada de referência que será base do projeto até sua finalização.

Após os primeiros estudos e com o pré-dimensionamento finalizado, o arquiteto já pode prever qual sistema construtivo será adotado.

Nessa fase, o arquiteto já deve estar prevendo elementos de fachada, circulações vertical e horizontal, vãos de iluminação, caixas de escada, caixa de elevador e outras questões mais específicas, como conforto térmico e acústico, entre outras.

A altura da edificação, em conjunto à geometria e à destinação do uso de cada espaço, será a responsável pela definição das paredes portantes de contraventamento e as que são apenas de vedação.

Após as análises preliminares técnicas, mercadológicas e legais terem sido feitas, elabora-se a planta de venda.

3.8.5.7 Planta de venda

A planta de venda trata-se do projeto apresentado no estande de venda e anexado ao contrato de compra do imóvel. É o projeto que reflete o que foi adquirido com uma sugestão de mobiliário e equipamentos. São referenciais que orientam o comprador para as possibilidades de utilização do imóvel.

Atualmente, os estandes de venda possuem vários referenciais que exemplificam o projeto e levam o pretenso comprador a aproximar-se do futuro imóvel. Apesar de ainda não ter sido construído, é possível testar os espaços e as sensações caminhando por dentro de cada um ou visualizando os espaços e suas referências de escala com o mobiliário.

A partir desse momento, utilizaremos como referência de construção um edifício habitacional padrão para que possamos balizar nossas ações referenciadas por um projeto real, lembrando que em todas as etapas pode haver modificações e/ou adequações ao tipo de projeto e à geometria da edificação.

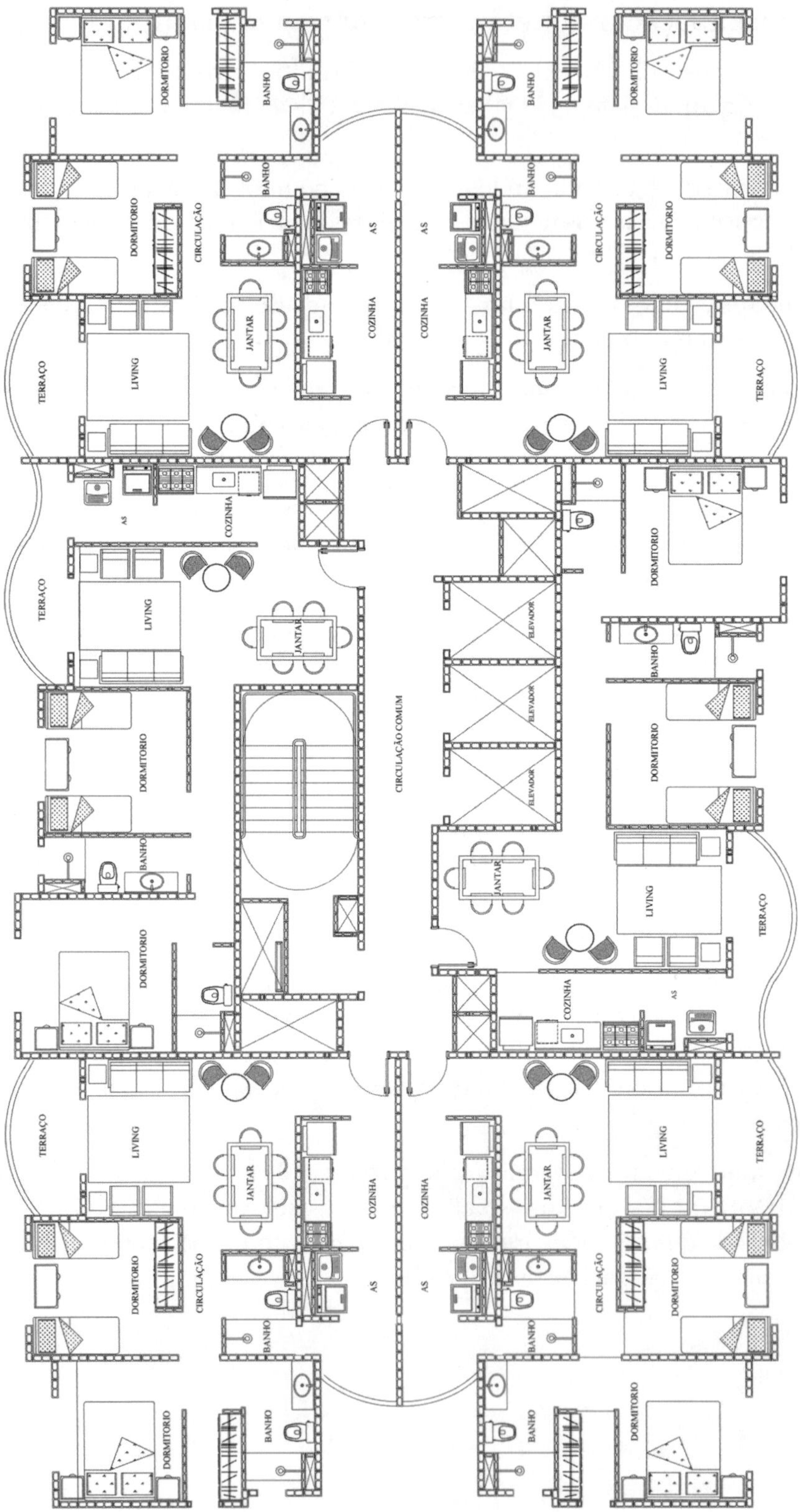

Figura 3.39 – Exemplo de um edifício alto com dezoito pavimentos, modulado e com mobiliário.

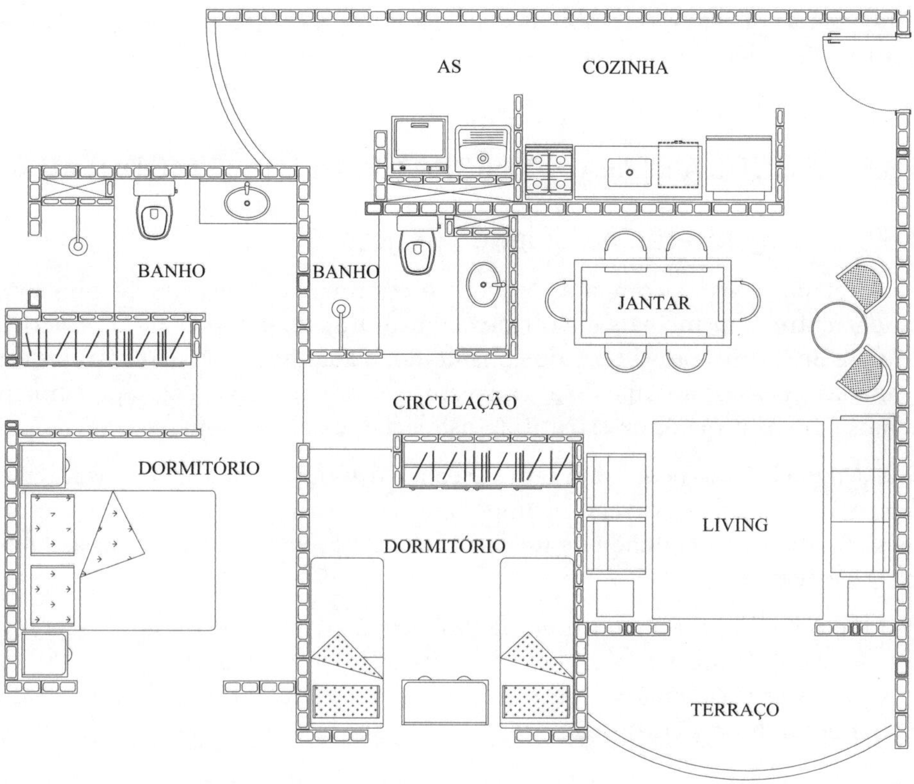

Figura 3.40 – Exemplo de uma unidade tipo de um edifício alto (dezoito pavimentos).

3.8.5.8 Projeto legal – (planta de prefeitura)

O projeto legal destina-se à aprovação na municipalidade e em demais setores de governo para a expedição de diretrizes construtivas do empreendimento e em muitas situações do entorno, quando este precisa ser modificado ou adaptado.

A planta de prefeitura deverá conter todas as informações necessárias e mercadológicas, quando for o caso, para que se inicie o procedimento de coordenação modular já com o conceito pré estrutural definido e as dimensões finais do projeto aprovado e validado pelas vendas de unidades.

Uma planta da prefeitura deve conter minimamente as seguintes informações:

a) dados do cliente, do logradouro e outros pertinentes ao carimbo;

b) implantação, planta de subsolo, térreo, pavimento tipo, cobertura e barrilete;

c) cortes e elevações;

d) tabelas de ventilação, iluminação, detalhes específicos;

e) referência às legislações pertinentes ao projeto.

Para que não ocorra retrabalho, faz-se necessário que esse projeto já seja modulado dentro da quadrícula de referência e com o componente estrutural predefinido.

3.8.6 SEGUNDA ETAPA – DESENVOLVIMENTO E MODULAÇÃO

3.8.6.1 Organização modular do projeto

Nessa etapa, após as compatibilizações preliminares já terem sido previamente discutidas entre os principais envolvidos com o projeto, e depois de o projetista de estrutura e de instalações já ter sido consultado, e quando dúvidas relevantes estiverem sanadas, chega-se ao final do anteprojeto e do projeto legal já com pré-dimensionamentos para os projetos de estrutura, instalações e demais itens.

O desenvolvimento ocorre em outra escala e o zoom fecha-se sobre as interferências construtivas entre os diversos componentes e as várias atividades técnicas necessárias. A modulação detalhada de todas as fases do projeto ratifica todas as medidas internas e externas.

O projeto de modulação é fundamental para a alvenaria estrutural. Sua importância está relacionada à estabilidade da edificação por sua estrutura ser de sustentação e por estar relacionada a outros componentes que, no futuro do projeto e da obra, comporão toda a edificação pronta para uso.

Antes de iniciarmos o passo a passo da modulação da edificação, vamos recordar o item 1.2.1, no qual tínhamos as peças utilizadas no mercado para alvenaria com modulação de 3M (3 x M10 = 30) e 4M (4 x M10 = 40) espessuras de 10, 15 e 20 cm de paredes, múltiplos e submúltiplos da medida modular, nomenclatura, representação gráfica e combinações de uniões de peças para atendimento a diversas dimensões de vãos e ambientes.

3.8.6.2 Modulação do pavimento tipo

Essa primeira modulação vai nos auxiliar na definição das paredes estruturais, de *shafts*, de aberturas verticais para caixilhos e portas, de qual o módulo a ser utilizado e de qual o componente que será mais racionalizado para o nosso projeto. Nesse momento, decidimos se a modulação será feita com peças de 30 ou 40 cm, lembrando que o estudo deve ser feito para que possamos adequar ao máximo o uso dos componentes dentro das dimensões aprovadas no projeto legal.

Sob orientação do projetista estrutural, definem-se os locais onde serão grauteados, ou seja, em que será necessária a utilização de incrementos submodulares e de outros componentes para adequar o projeto da alvenaria às dimensões dos ambientes constantes na planta de venda.

Entendemos que o correto é que a tarefa de modular o projeto de alvenaria seja do arquiteto e, portanto, não há por que ser desenvolvido um projeto sem que exista, desde o início, a preocupação com a coordenação modular de todos os componentes.

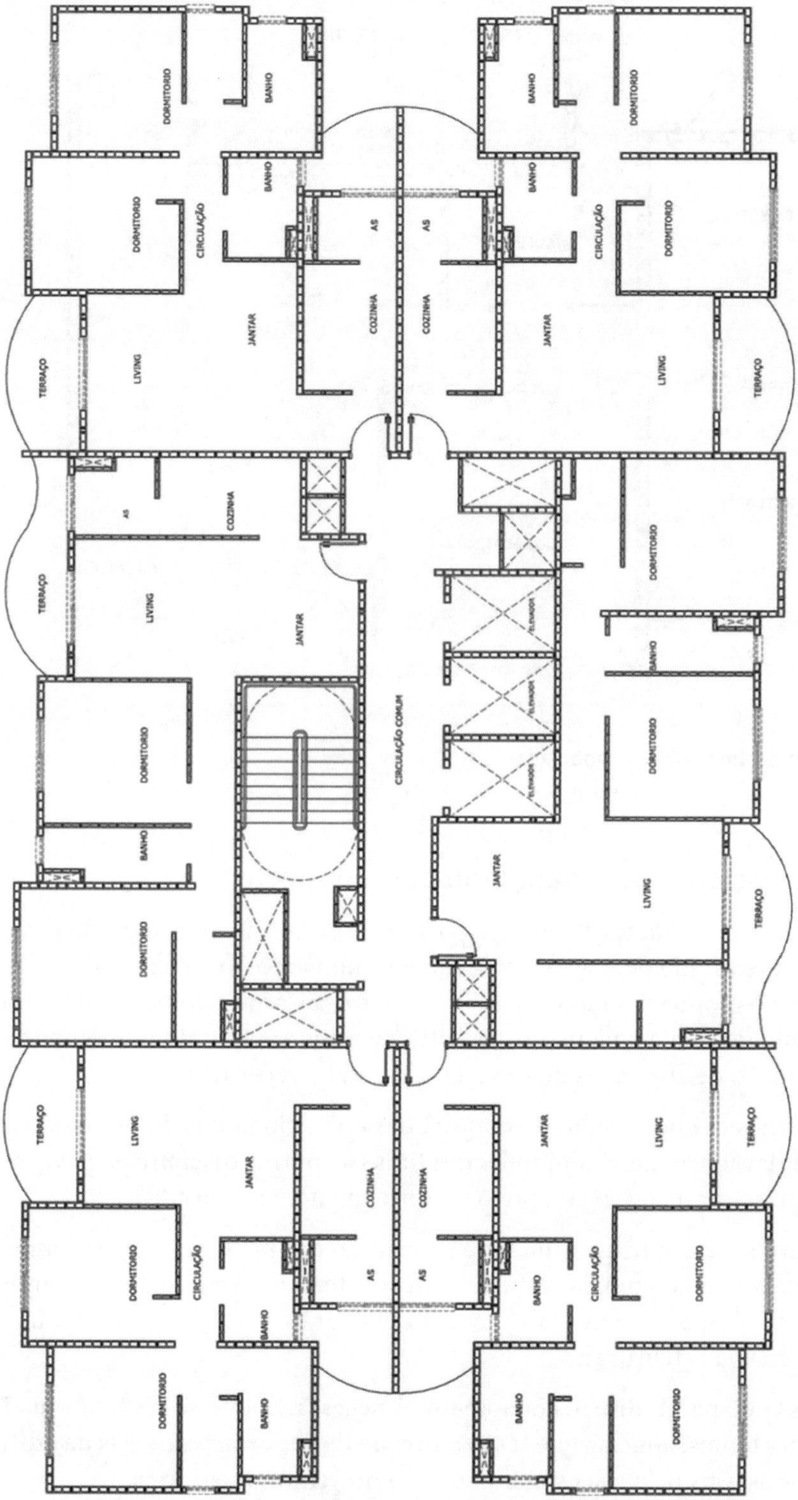

Figura 3.41 – Modulação do pavimento tipo com indicações de aberturas.

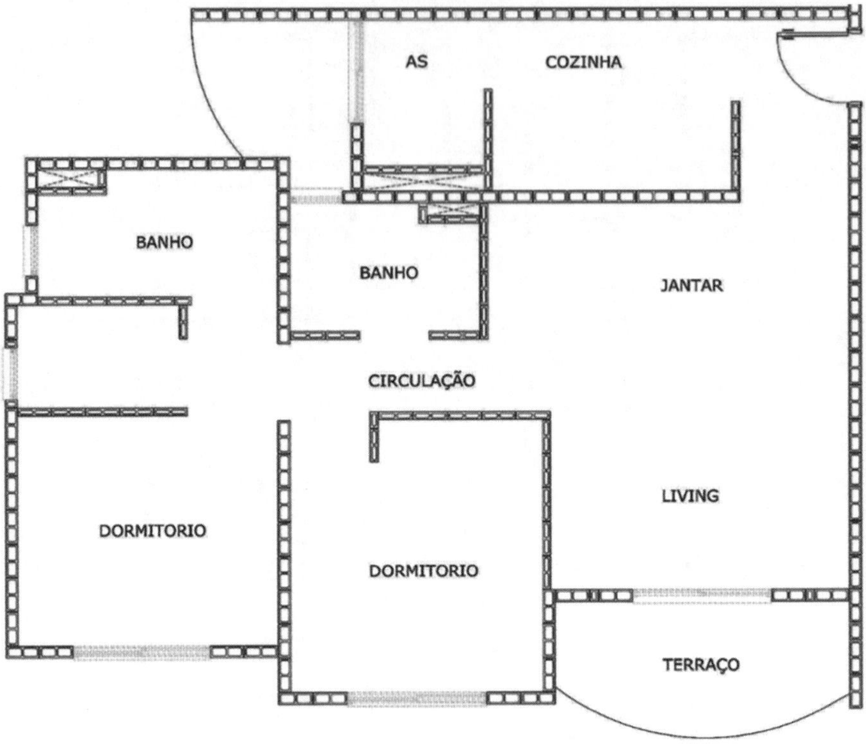

Figura 3.42 – Exemplo de uma unidade modulada.

3.8.6.3 Dimensionando e definindo paredes portantes

Resumindo todas as atividades até essa etapa, temos: definição do escopo do projeto, escolha do terreno, estudo de massa e consequente aquisição do terreno, enquadramento legal, definição geométrica da edificação, conceituação arquitetônica e estrutural da edificação, planta de venda e planta de prefeitura e estudos preliminares de modulação com predefinição de aberturas de vão na horizontal e vertical.

Agora que já temos conhecimento da maioria das condicionantes do projeto, partimos para a modulação final em conjunto com todas as outras disciplinas que gerarão, no futuro, o projeto executivo completo e, consequentemente, a edificação.

O arquiteto deve se lembrar que é na hora da criação das passagens pelos conceitos, que conceitos como geometria, esbeltez, altura, terreno, resistência a ventos, projeção, entre outros, são inerentes ao processo definirão a edificação como uma edificação em alvenaria estrutural.

Para iniciar essa etapa de dimensionamento, é necessário que se definam quais serão as paredes portantes, aquelas que terão a função de suportar as cargas da edificação e serão responsáveis pela sua estabilidade. Como vemos a seguir:

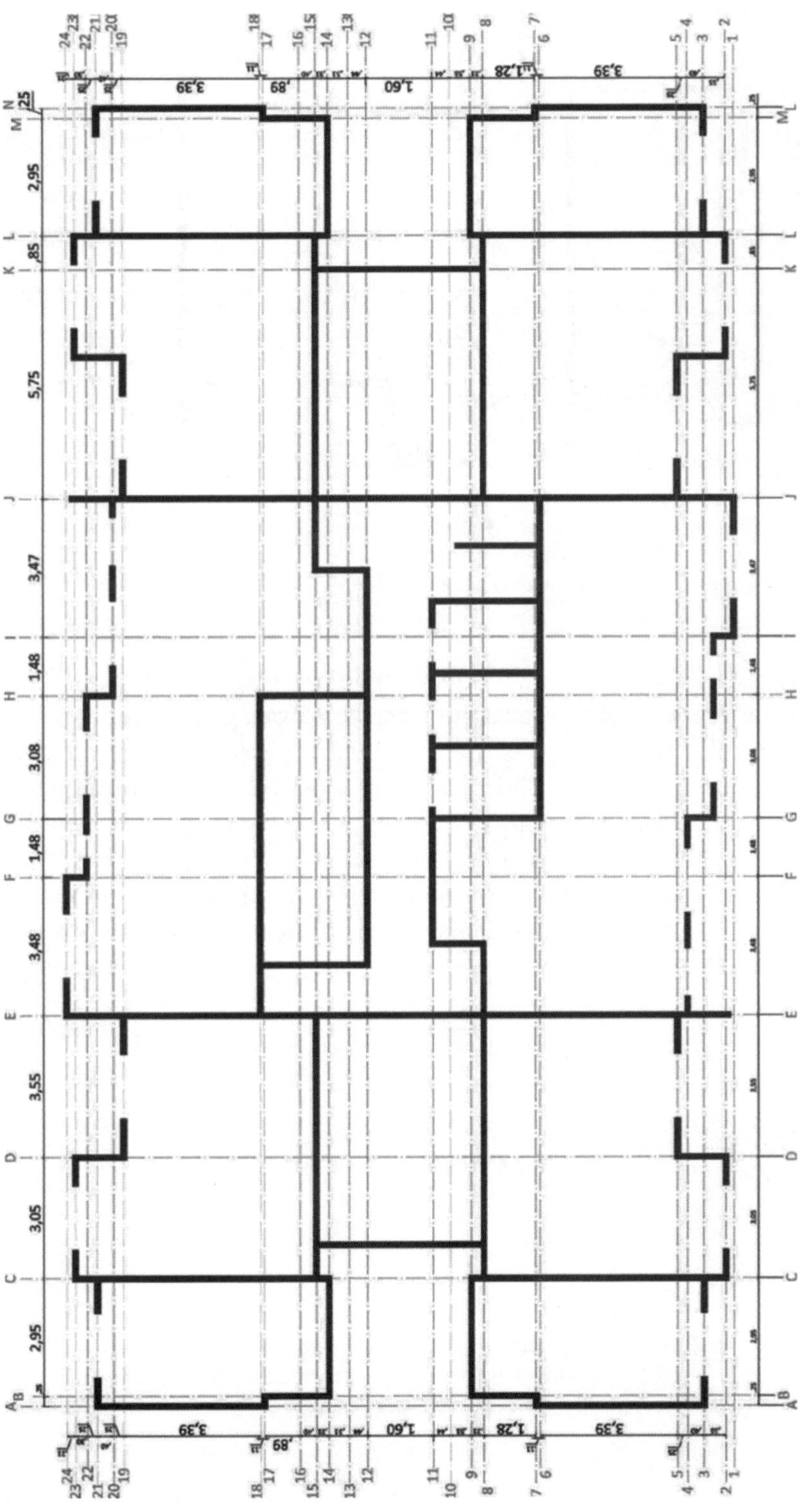

Figura 3.43 – Exemplo de paredes portantes.

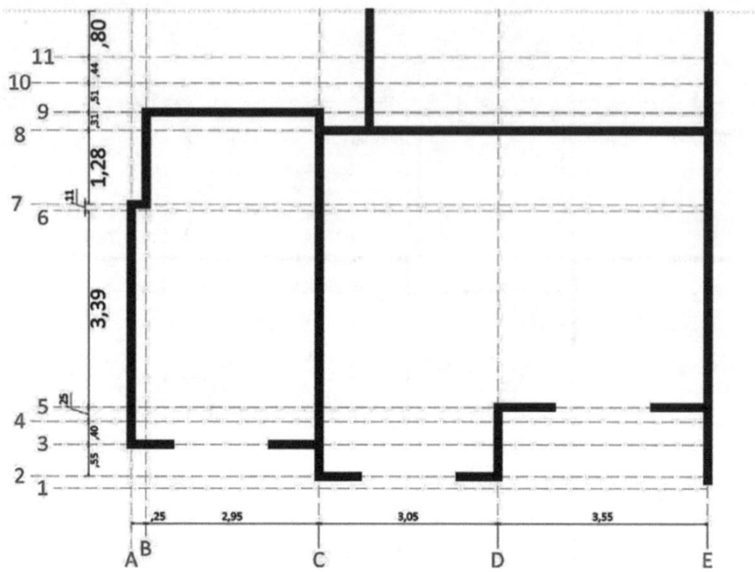

Figura 3.44 – Paredes portantes em uma unidade do pavimento.

Uma vez definidas deve-se proceder à modulação do pavimento e cobertura para identificação das interferências das paredes no térreo e na garagem quando estiver em subsolo ou sobressolo. Nessa etapa, surge o primeiro passo para o projeto de alvenaria. Sobre uma quadrícula modulada, coloca-se a planta de prefeitura que foi gerada a partir da planta de venda e inicia-se a colocação de todas as peças, pensando em todas as interferências possíveis com os outros componentes e instalações. Deve-se lembrar de que esse trabalho já foi feito de forma preliminar em etapas anteriores e agora faz-se necessária a confirmação das dimensões para dar prosseguimento aos projetos executivos.

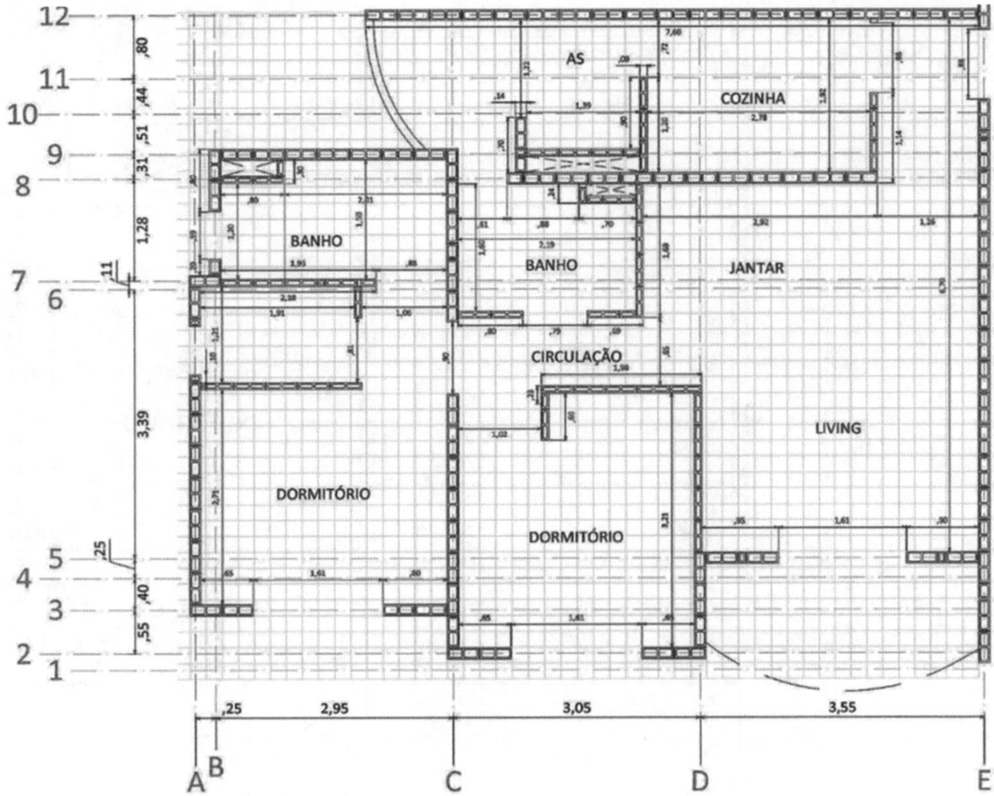

Figura 3.45 – Exemplo da modulação de uma unidade com eixos nas paredes portantes e quadrícula modular.

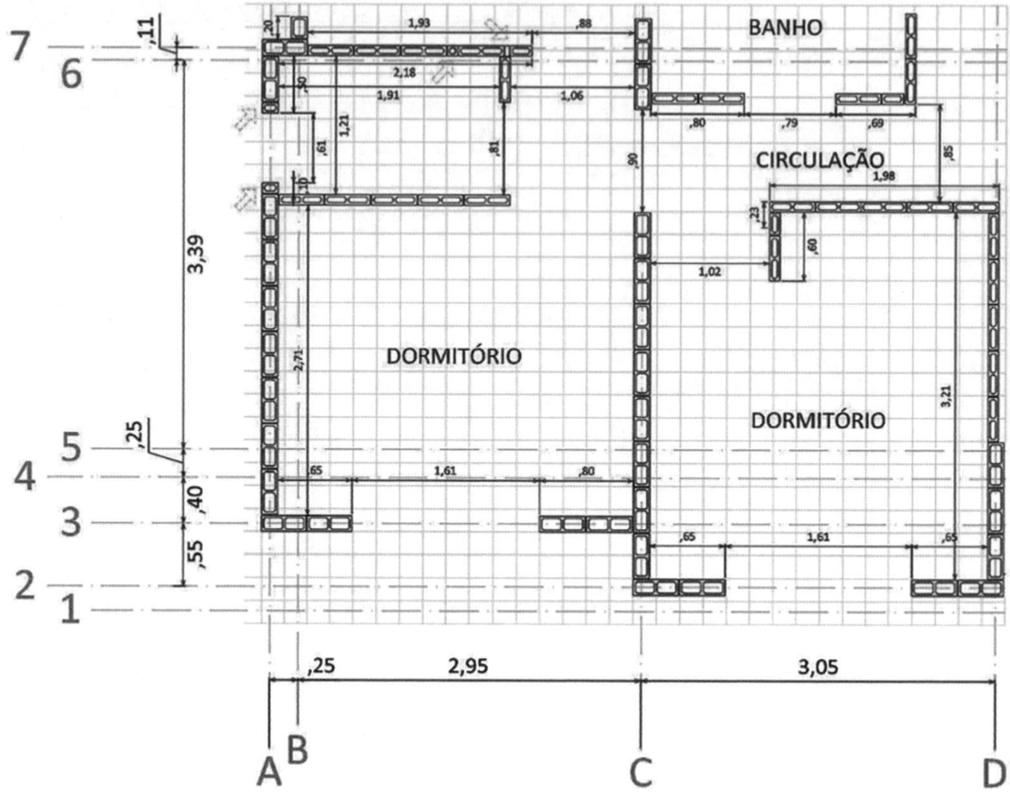

Figura 3.46 – Detalhe ampliado de uma unidade.

a) Definir os eixos do projeto das paredes estruturais. Alguns profissionais optam por locar os eixos construtivos fora do desenho ou trabalham apenas com dois eixos externos e todas as cotas partindo desses eixos. Neste livro, adotamos eixos verticais e horizontais principais nas paredes estruturais e eixos secundários para as alvenarias não estruturais e outros elementos construtivos.

b) Modular as paredes estruturais atendendo às medidas internas da planta de venda e externas do projeto legal. Atentar para as amarrações de paredes portantes. Nessa etapa, o projetista de estrutura já definiu o tipo de bloco e a espessura da alvenaria e laje. As interferências com outros pavimentos, térreo, garagem, subsolo, fundações, caixa de elevadores, barrilete, caixa d'água, *shafts* de instalações, escada pressurizada, instalações de incêndio, fixação de ancoragem de balancim e outros já foram resolvidas modularmente. Nesse momento, deve-se fechar e compatibilizar a modulação às outras áreas de projeto, iniciando o detalhamento.

c) Definir circulações, vãos de portas e divisões entre unidades habitacionais no mesmo pavimento.

d) Definir no pavimento os *shafts*, as prumadas de água, esgoto, gás, chaminés e outras interferências de passagens verticais pelo pavimento.

e) Definir a localização da caixa d'água, barrilete, elevadores, escadas e outros ambientes especiais que se encontram em outros pavimentos.

f) Analisar as paredes portantes que chegam ao pavimento térreo, avaliando a melhor disposição de ambientes comuns, de serviço e de lazer.

g) Em função do programa aprovado, modular o térreo sobre pilotis, preservando áreas mais livres no pavimento térreo.

h) Executar as vistas de todas as paredes moduladas, o que faz parte do projeto da alvenaria. A modulação vertical deverá seguir o procedimento adotado para todo o projeto (ver o capítulo "Detalhes de Execução").

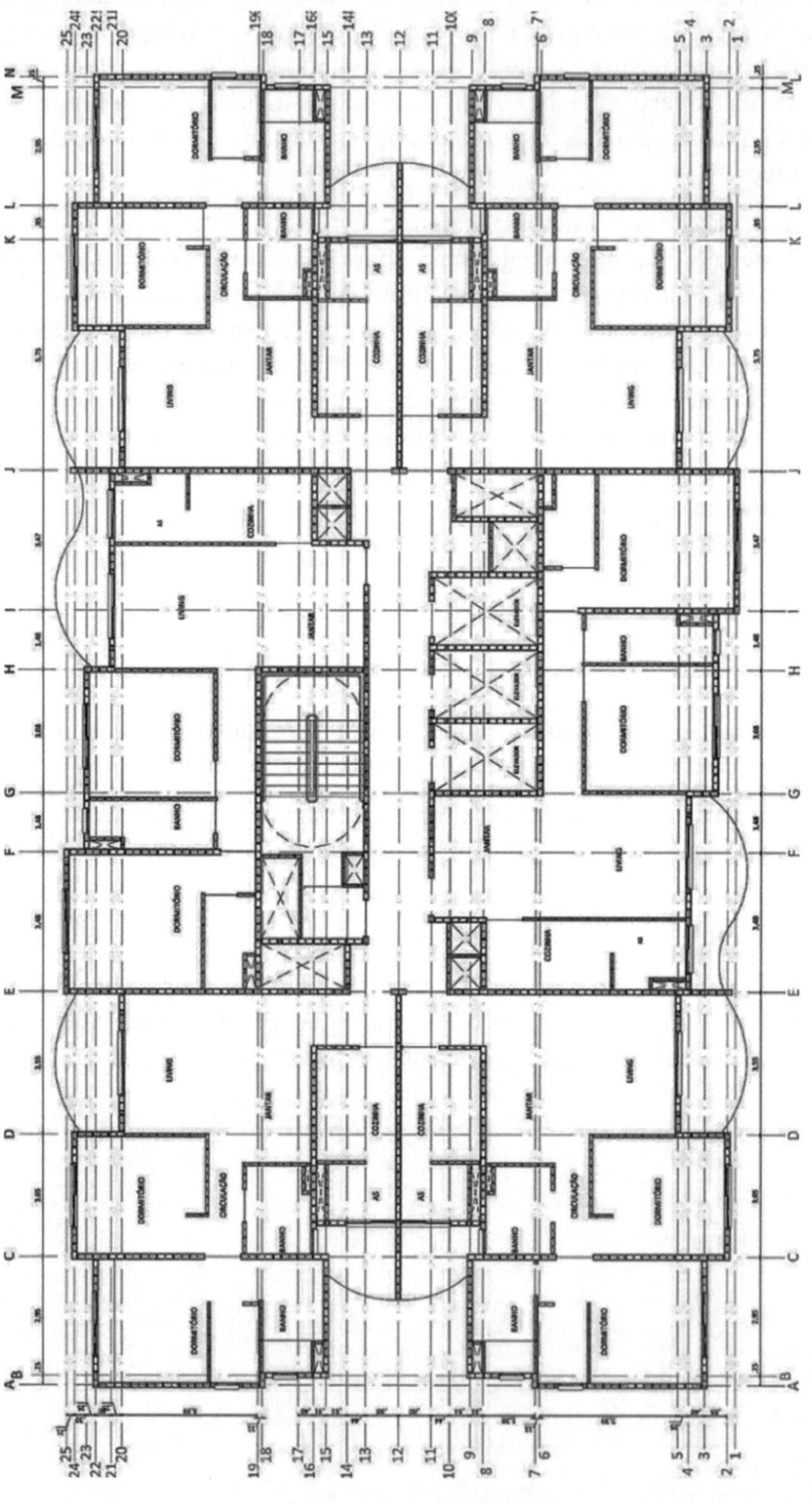

Figura 3.47 – Modulação e eixos da alvenaria estrutural.

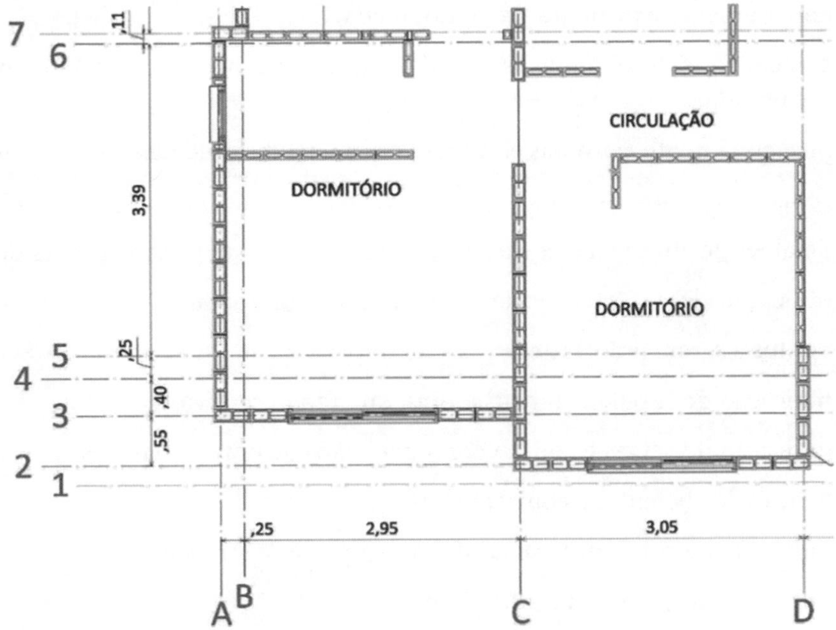

Figura 3.48 – Detalhe da modulação e dos eixos.

i) Analisar a possibilidade de coincidir os pilares dos pavimentos, principalmente os do térreo com os dos subsolos.

j) Definir o tipo de laje – maciça, treliçada, painel, metálica, pré-moldada – e a forma de montagem: *in loco* ou com grua. Especial atenção deve ser dada às lajes do último pavimento, pois, caso sofram insolação direta ou atinjam temperaturas maiores que o restante do edifício, ocorrerá maior movimentação, podendo ocasionar fissuras na alvenaria contígua. Além disso, as lajes de piso devem ter rigidez dinâmica suficiente, de modo a possuir frequência natural relativamente elevada, acima de cerca de 10 Hz, para evitar vibrações desconfortáveis aos usuários ocasionadas, por exemplo, pelo andar de pessoas, tráfego de veículos em ruas próximas etc. No projeto estrutural da edificação, devem ser previstos esforços horizontais pertinentes, especialmente devido ao vento, que são importantes na verificação da estabilidade da obra. Esses esforços devem ser absorvidos pelas lajes, que, por esse motivo, devem ser suficientemente rígidas, e transferidos aos elementos resistentes de contraventamento (ver o capítulo "Detalhes de Execução").

3.8.7 TERCEIRA ETAPA – PROJETO EXECUTIVO

Além do passo a passo conceitual descrito, existem também procedimentos gráficos para atender tecnicamente ao executor da alvenaria. Recomendamos que as seguintes informações estejam claras no projeto executivo:

a) embasamento e primeira fiada modulada;
b) posicionamento dos blocos de saída em relação aos eixos de referência e à quadrícula;
c) posicionamento claro nas elevações das aberturas e elementos verticais;
d) cotas claras entre os eixos (A, B, C.../1,2,3...-A1,A2.../1A,1B...) do projeto;
e) detalhes de amarração entre paredes portantes e amarração entre as demais;
f) indicação clara das barras de aço verticais e horizontais;
g) pontos a serem grauteados;
h) indicação do uso de compensadores, quando necessário;
i) indicação de vergas e contravergas para vãos de portas e janelas;
j) fixação dos batentes e contramarcos;
k) indicação de conduítes, caixas de interruptores e tomadas;
l) indicação dos quadros de distribuição;
m) indicação de incertos para fixação de tubulação;
n) indicação de prumadas de água, esgoto e águas pluviais;
o) acabamento das paredes.

Grande parte dos detalhes mencionados poderão ser vistos em suas especificidades no capítulo "Detalhes de Execução".

3.8.8 RECOMENDAÇÕES COMPLEMENTARES

3.8.8.1 Recomendações gerais

O projeto executivo também deve conter recomendações sobre procedimentos a serem seguidos na obra, para que a alvenaria tenha o desempenho e a resistência estabelecidos pelo projetista.

As principais informações e recomendações que devem ser claramente especificadas são as seguintes:

a) a resistência e os tipos de blocos a serem utilizados;
b) a resistência à compressão das argamassas, prismas e grautes a ser utilizada;
c) construções com juntas constantes de 1 cm, manutenção de prumo, alinhamento e nível, bem como condições de assentamento e de preservação da alvenaria recém-assentada em condições climáticas adversas (excesso de calor, frio ou chuva);

d) as juntas de dilatação e de controle devem ser previstas em projeto, pois permitem a movimentação dos elementos componentes do prédio, por contração ou expansão decorrentes da variação térmica, evitando o aparecimento de fissuras e trincas na alvenaria ou em elementos estruturais. As juntas de controle devem ser previstas nas seguintes situações:

- ▹ mudanças bruscas de direções (formas de L, T e U);
- ▹ nos pontos em que há variação na espessura da parede;
- ▹ nos pontos em que há variação brusca da altura da parede;
- ▹ intersecções com pilares e vigas de concreto;
- ▹ no encontro da última fiada com a laje de cobertura.

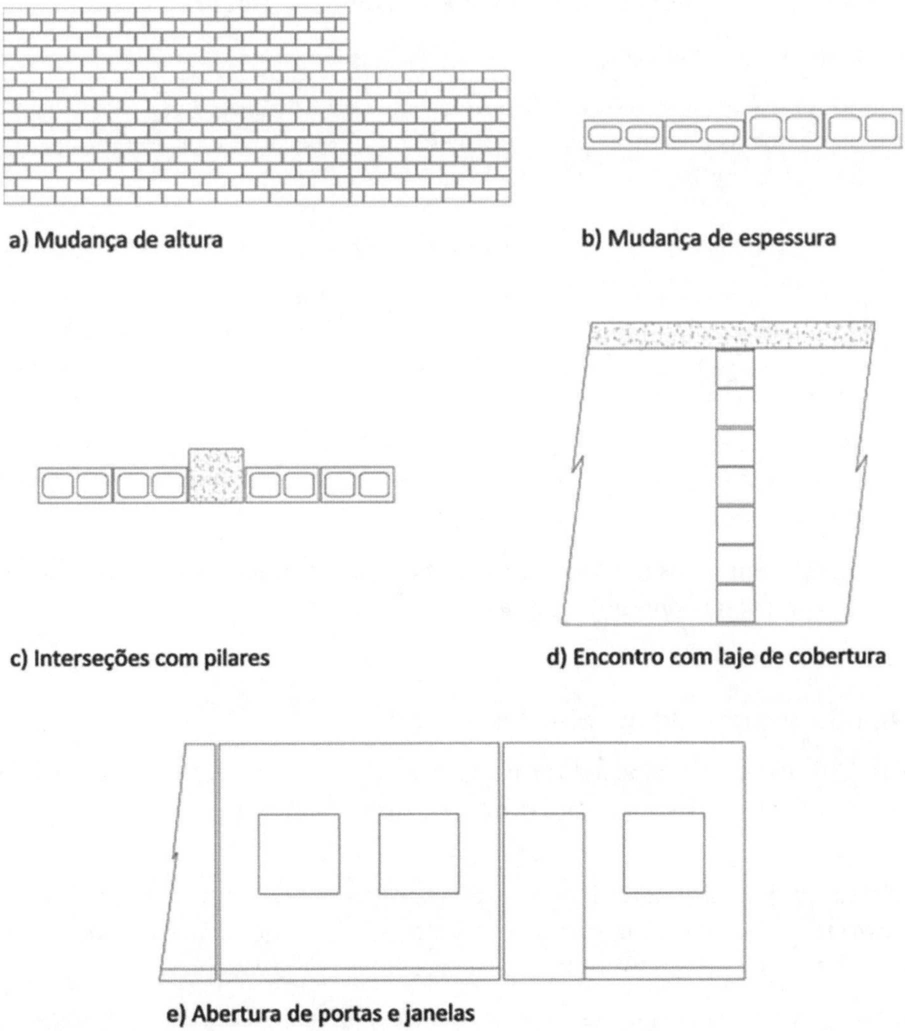

a) Mudança de altura

b) Mudança de espessura

c) Interseções com pilares

d) Encontro com laje de cobertura

e) Abertura de portas e janelas

Figura 3.49 – Juntas de controle.

3.8.8.2 Projeto de instalações hidráulicas

Deve-se utilizar a etapa de projeto para prever todas as soluções que evitem os rasgos nos blocos para o embutimento das instalações. Rasgos de paredes implicam em retrabalho, desperdício, maior consumo de material e mão de obra e, principalmente, insegurança sob o ponto de vista estrutural decorrente da redução da seção resistente.

As soluções recomendadas para a passagem dos dutos hidrossanitários são as seguintes:

a) utilização de paredes nas quais não exista graute para o embutimento das tubulações, com passagem destas pelos furos dos blocos;

b) aberturas de passagens tipo *shafts*;

c) emprego de paredes com espessura menor sobre as quais são instalados os dutos, com posterior enchimento da diferença de espessura;

d) emprego de tubulações aparentes;

e) nos casos em que não seja possível a utilização de blocos especiais, recomenda-se que as aberturas para passagem de tubulação e fixação de registros sejam feitas em bancadas fora do local do assentamento.

A melhor alternativa, tanto do ponto de vista construtivo como estrutural, é o uso de *shafts*. Deve-se prestar atenção quanto à sua localização e dimensões. Eles podem ser fechados com painéis pré-fabricados, parafusados à parede, permitindo a remoção fácil em caso de verificação e manutenção.

Os banheiros e cozinhas devem ser projetados o mais próximo possível, de maneira que as instalações sejam agrupadas. Dessa forma, haverá economia de espaço na arquitetura e redução do número de *shafts*.

Os *shafts* podem ter os mais variados tamanhos, dependendo do número de instalações que o projetista conseguir agrupar.

3.8.8.3 Projeto de instalações elétricas

O projeto elétrico é composto de instalações e tubulações de eletricidade, telefonia, interfones, antena coletiva, alarmes e outros itens porventura existentes.

O projeto elétrico deve ser definido a partir das especificações e condicionantes contidas no projeto arquitetônico. A responsabilidade pelo detalhamento do projeto executivo deverá ser definida com o arquiteto, apresentando nas elevações os locais em que deverão ser utilizados os blocos apropriados para instalações.

Os blocos vazados devem ser utilizados para a passagem dos eletrodutos embutidos. As caixas de tomadas e os interruptores podem ser previamente instalados em blocos cortados, que, por sua vez, serão assentados em posições predeterminadas na parede durante a execução da alvenaria.

Figura 3.50 – Blocos fabricados para fixação de caixinha 4 x 4 e 4 x 2.

Alternativamente, pode-se colocar o bloco cortado com espaço para a colocação posterior da caixa, que é então chumbada nele.

Figura 3.51 – Ceramica direto o bloco com destaque para as furações de caixinhas de instalação e pontos de água e esgoto de pia externo.

As caixas de quadros de distribuição e de passagem devem ser previamente definidas e especificadas no projeto executivo, em dimensões que evitem cortes nas alvenarias para sua perfeita acomodação. O projetista estrutural deverá ser informado das dimensões e posições desses quadros, para que detalhe o reforço necessário na abertura e, assim, mantenha a integridade estrutural da parede.

3.8.8.4 Produção dos Blocos Elétricos[3]

Para a produção dos blocos elétricos são necessários os seguintes recursos:

- blocos de concreto;
- caixinhas de elétrica;
- serra circular;
- bancadas para corte e instalação das caixinhas.

Procedimentos: A central para corte de blocos e instalação das caixinhas de elétrica exige um local adequado, preferencialmente protegido do sol e da chuva, com bancadas para a realização do serviço. É recomendável dispor de dois funcionários para essa central, sendo um deles para cortar os blocos e o outro para instalar as caixinhas, de forma que se obtenha uma linha de produção.

Esses trabalhadores devem ser orientados quanto ao projeto, às tipologias de blocos e caixinhas e quantidade necessária de cada uma delas. É fundamental, também, que esses funcionários utilizem todos os equipamentos de proteção individual (EPI) e respeitem os procedimentos de segurança, sobretudo o encarregado do corte dos blocos. Os blocos prontos devem ser separados em lotes de acordo com o local de utilização, de forma que cheguem todos juntos e em quantidade certa para a equipe que vai realizar o assentamento.

Resultado: A existência de uma central de corte de blocos e instalação de caixinhas elétricas reduz a ocorrência de erros de instalação dessas caixinhas. Consequentemente, contribui para evitar ou minimizar a perda de materiais e de tempo com retrabalho. Há relatos de que essa boa prática aumenta consideravelmente a produtividade da equipe de assentamento.

3 https://www.comunidadedaconstrucao.com.br/boas-praticas/5/central-de-corte-deblocos-e-instalacao-de-caixinhas

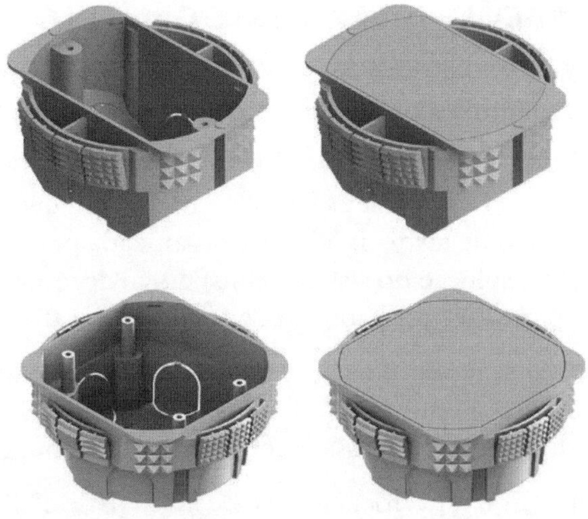

Figura 3.52 – Furação do bloco com serra copo para caixinha de elétrica.

Figura 3.53 – Instalação das caixas elétricas no sistema de alvenaria estrutural.

3.9 CONSIDERAÇÕES FINAIS DESTE CAPÍTULO

O capítulo de projeto não fecha a questão sobre procedimentos e métodos de trabalho, por isso, apresentamos uma sugestão de diretriz para a concepção do projeto de alvenaria estrutural de blocos de concreto.

Não se trata de uma regra de projeto, é um caminho para que o projeto, desde sua concepção, já seja pensado de forma modular e organizada para alvenaria estrutural. Cada passo em direção à solução do sistema construtivo deve abranger criatividade e alternativas, visando o melhor resultado para a tipologia da edificação.

É possível pensar no sistema construtivo antes mesmo da escolha do terreno. A finalidade a que se destina a edificação, aliada a informações claras, comunicação e registros são fatores de sucesso para essa escolha e para um bom resultado futuro.

O projeto de arquitetura, especificamente o de alvenaria estrutural, é o carro-chefe de um processo de desenvolvimento que possui escopo, prazo, restrições financeiras, limitações tecnológicas, integração com outras disciplinas, coordenação gráfica, risco e um produto final que deve ser aprovado e fornecer à obra todo o subsídio necessário para a sua construção.

O planejamento, a comunicação e a organização dos projetos, seguindo uma sequência prática, são aspectos fundamentais para o bom desenvolvimento de todas as atividades dentro de prazo e qualidade adequados.

O organograma apresentado na página 74 demonstra uma sugestão de sequência de atividade, uma itemização macro de planejamento, um resumo do caminho do projeto de alvenaria e, como todo projeto é específico de cada situação possui suas particularidades, podem e devem ser adequados e implementados às diversas situações quando aplicamos a coordenação modular aos projetos de Alvenaria Estrutural.

CAPÍTULO 4
Detalhes de Execução

4.1 DEFINIÇÕES

- Bloco vazado de concreto simples: componente para execução de alvenaria, com ou sem função estrutural, vazado nas faces superior e inferior, cuja área líquida é igual ou inferior a 75% da área bruta.
- Bloco tipo canaleta: componente de alvenaria, vazado ou não, com formação geométrica e criado para racionalizar a execução de vergas, contra-vergas e cintas.
- Bloco compensador: componente de alvenaria criado para ajuste de modulação.

4.2 BLOCO DE CONCRETO

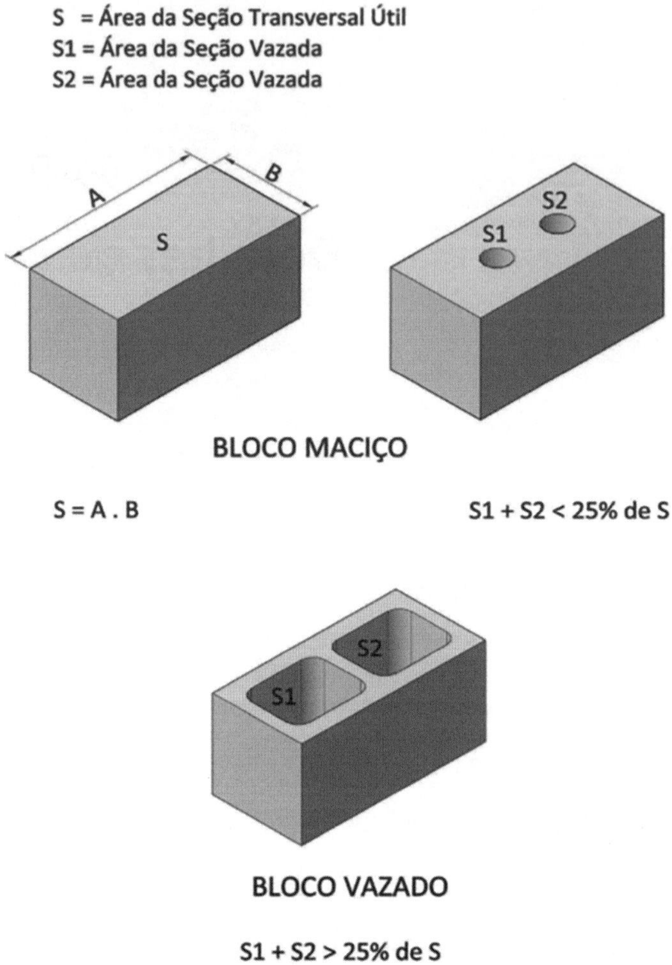

Figura 4.1 – Tipos de bloco.

4.3 ÁREAS

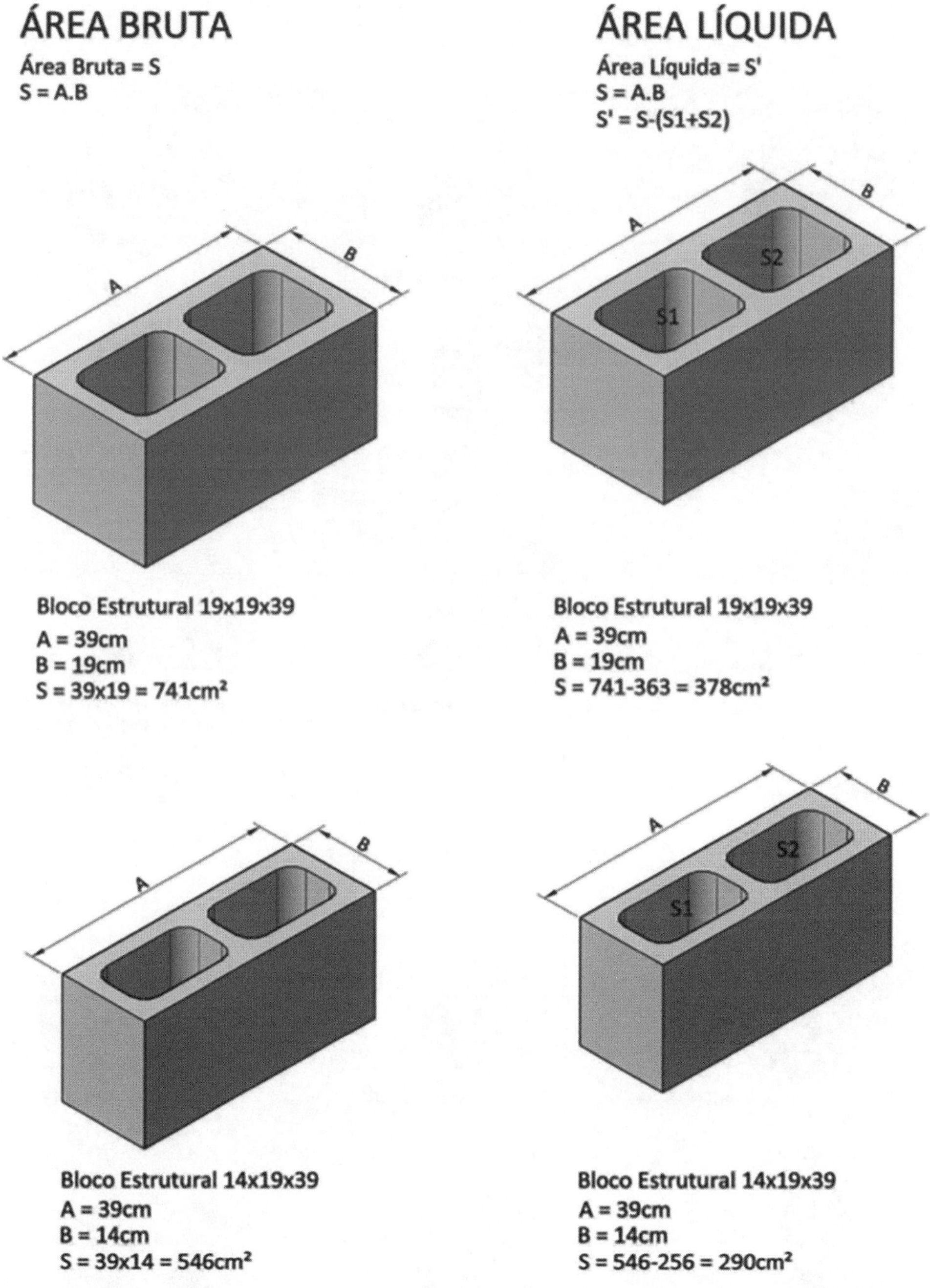

Figura 4.2 – Áreas bruta e líquida.

4.4 BLOCO ESTRUTURAL

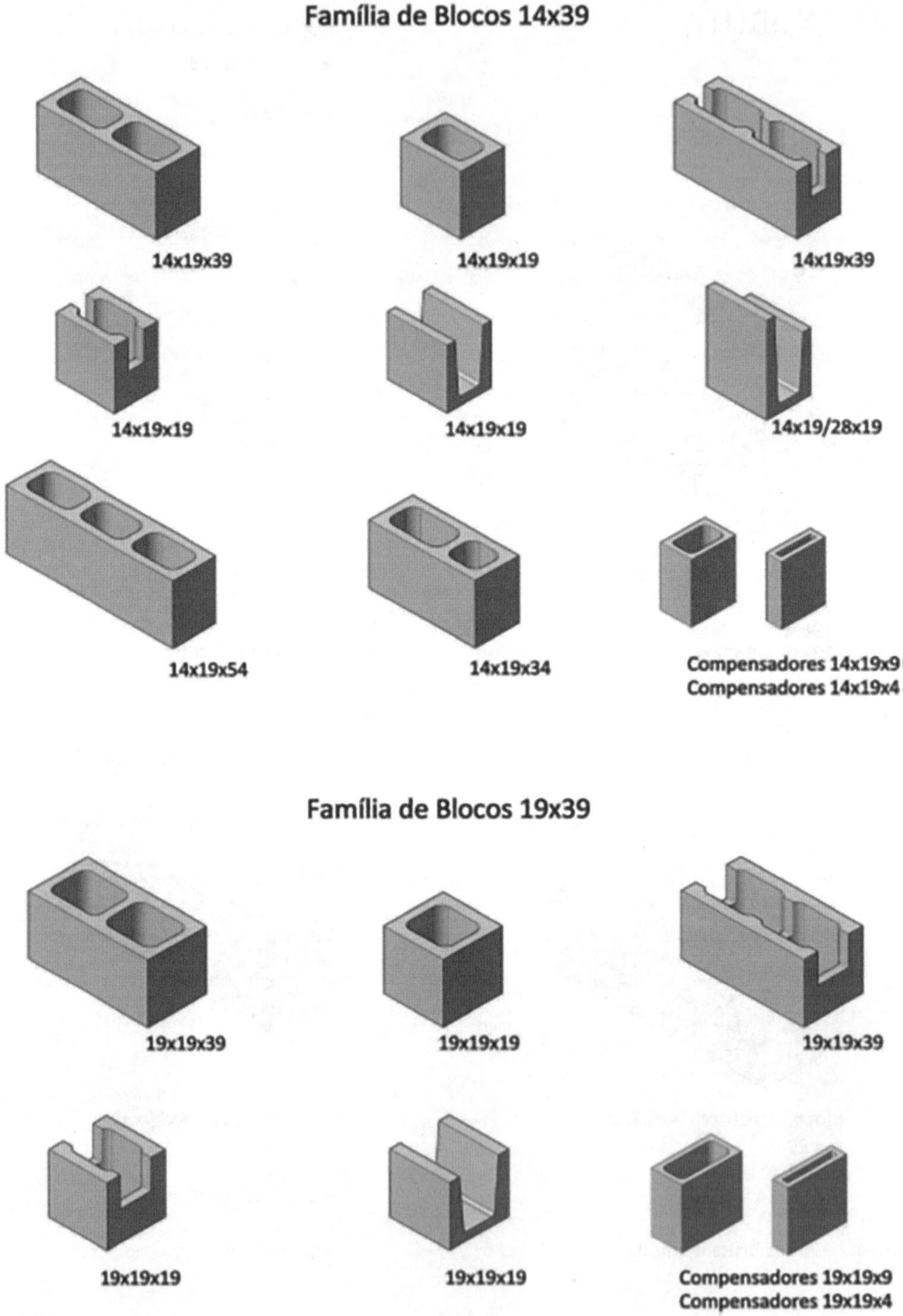

Figura 4.3 (*continua*)

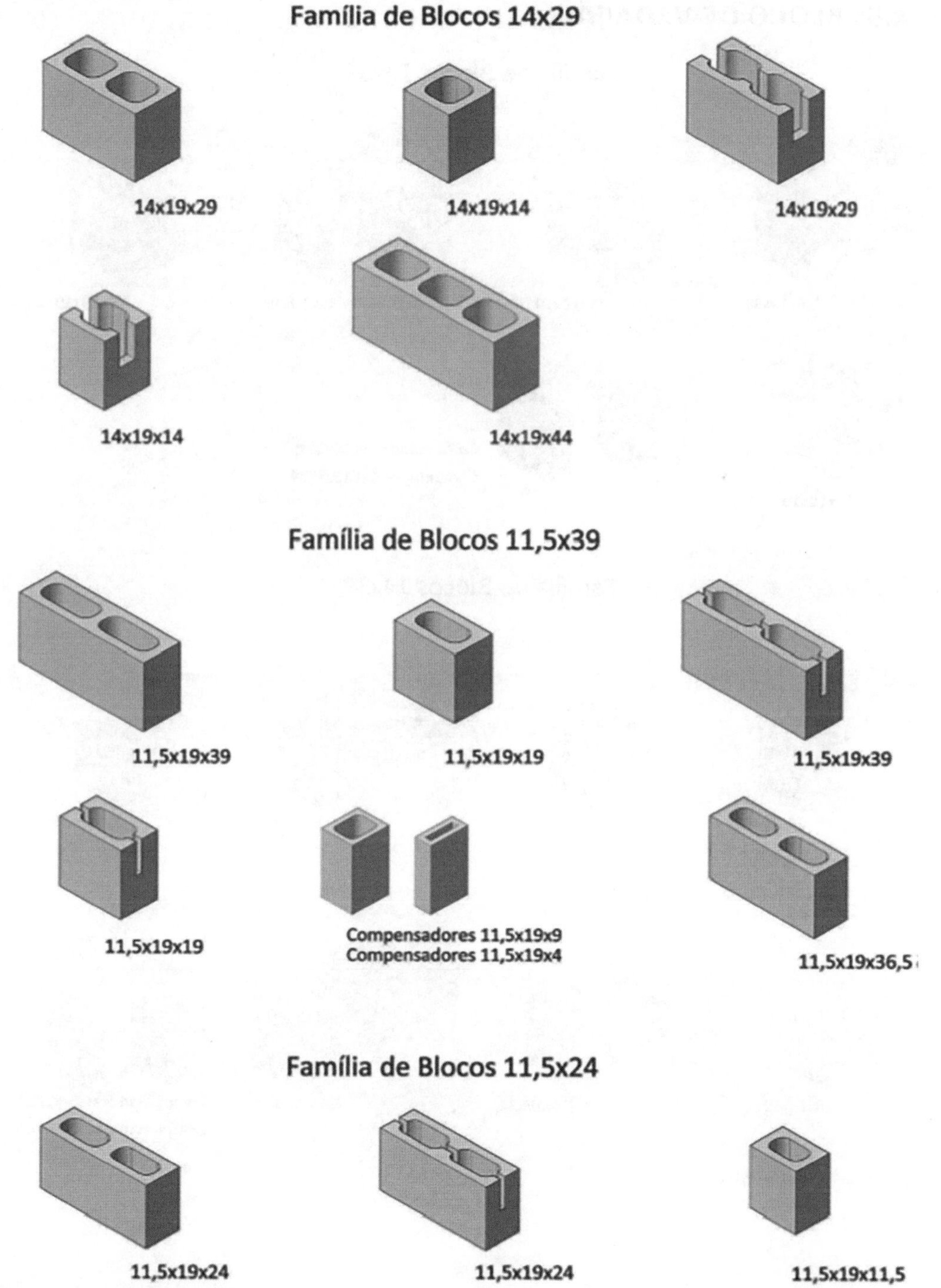

Figura 4.3 (*continuação*)

4.5 BLOCO DE VEDAÇÃO

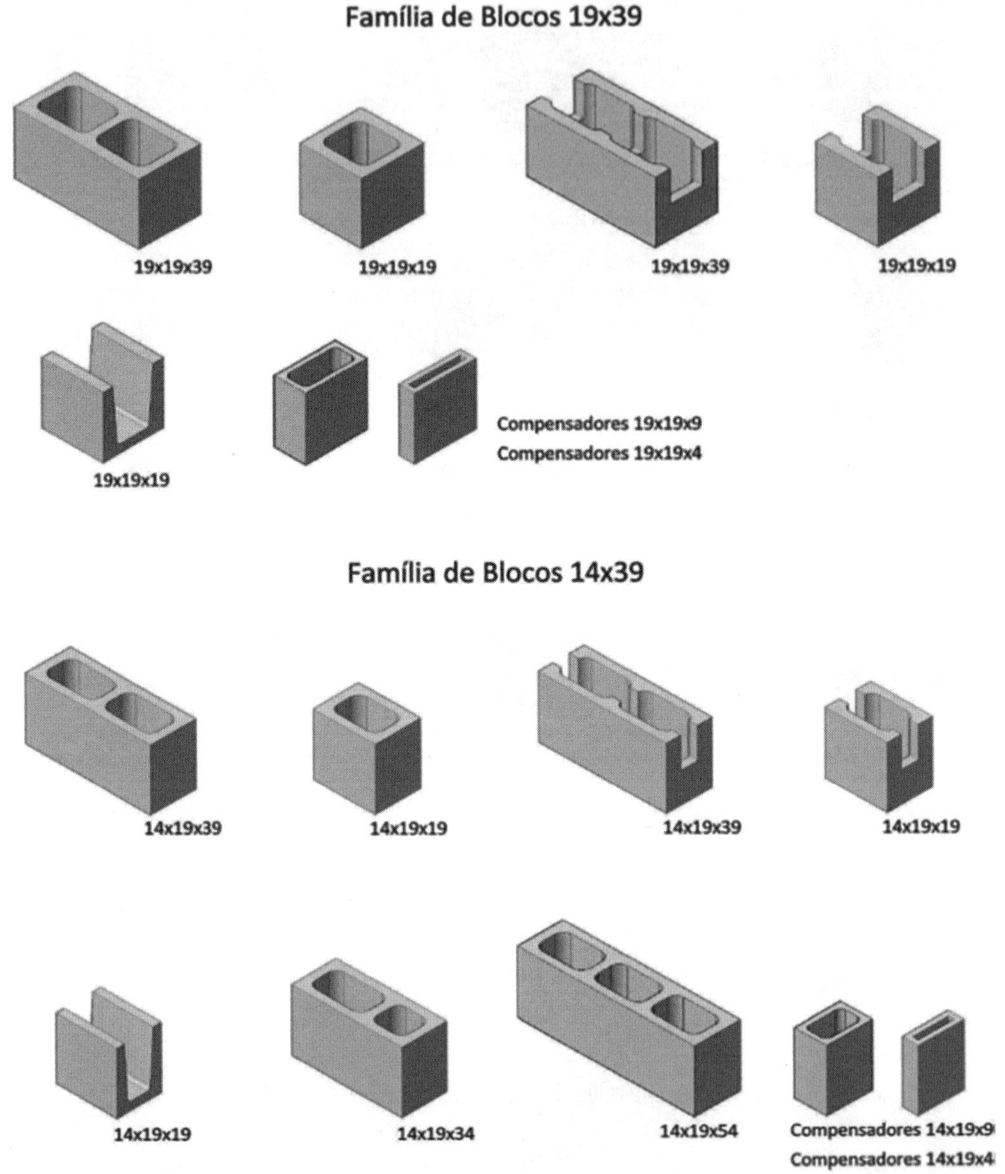

Figura 4.4 (*continua*)

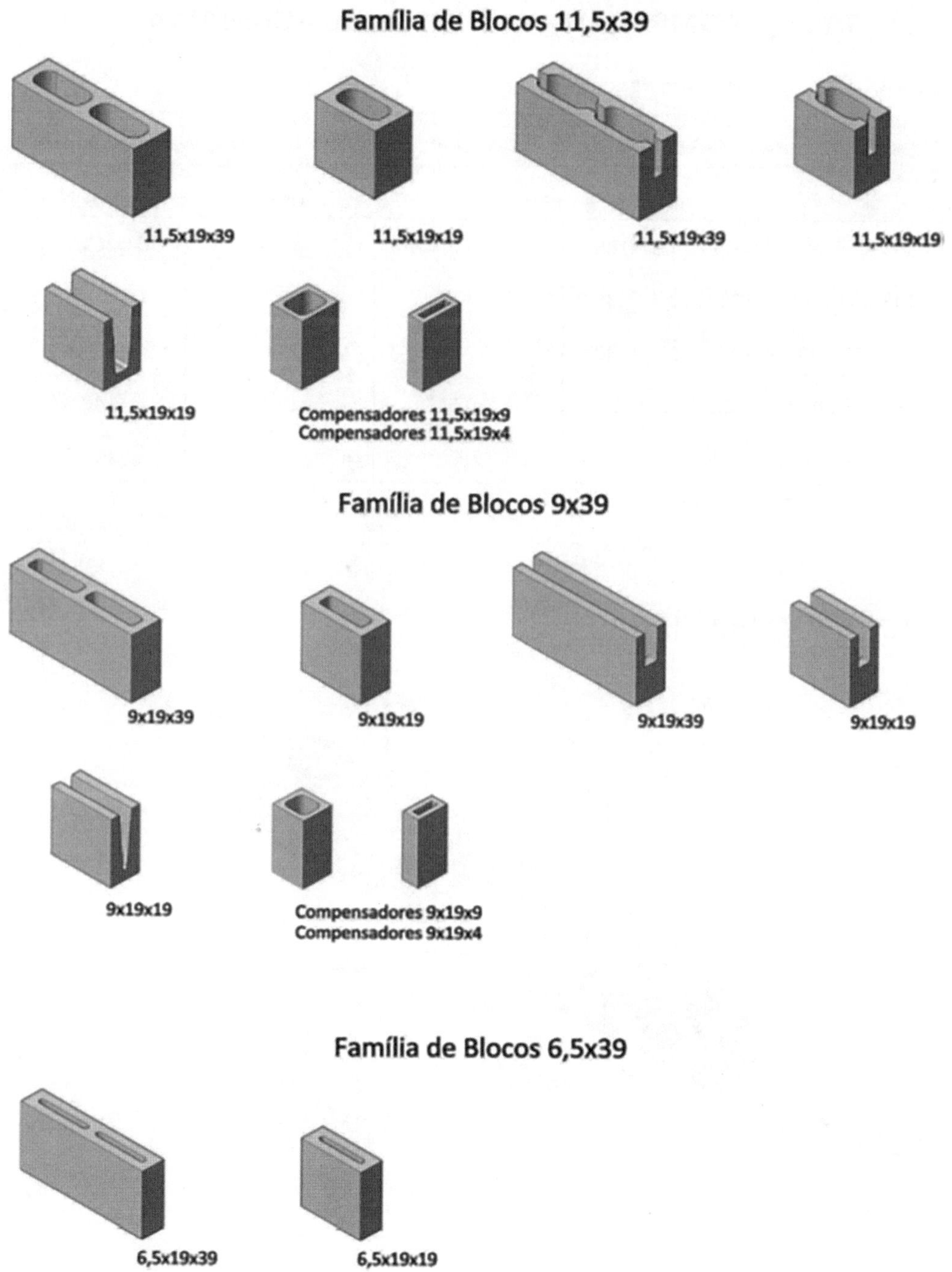

Figura 4.4 (*continuação*)

4.6 TABELA COMPARATIVA DE PESOS DE ALVENARIA

Tabela 4.1 – Alvenarias de bloco de concreto

Peso/m² tipo	Blocos	Arg. de assent.	Massa Fina	Total peso/m²
	kg	kg	kg	kg
19 x 19 x 39	12,5 x 14,8 = 185,0	15,0	15,0	215,0
14 x 19 x 39	12,5 x 11,6 = 145,0	13,5	15,0	173,5
11,5 x 19 x 39	12,5 x 10,4 = 130,0	12,0	15,0	157,0
9 x 19 x 39	12,5 x 9,2 = 115,0	10,5	15,0	140,5
6,5 x 19 x 39	12,5 x 8,2 = 102,5	7,5	15,0	125,0

4.7 PRIMEIRA FIADA

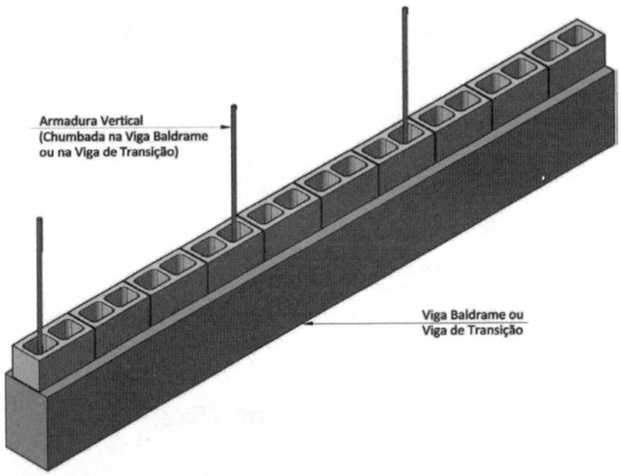

Figura 4.5

4.8 FIADA INTERMEDIÁRIA

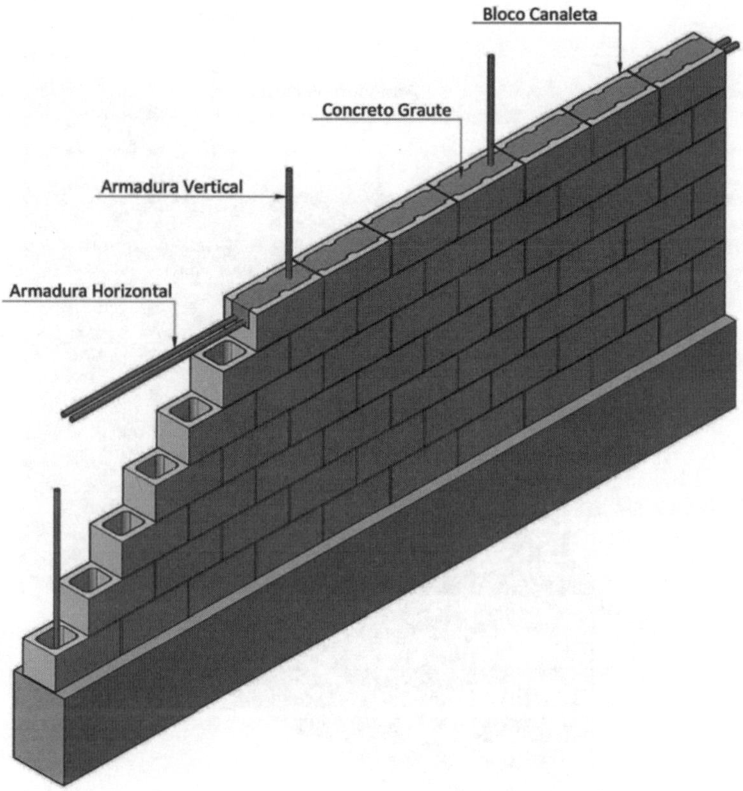

Figura 4.6

4.9 ÚLTIMA FIADA OU RESPALDO

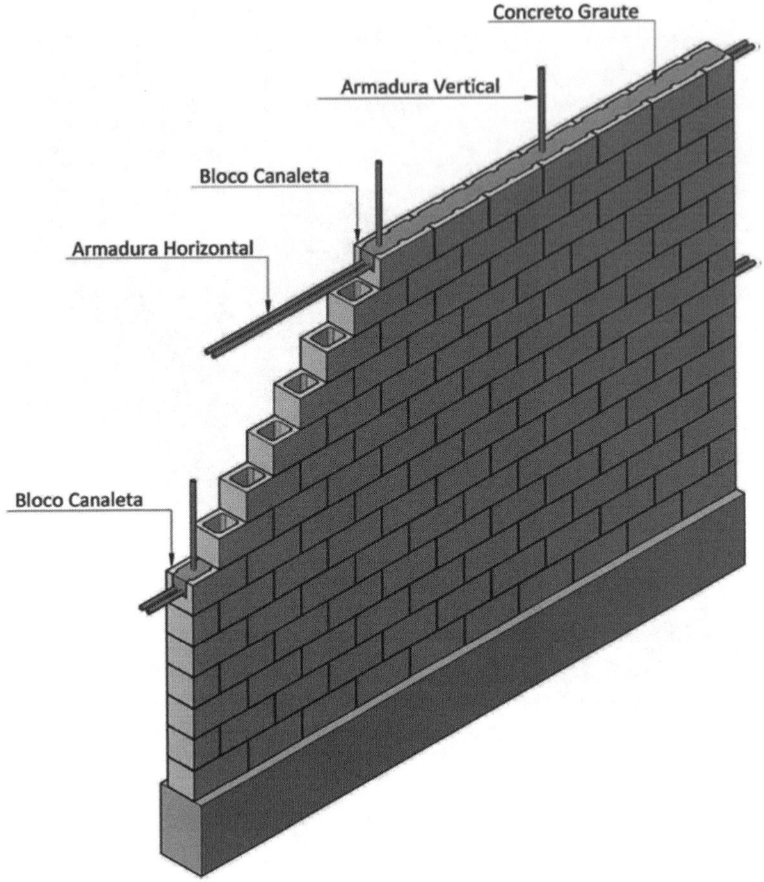

Figura 4.7

4.10 LAJE ALVEOLAR APOIADA NA PAREDE ESTRUTURAL

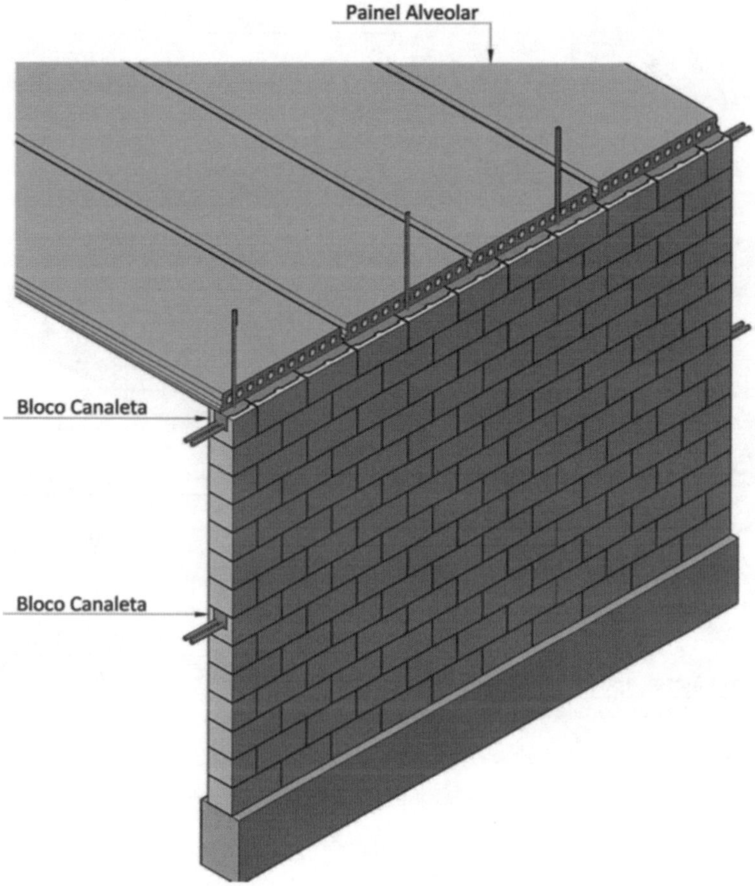

Figura 4.8

4.11 LAJE TRELIÇADA MISTA COM EPS

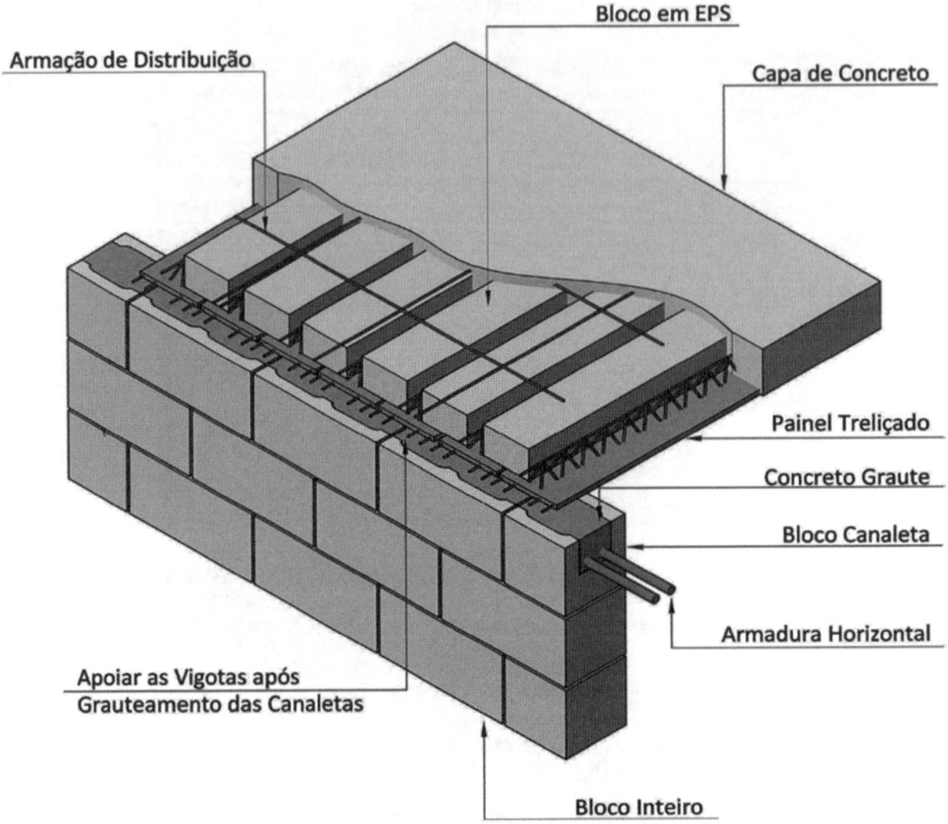

Figura 4.9

4.12 LAJE EM PAINEL TRELIÇADO

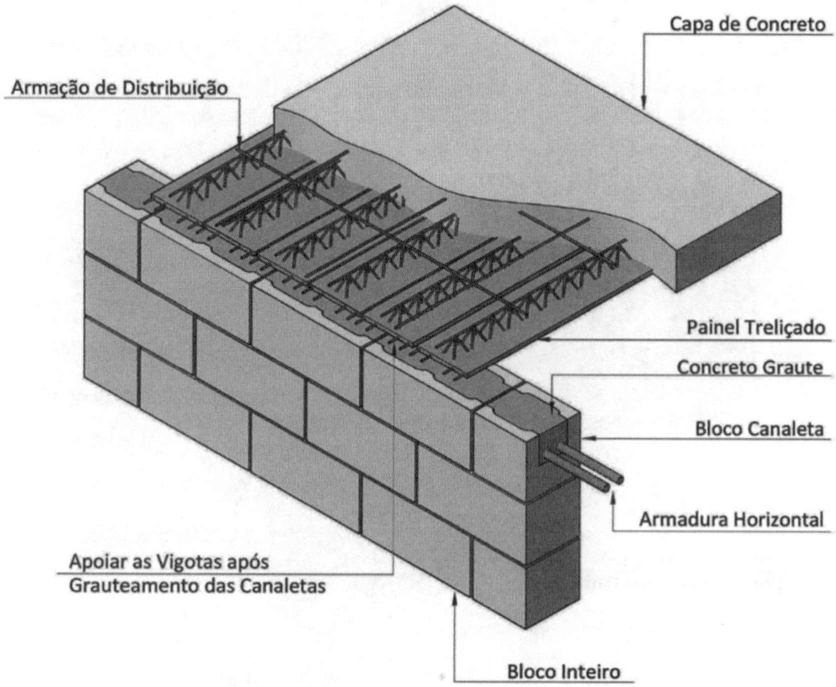

Figura 4.10

4.13 LAJE EM *STEEL DECK*

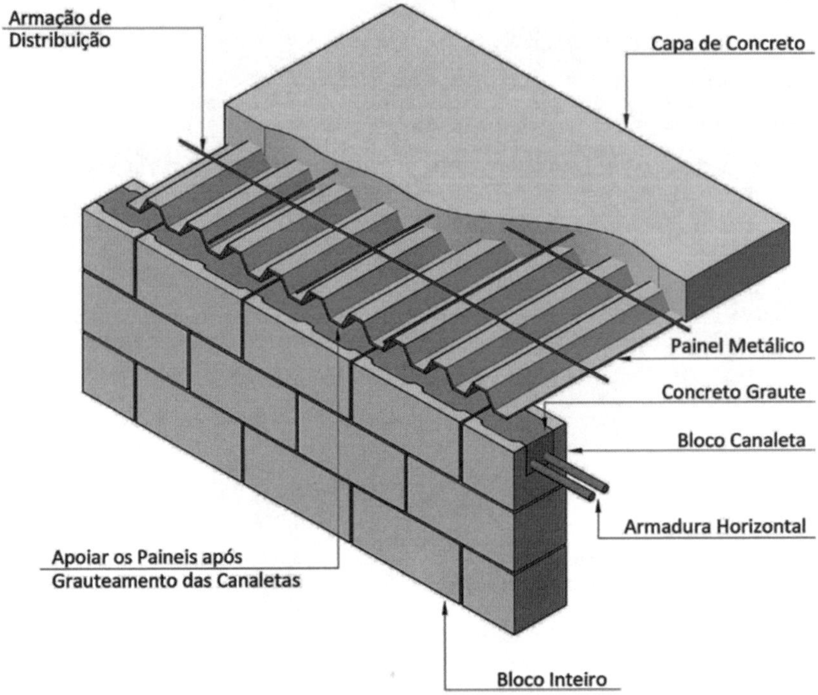

Figura 4.11

4.14 LAJE TRELIÇADA MISTA

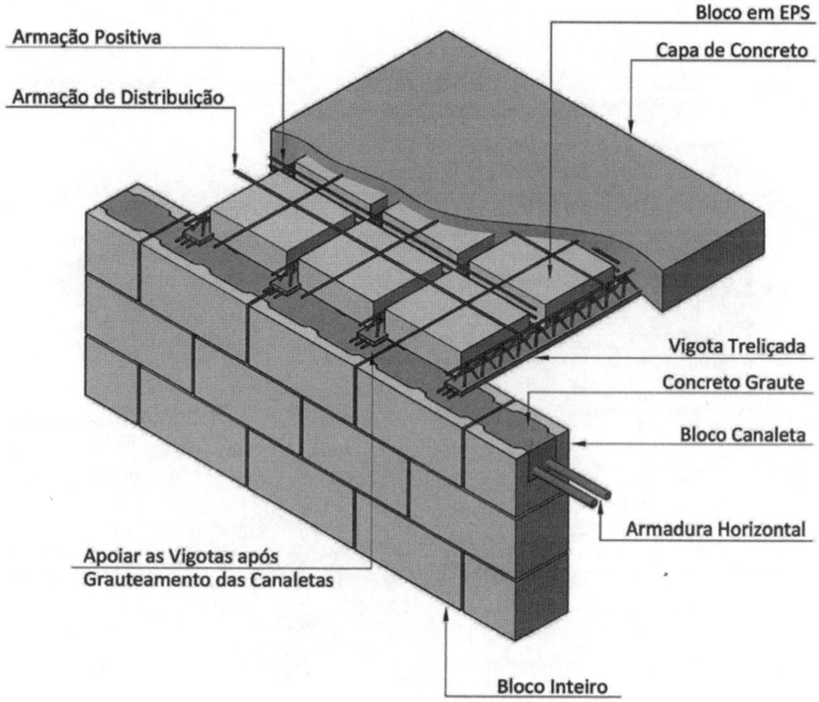

Figura 4.12

4.15 LAJE MACIÇA BIDIRECIONAL

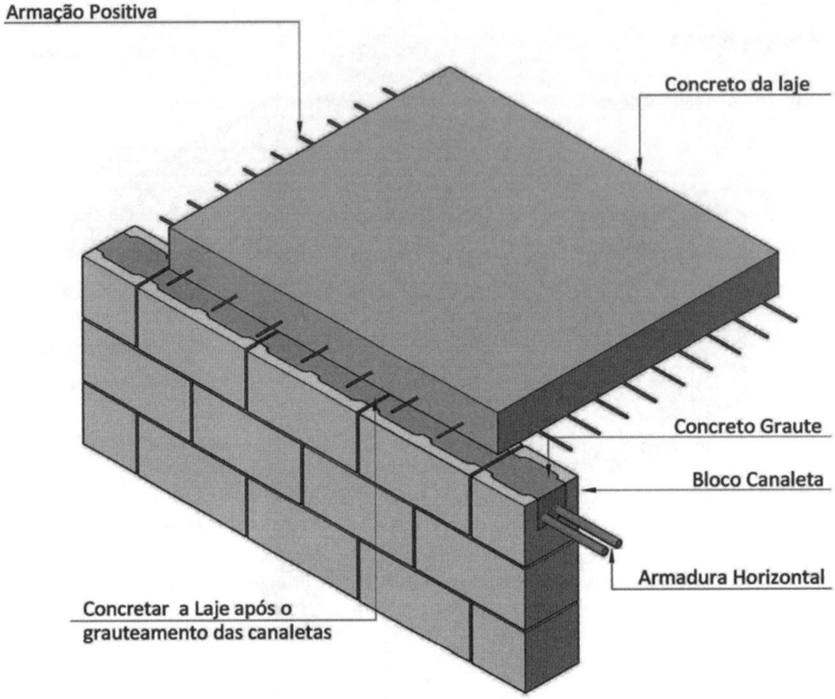

Figura 4.13

4.16 DIMENSÃO MODULAR COM BLOCO DE 30 (14 X 19 X 29)

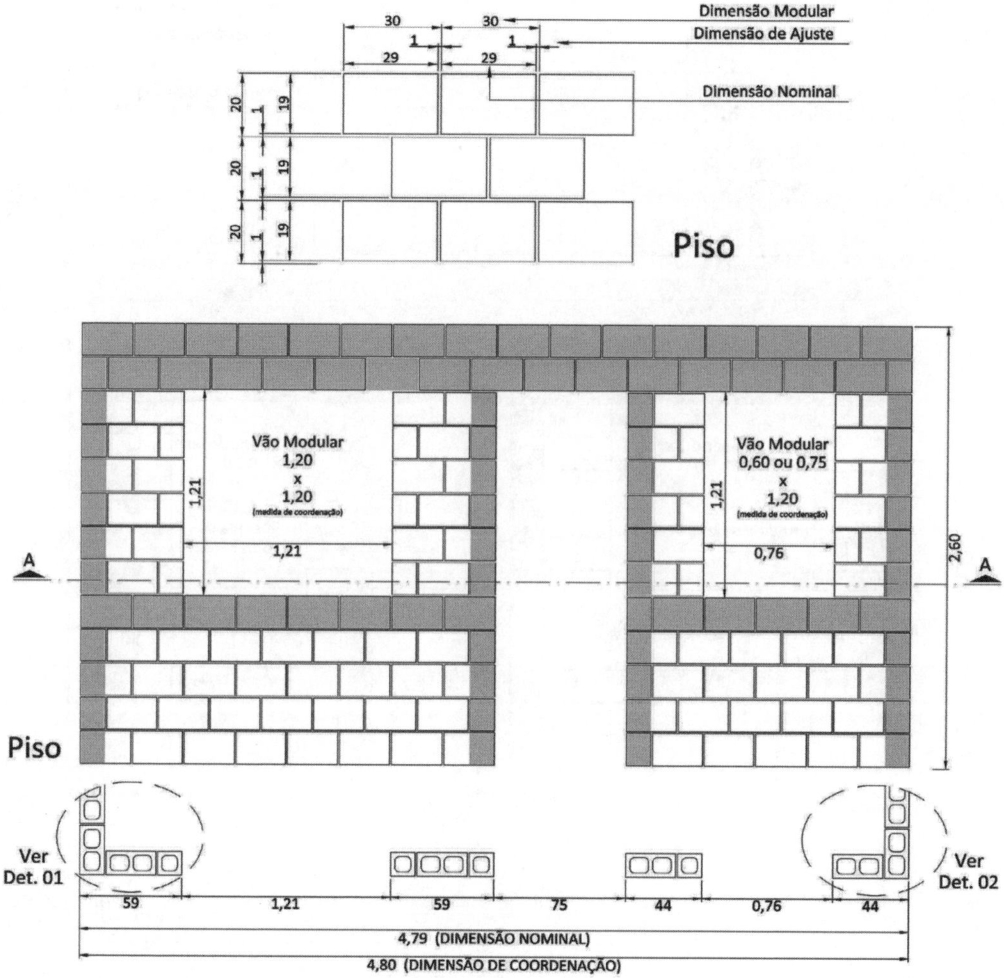

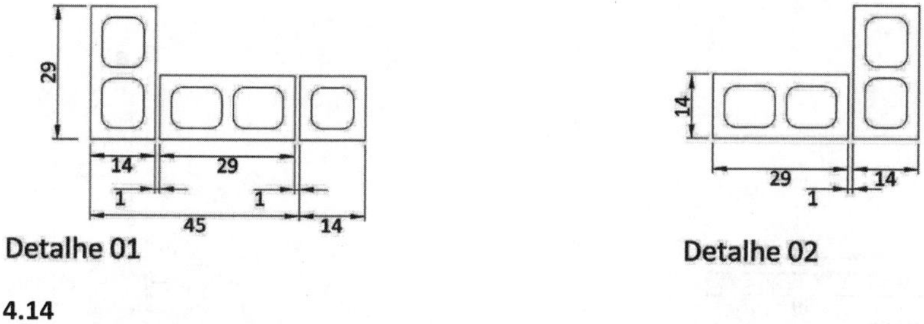

Figura 4.14

4.17 DIMENSÃO MODULAR COM BLOCO DE 40 (14 X 19 X 39)

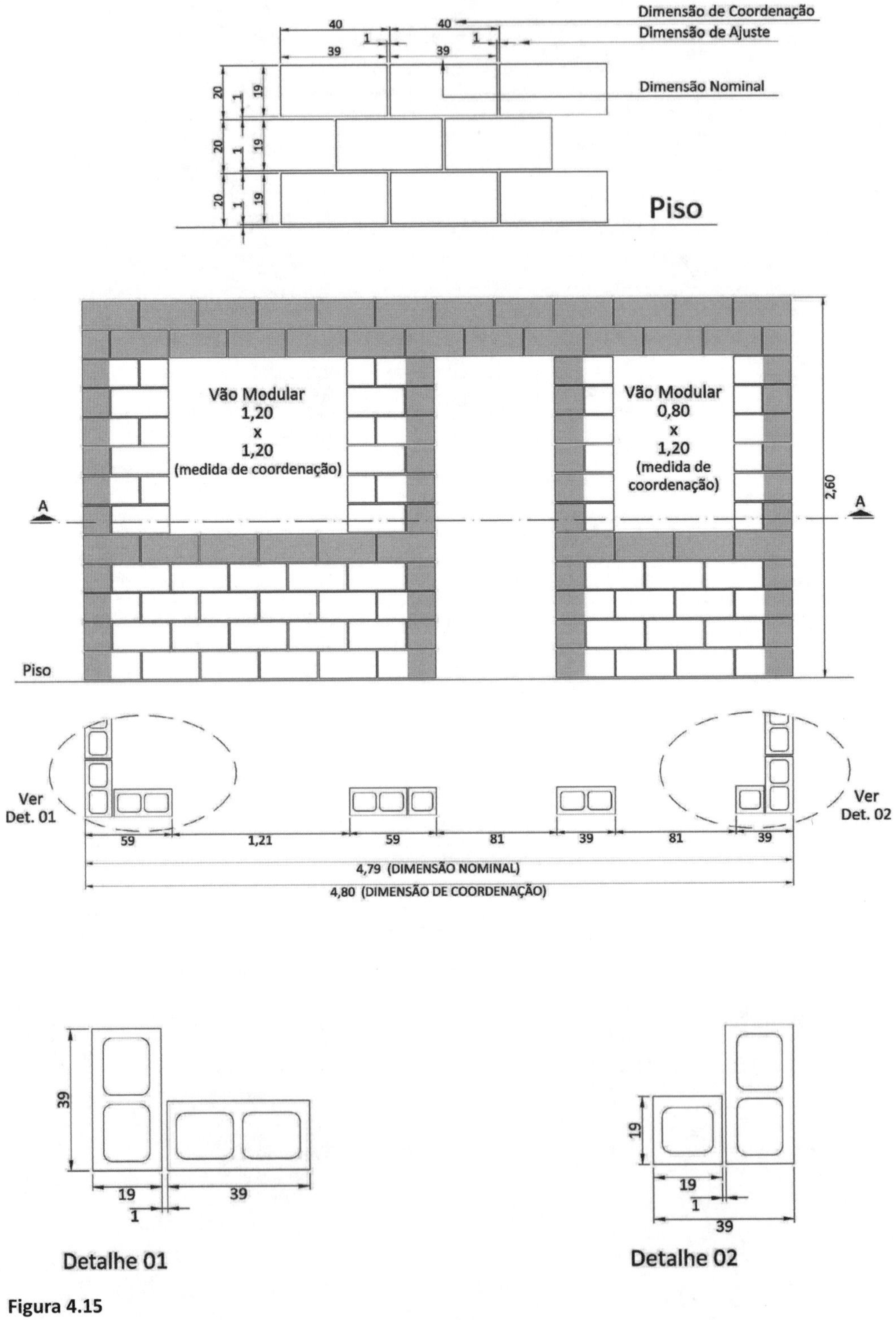

Figura 4.15

4.18 PADRÕES DE ASSENTAMENTO

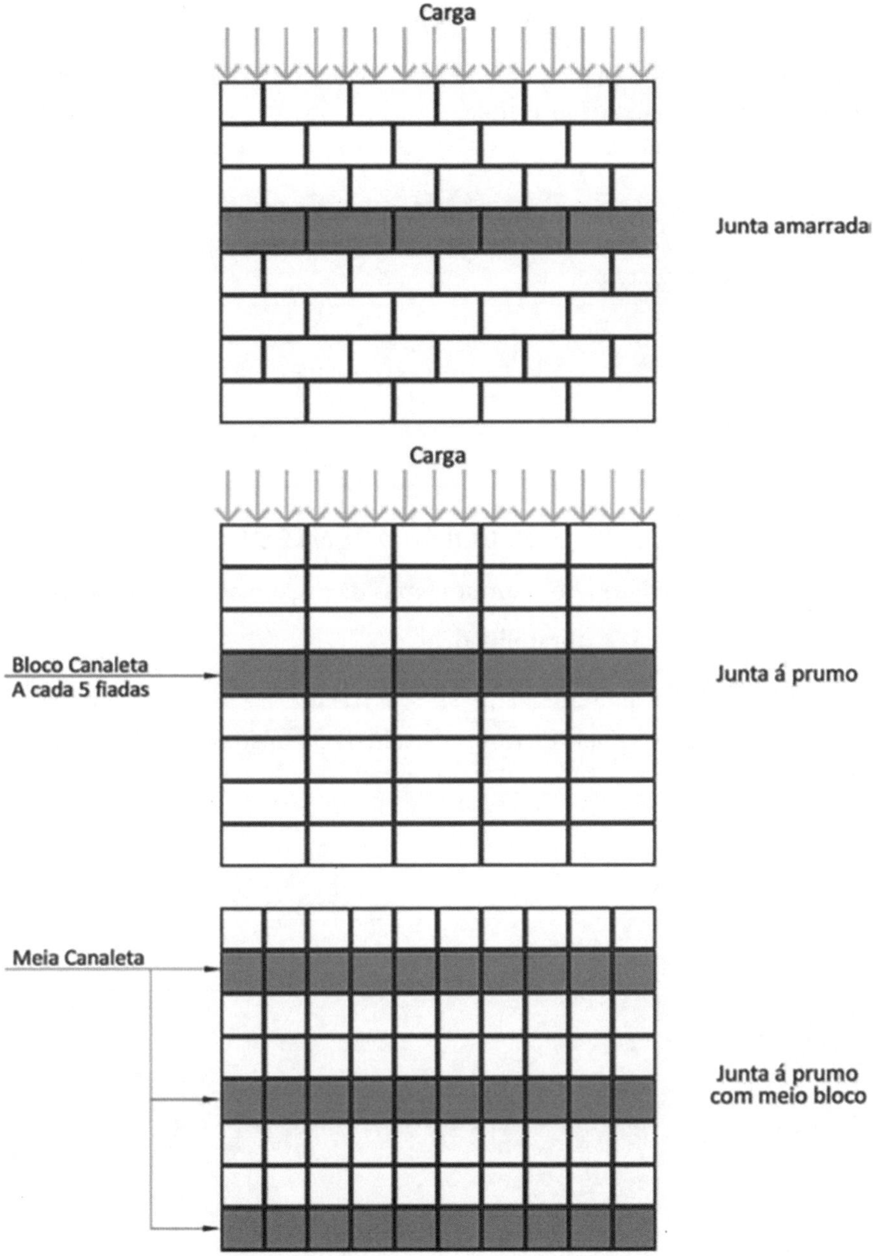

Figura 4.16 – Padrões de assentamento de blocos de concreto, junta amarrada, junta a prumo e meio bloco a prumo.

Fonte: Nese.

4.19 ARGAMASSA

4.19.1 FUNÇÃO DA ARGAMASSA

A argamassa tem como principal função ligar os componentes da estrutura e vedar as juntas contra entrada de ar e água.

4.19.2 COMPONENTES

A argamassa é composta por:

- cimento;
- cal;
- areia.

4.19.3 PROPRIEDADE DOS COMPONENTES

As principais propriedades dos componentes da argamassa são, respectivamente:

- *cimento*: resistência e durabilidade;
- *cal*: confere trabalhabilidade à argamassa, retenção de água e plasticidade;
- *areia*: proporciona enchimento e resistência da mistura, diminuição do assentamento da massa, assim, evitando retração.

4.19.4 TRAÇOS

Tabela 4.3 – Traços – Tabela da ASTM – C270 em volume

Tipo de argamassa	Resistência à compressão (28 dias) MPa	Cimento Portland	Mínimo	Máximo	Mínimo	Máximo
M	175	1	–	0,25	2,81	3,75
S	126	1	0,25	–	2,81	3,75
			–	0,5	3,37	4,5
N	53	1	0,5	–	3,37	4,5
			–	1,25	5,06	6,75
O	25	1	1,25	–	5,06	6,75
			–	2,5	7,87	10,5

4.20 COLOCAÇÃO DE ARGAMASSA

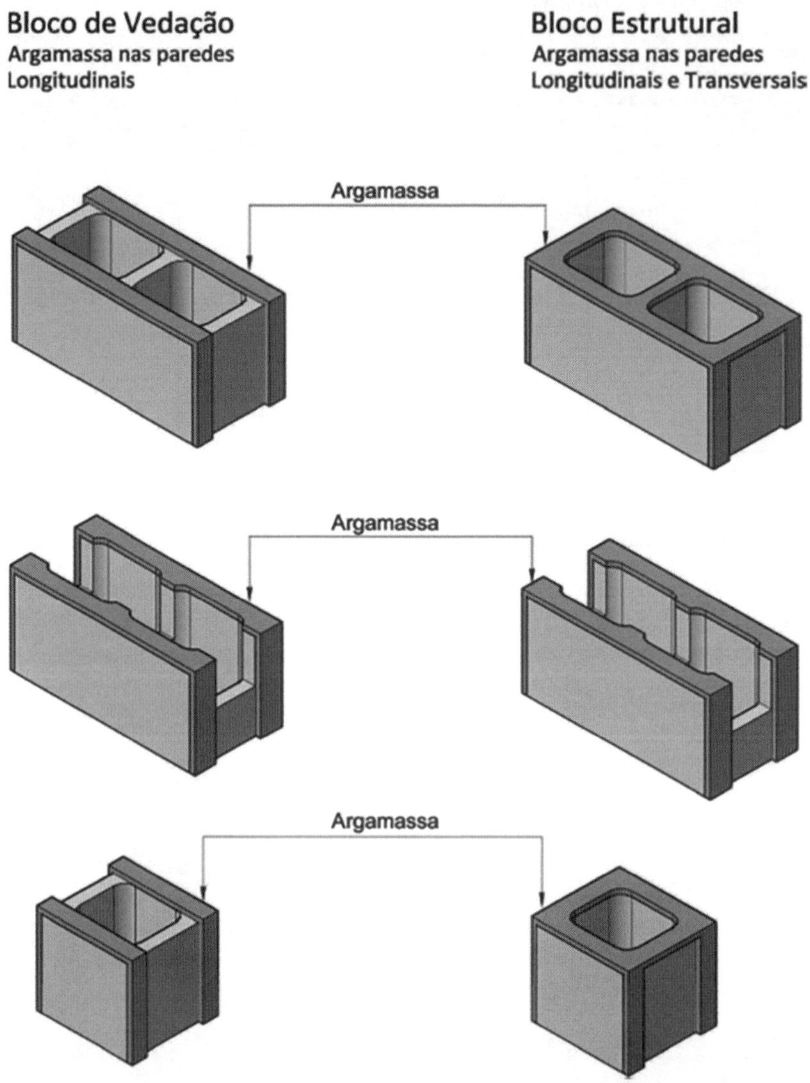

Figura 4.17

4.21 ACABAMENTO DAS JUNTAS

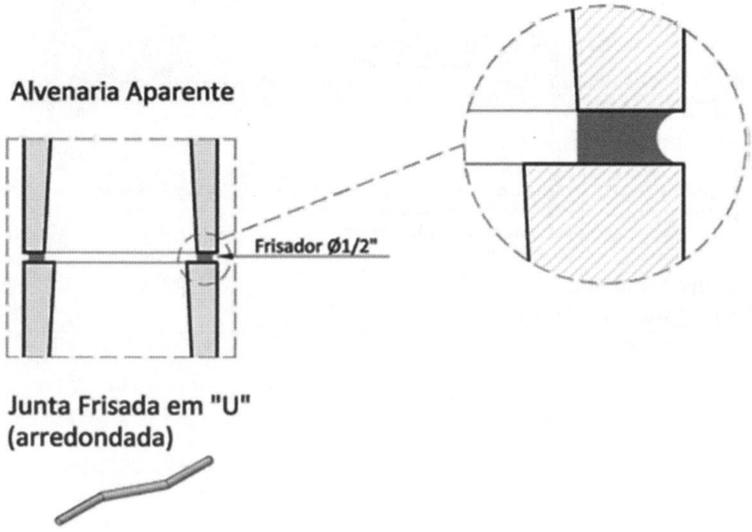

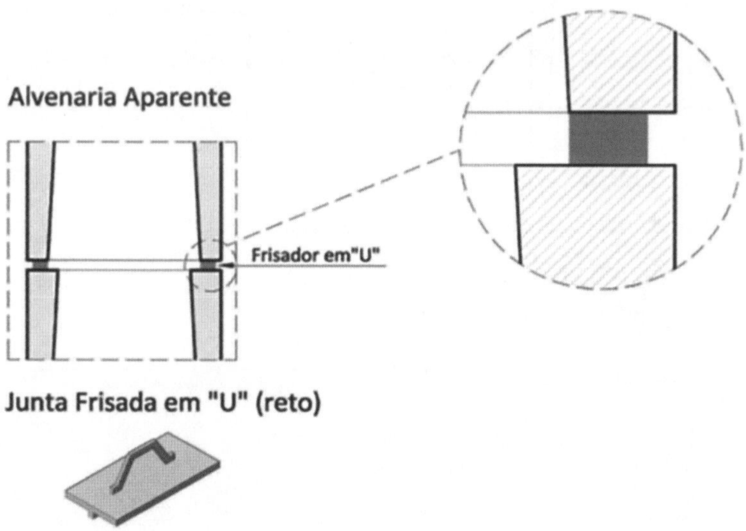

Figura 4.18 (*continua*)

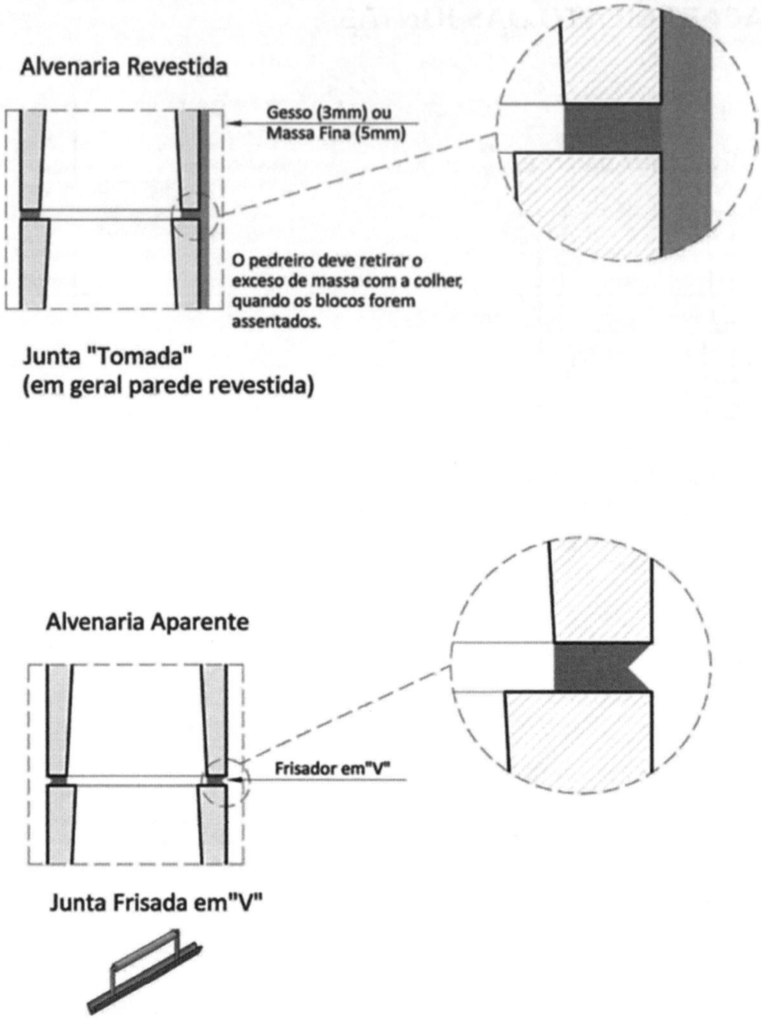

Figura 4.18 (*continuação*)

4.22 GRAUTE

4.22.1 DEFINIÇÃO

Graute é um concreto com agregados miúdos destinado ao preenchimento dos vazios dos blocos nos locais especificados pelo projetista da estrutura.

4.22.2 PREPARAÇÃO E LANÇAMENTO

Deve ser misturado em betoneira na obra ou ser usinado em centrais externas e enviado para a obra por meio de caminhões betoneiras.

4.22.3 COMPONENTES

É composto por:

- areia;
- pedrisco;
- cimento;
- cal.

Recomenda-se vibrar o graute por camadas, quando do lançamento, tomando-se os cuidados necessários para não abalar a parede já erguida.

Tabela 4.4 – Traços – Tabela da da ASTM – C-476 Em volume

Tipo	Cimento Portland	Cal hidratada		Agregados	
		Mínimo	Máximo	Areia	Pedrisco
Graute fino	1,00	0	–	2,25 – 3,00	–
		–	0,1	2,47 – 3,30	–
Graute Grosso	1,00	0	–	2,25 – 3,00	1,00 – 2,00
		–	0,1	2,47 – 3,30	1,00 – 2,20

4.22.4 VOLUME DO GRAUTE

Tabela 4.5 – Preenchimento vertical dos vazios: blocos

Blocos	Seções do vazio		Volume (m^3) Por m.l.	Volume (m^3) por 2,60 Dimensões m.l. (pé-direito)
	Dimensões (mm)	Área (m^2)		
19 x 19 x 39	122,5 x 152,5	0,0187	0,0187	0,0486
14 x 19 x 39	87,2 x 153,5	0,0134	0,0134	0,0348
11,5 x 19 x 39	65 x 153	0,0099	0,0099	0,0260
9 x 19 x 39	45 x 159,5	0,0072	0,0072	0,0190

Tabela 4.6 – Preenchimento horizontal dos vazios: canaletas

Canaletas	Seções do vazio		Volume (m^3) Por m.l.
	Dimensões (mm)	Área (m^2)	
19 x 19 x 39			0,0206
19 x 19 x 19	133 x 77 x 146,5	0,0154	0,0154
14 x 19 x 39			0,0141
14 x 19 x 19	93 x 63 x 146,5	0,0114	0,0114

Essas tabelas têm como objetivo facilitar o trabalho do orçamentista para cubicagem do concreto graute em blocos estruturais.

4.23 FUNDAÇÃO

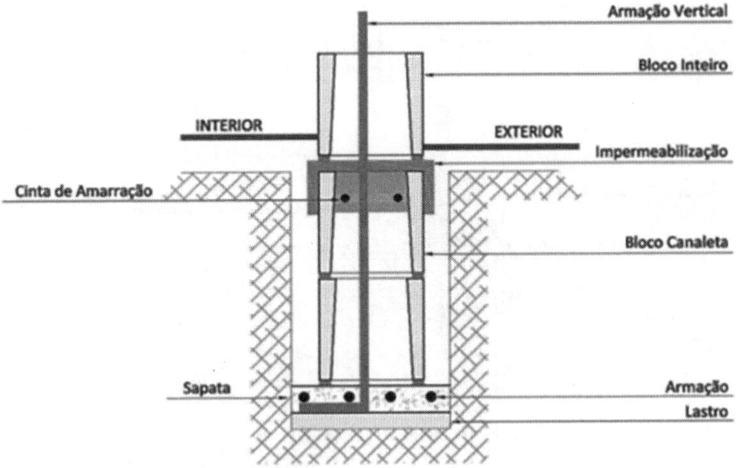

Sapata Corrida

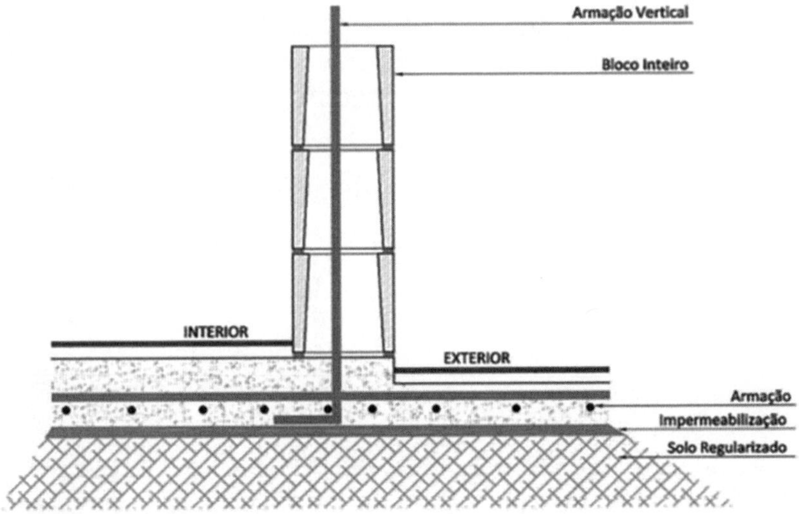

Radier

Figura 4.19

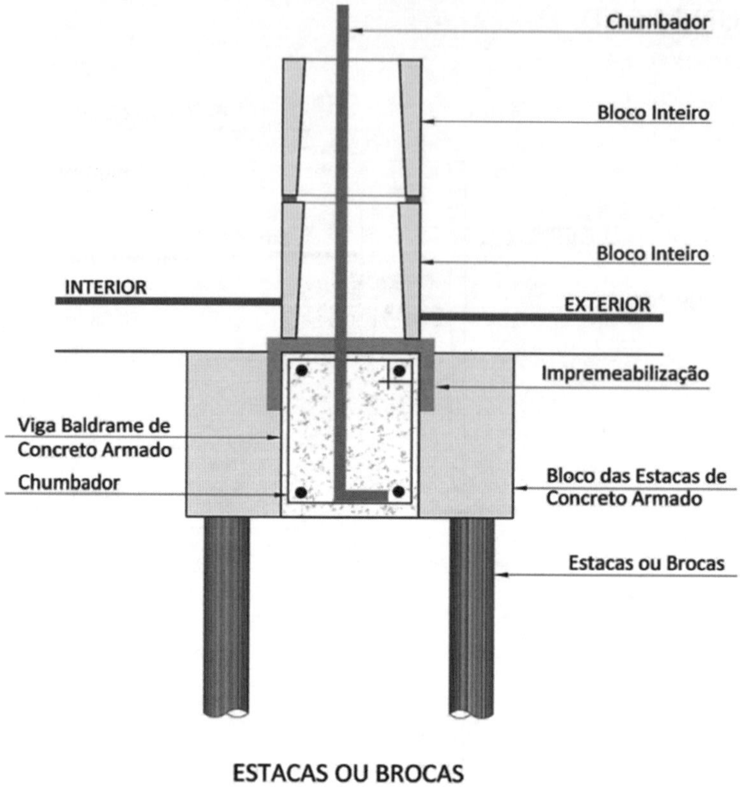
Chumbador
Bloco Inteiro
Bloco Inteiro
INTERIOR
EXTERIOR
Impremeabilização
Viga Baldrame de Concreto Armado
Chumbador
Bloco das Estacas de Concreto Armado
Estacas ou Brocas
ESTACAS OU BROCAS

Figura 4.20

4.24 EMBASAMENTO

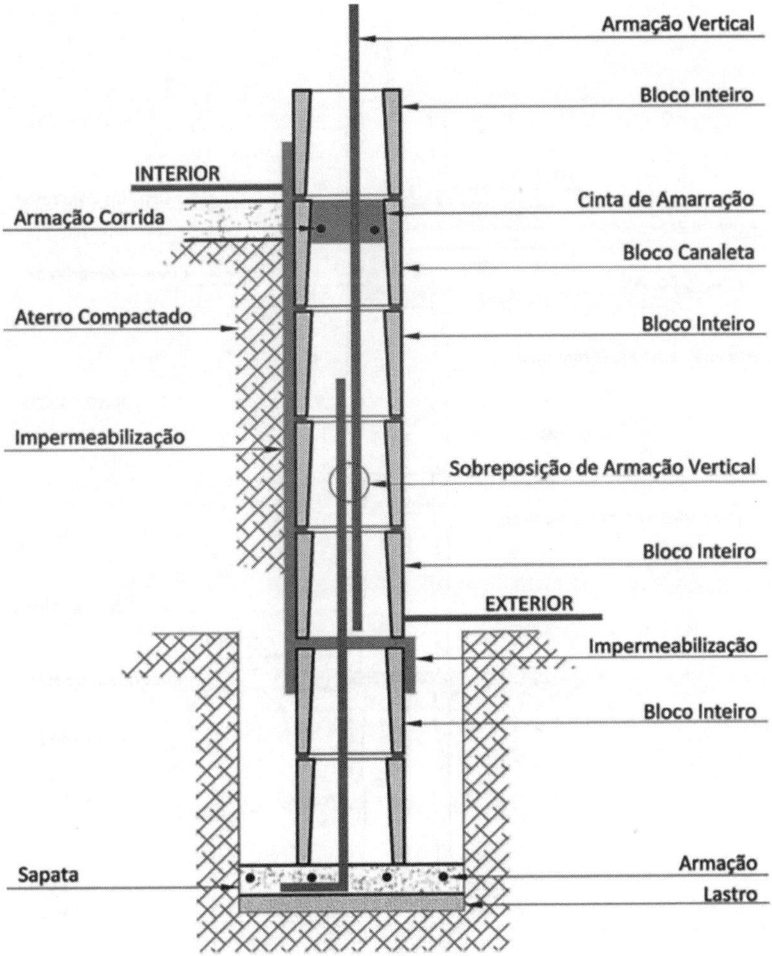

Figura 4.21

4.24.1 EMBASAMENTO COM LAJE

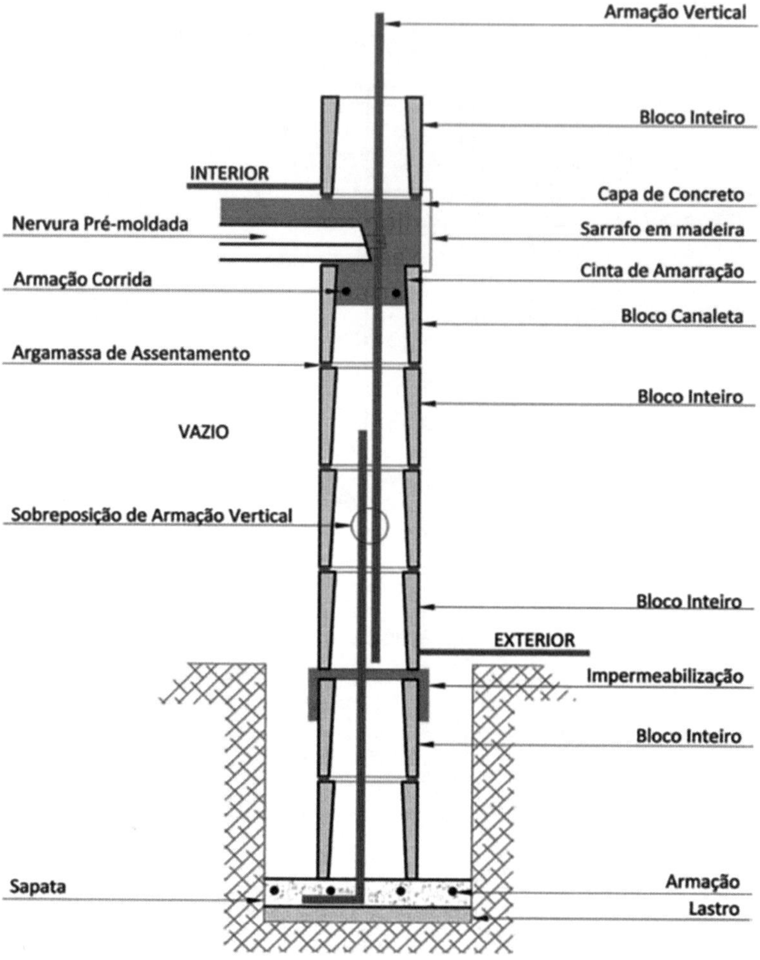

Figura 4.22

4.25 SEÇÕES

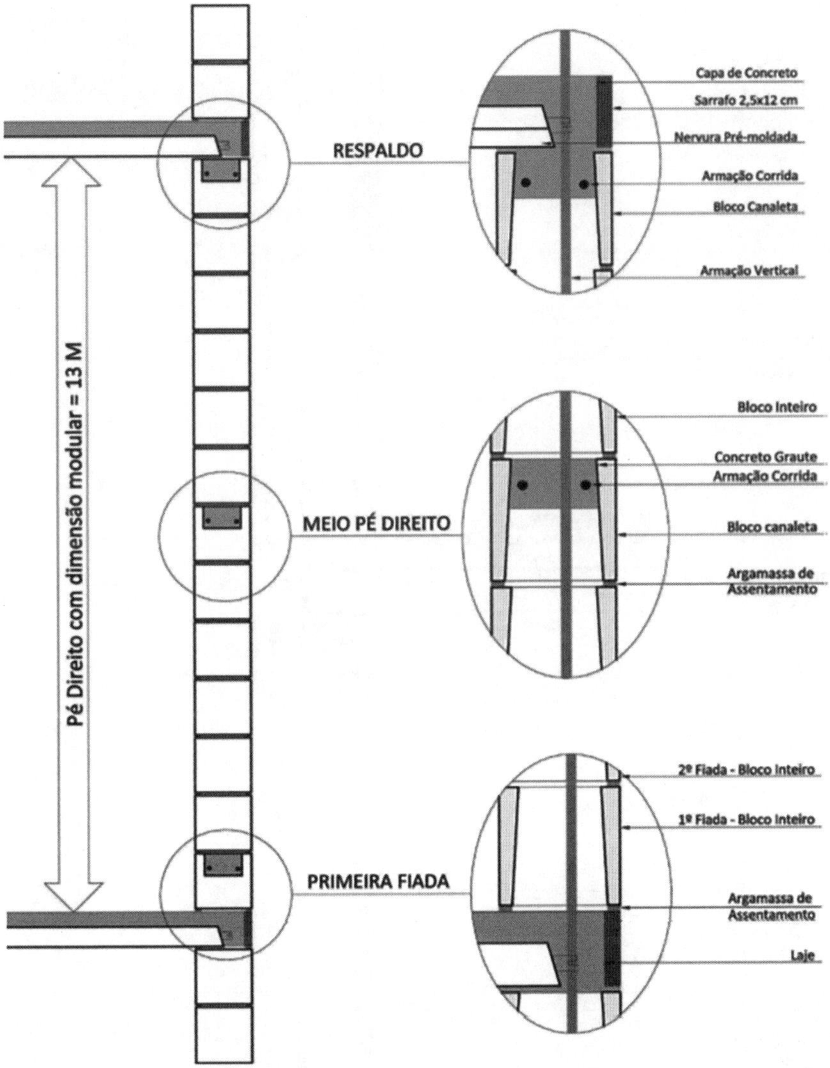

Figura 4.23

4.26 PLATIBANDA

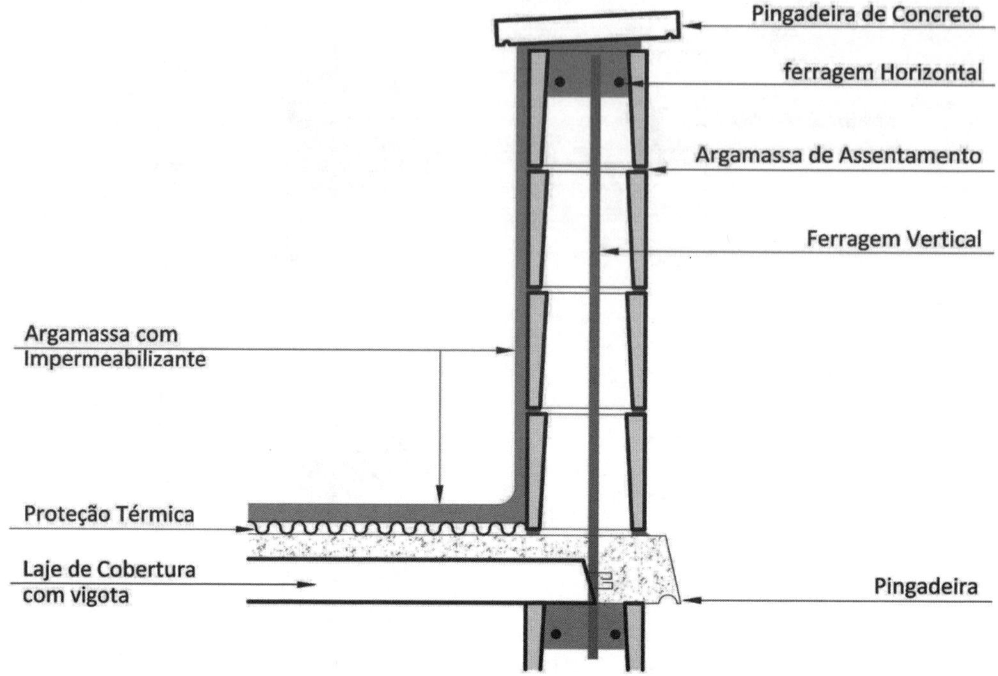

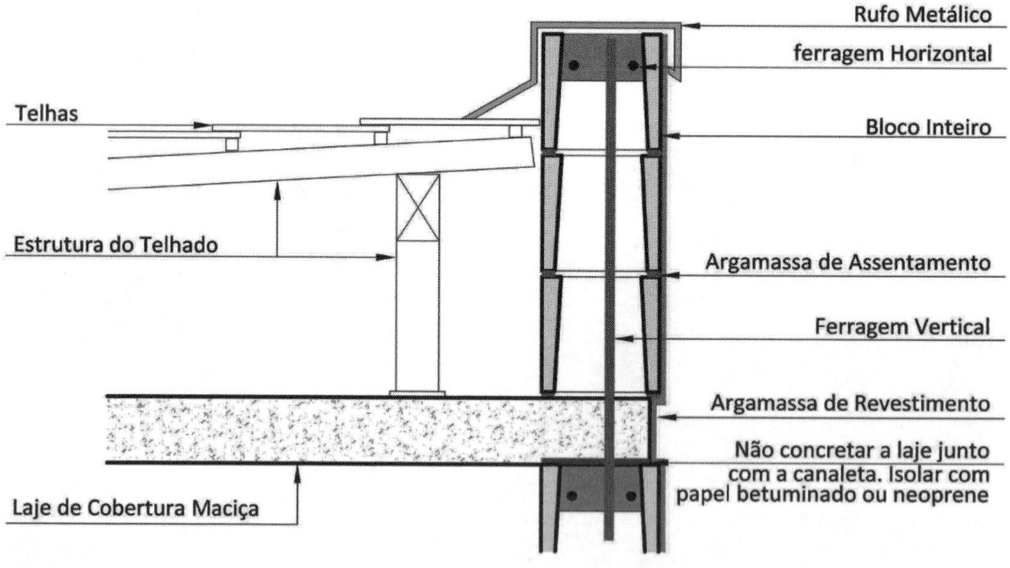

Figura 4.24

4.27 OITÃO

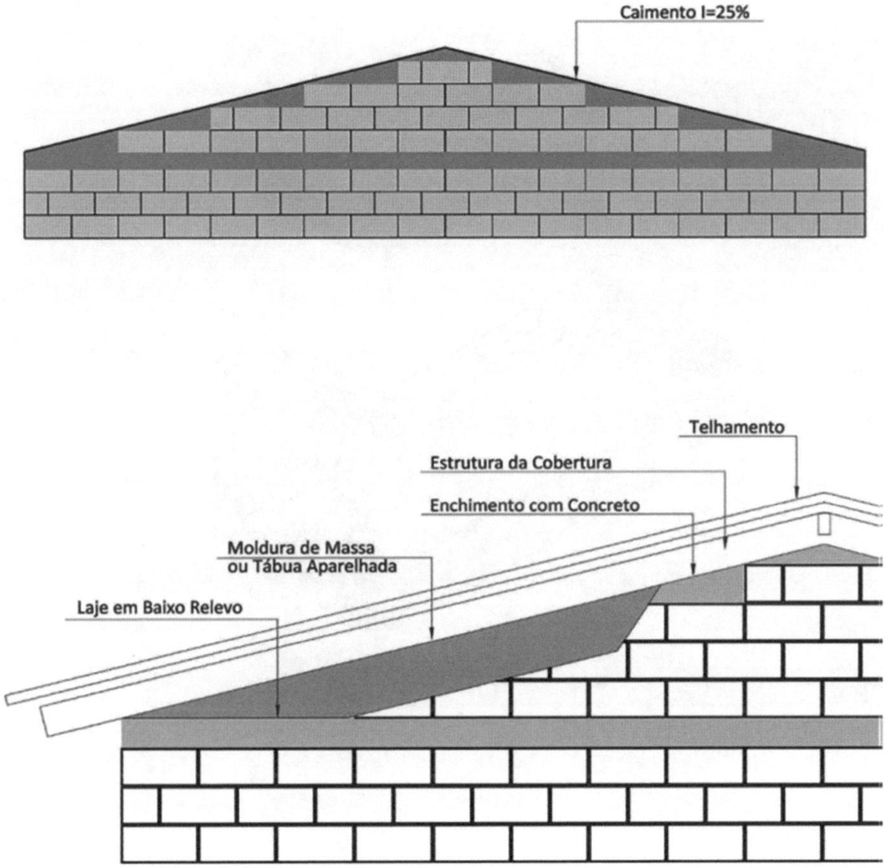

Figura 4.25

4.28 AMARRAÇÃO

20 x 20

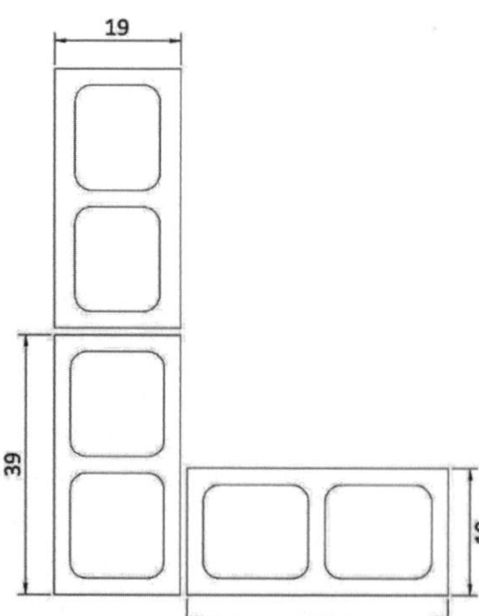

1ª Fiada

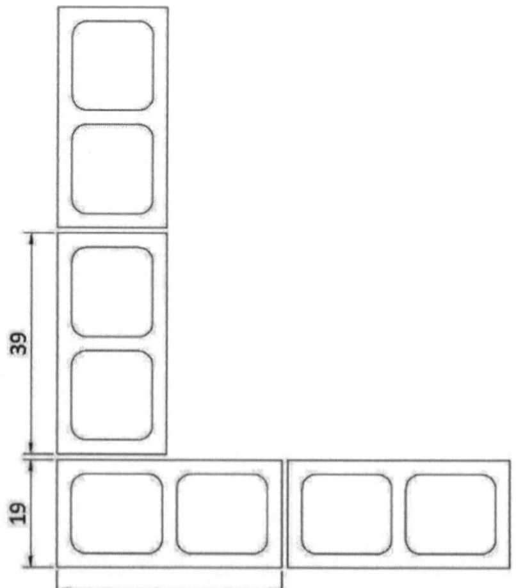

2ª Fiada

Figura 4.26

15 x 15

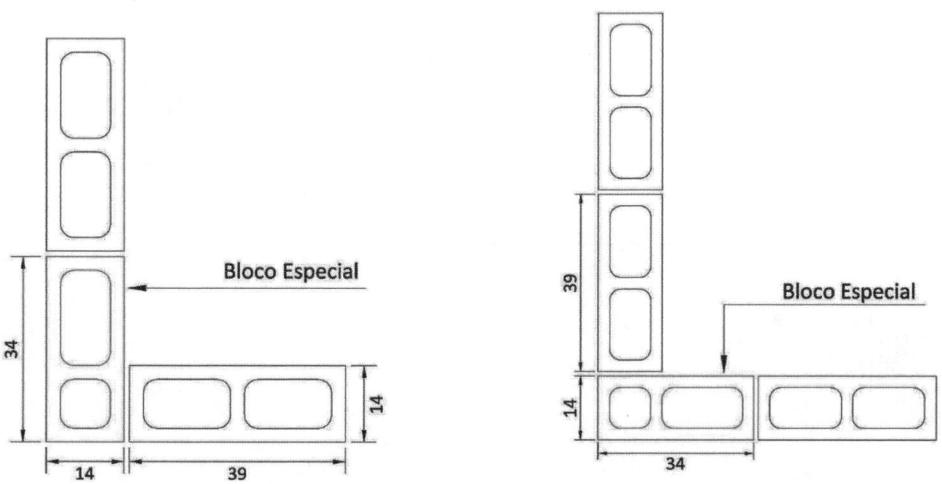

1ª Fiada 2ª Fiada

Figura 4.27

20 x 7

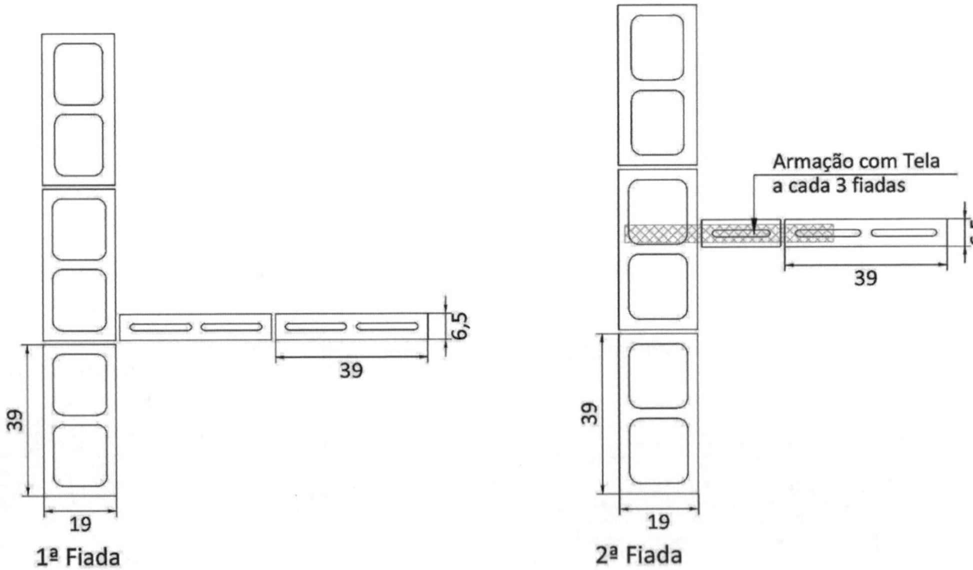

Figura 4.28

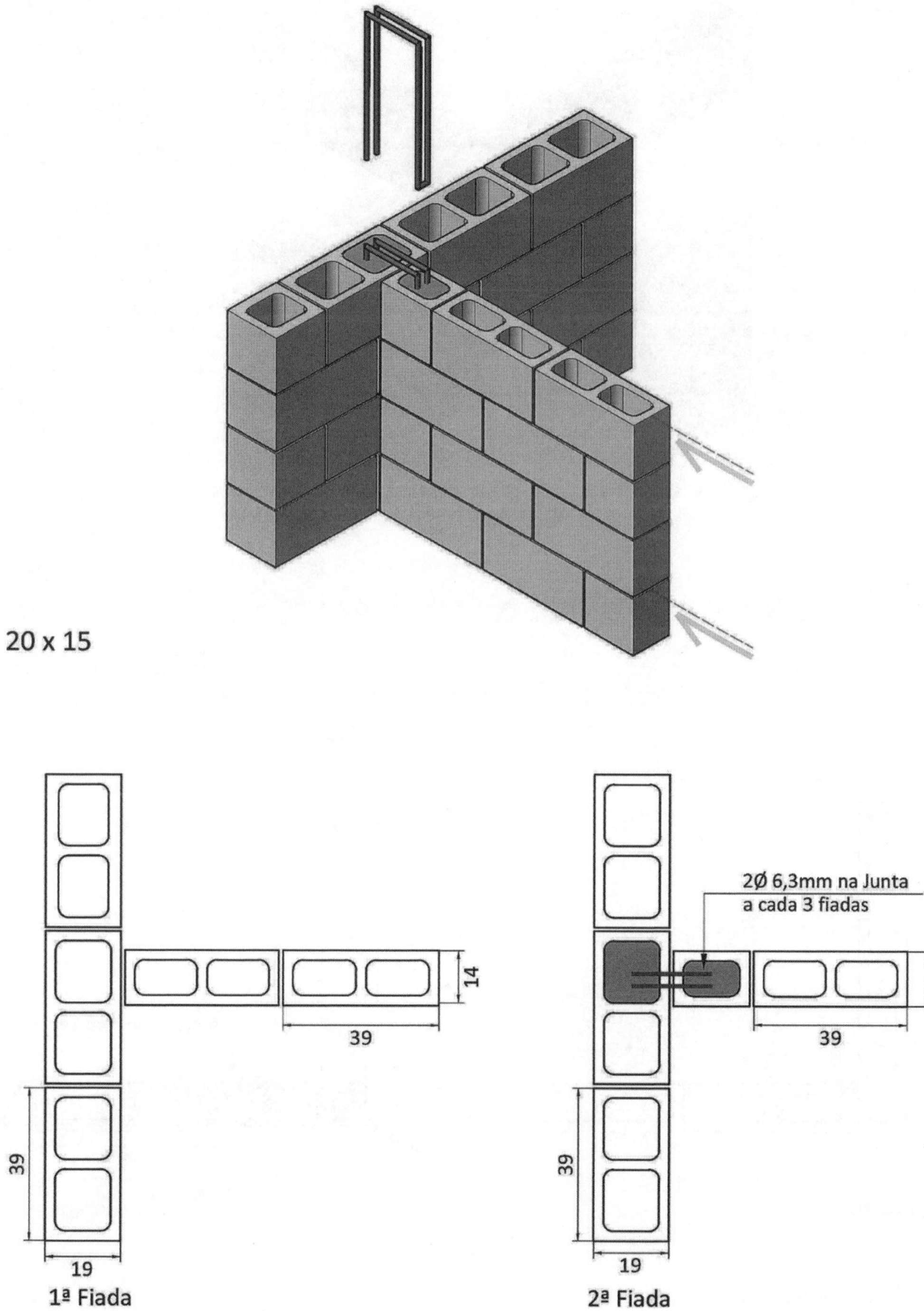
20 x 15
2Ø 6,3mm na Junta
a cada 3 fiadas
14
39
39
19
1ª Fiada
14
39
39
19
2ª Fiada

Figura 4.29

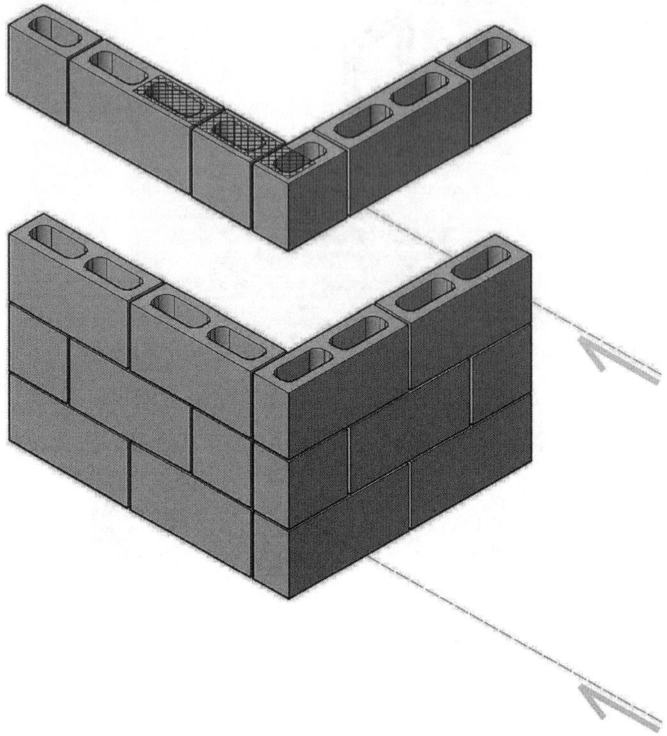

12 x 12

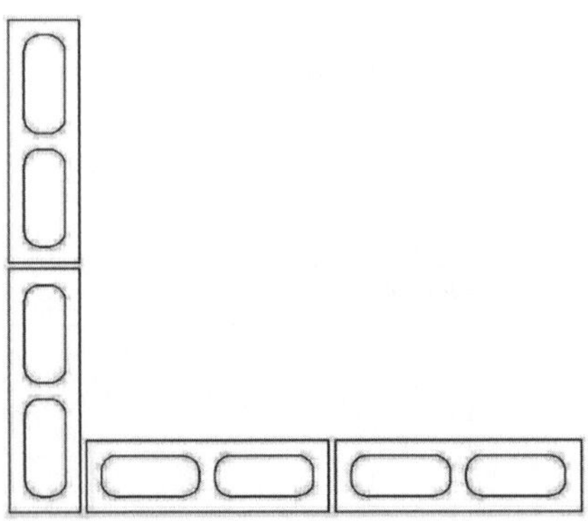

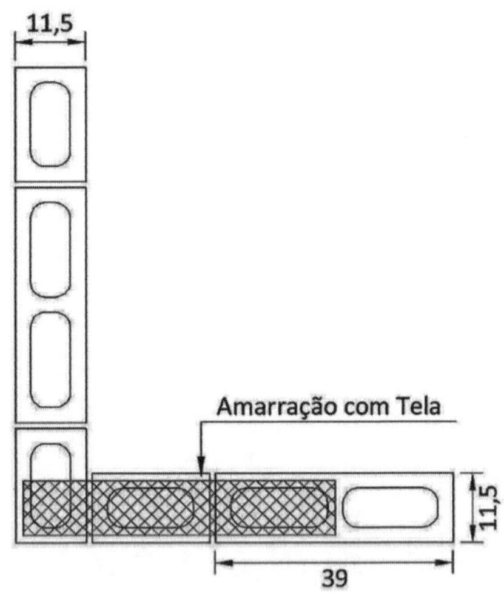

Figura 4.30

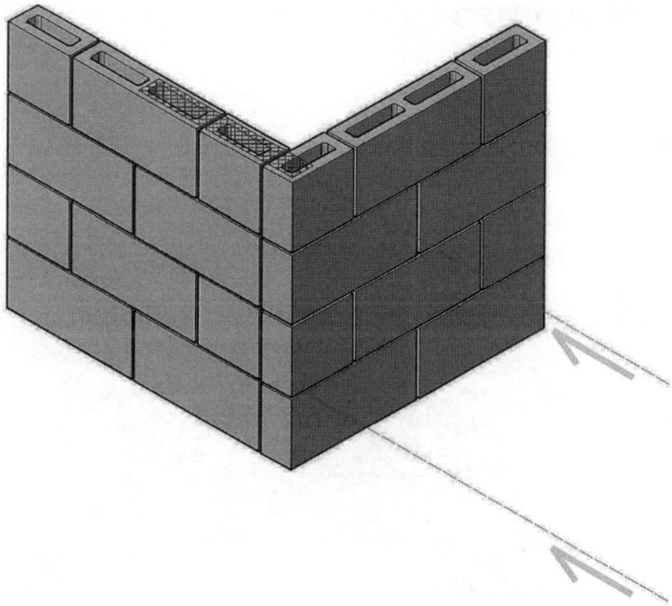

10 x 10

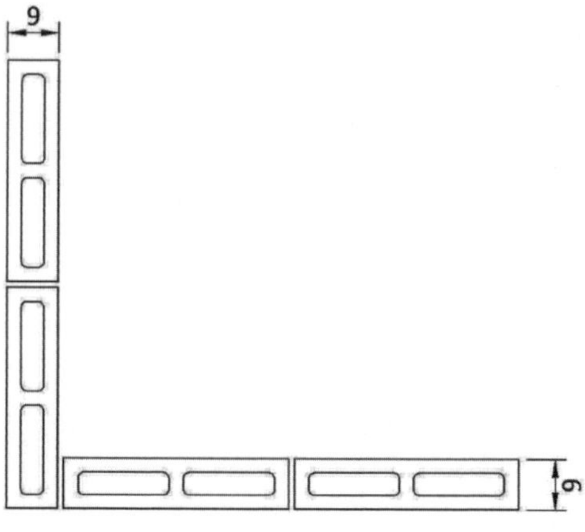

1ª Fiada

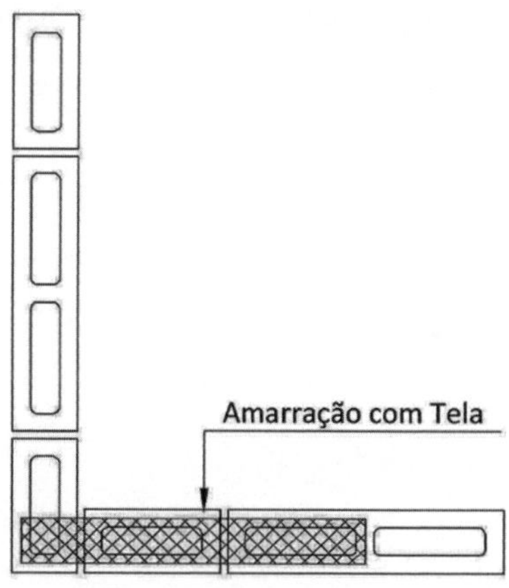

2ª Fiada

Figura 4.31

4.29 BLOCO TIPO J

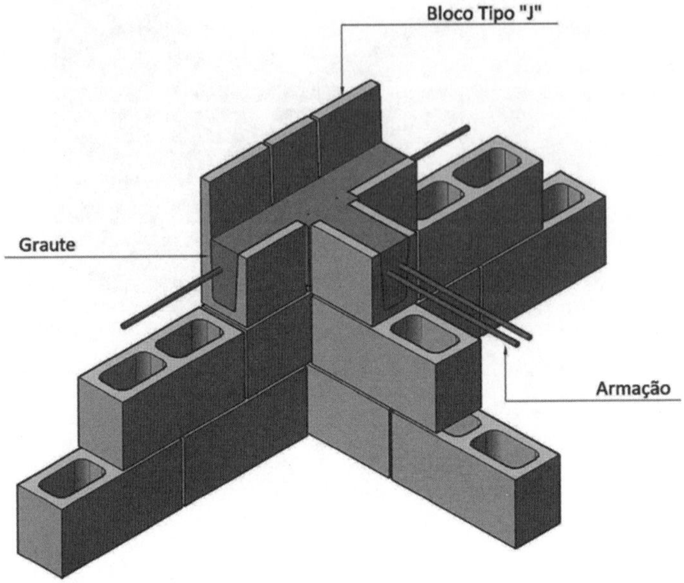

Figura 4.32

4.30 INTERSEÇÕES

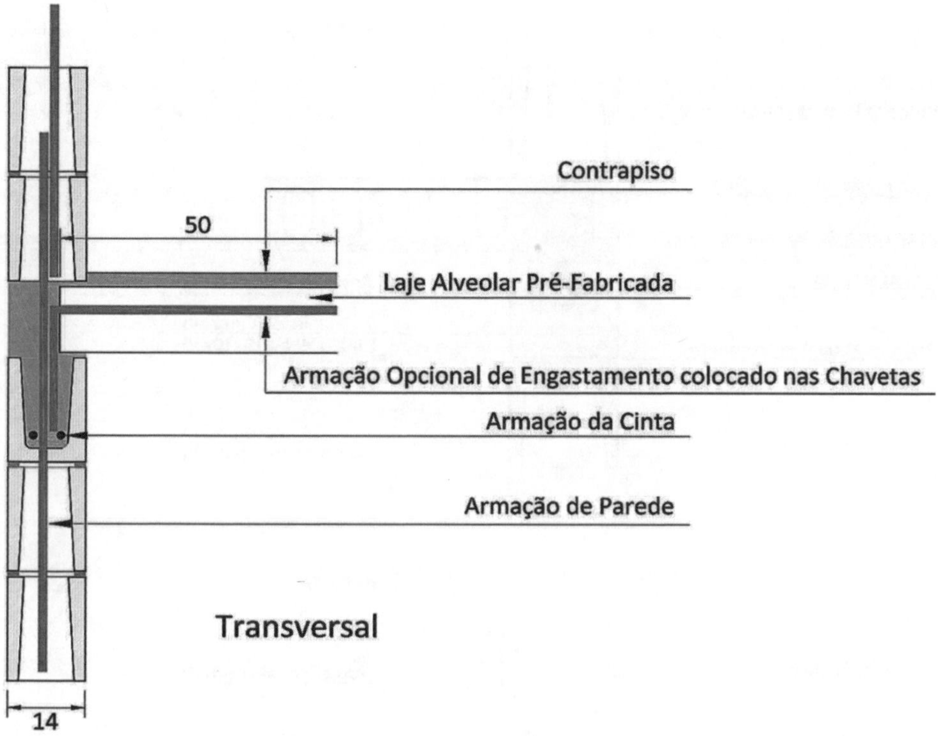

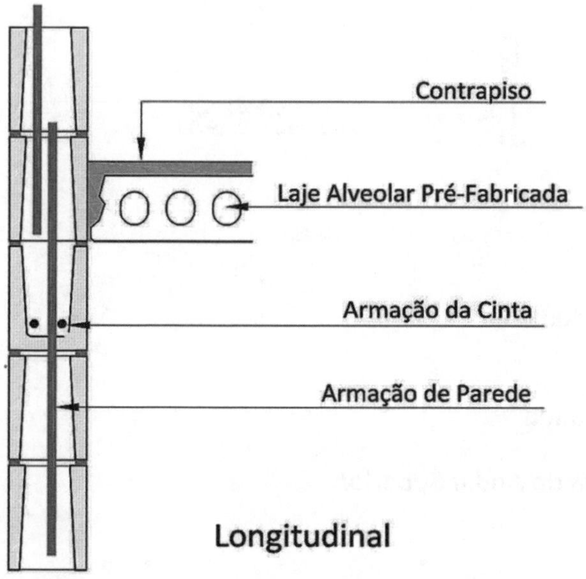

Figura 4.33

4.31 APOIO LATERAL DE LAJE PRÉ-FABRICADA

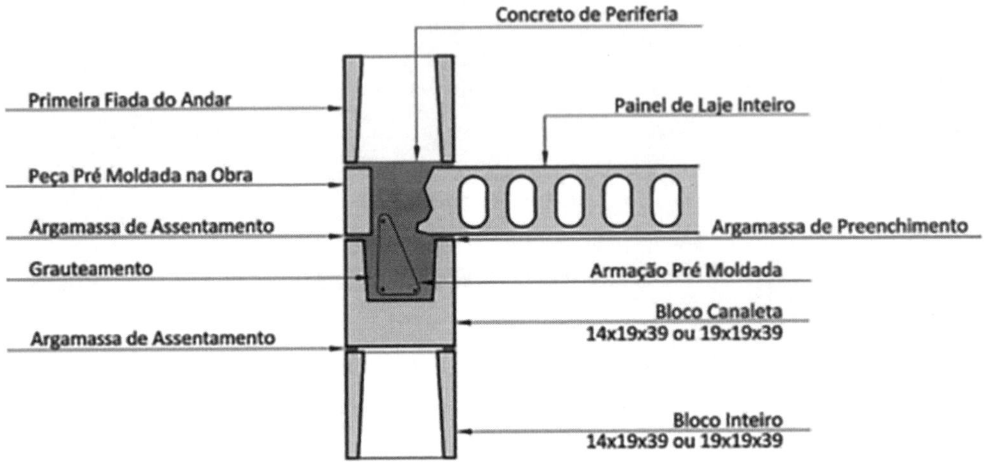

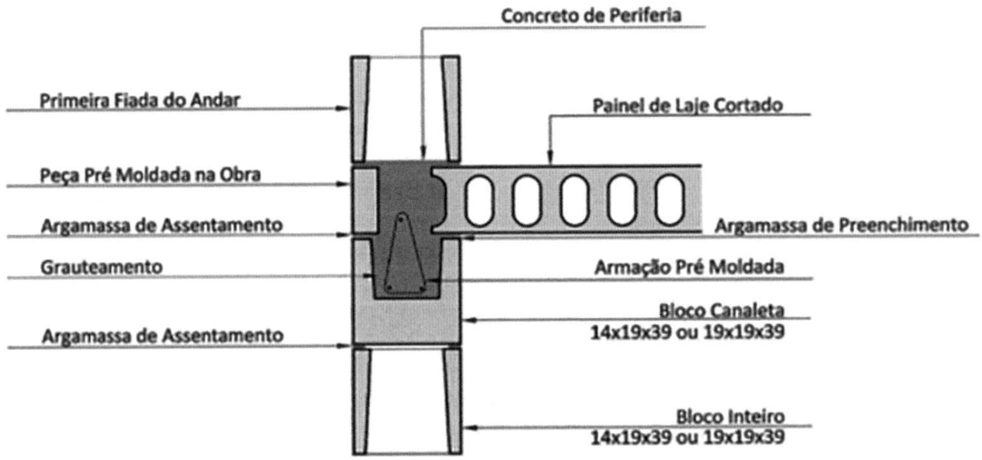

SEQUÊNCIA PARA OBRA:

1. Assentar a Canaleta.
2. Colocar a Armação Pré Moldada.
3. Grautear a Canaleta.
4. Colocar o Painel de Laje.
5. Assentar a peça Pré Moldada.
6. Concretar a Periferia.
7. Assentar a Primeira Fiada do Andar Superior.

Figura 4.34

4.32 APOIO DE LAJE EM NÍVEIS DIFERENTES

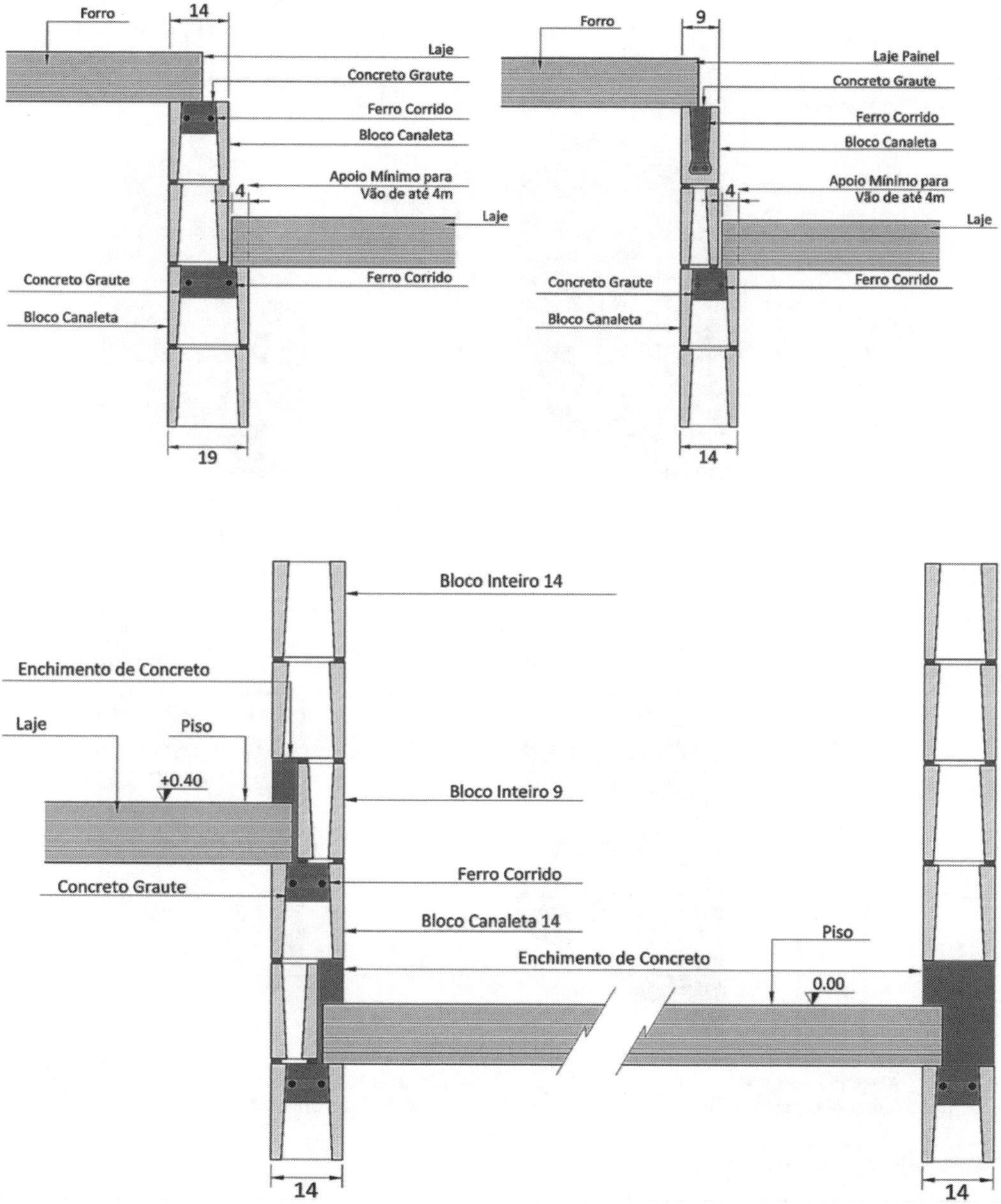

Figura 4.35

4.33 ELÉTRICA

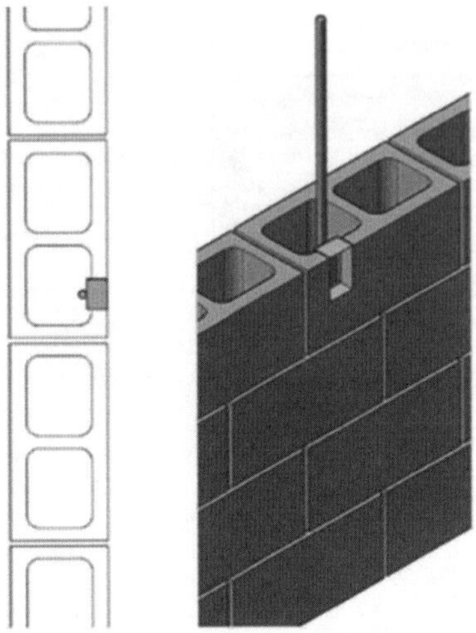

Alvenaria Aparente
(Caixa 4"x2" ou 4"x4")

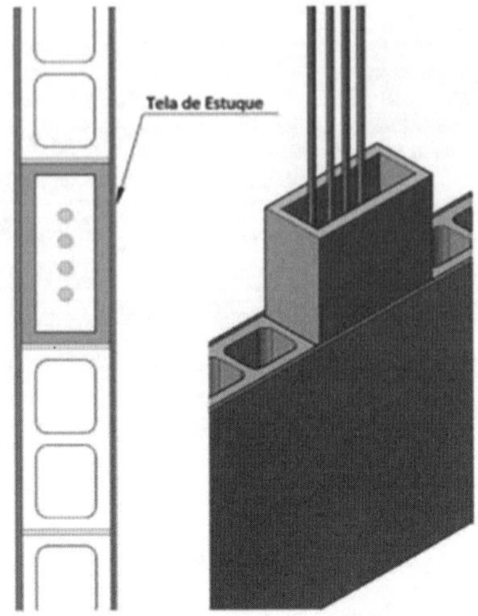

Duto de Passagem de Prumada

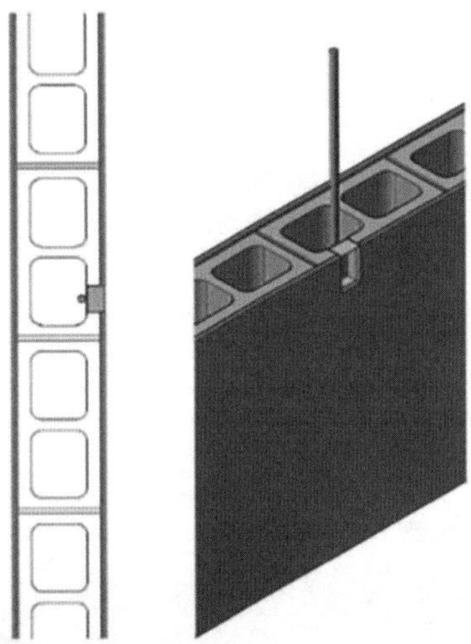

Alvenaria Revestida
(Caixa 4"x2" ou 4"x4")

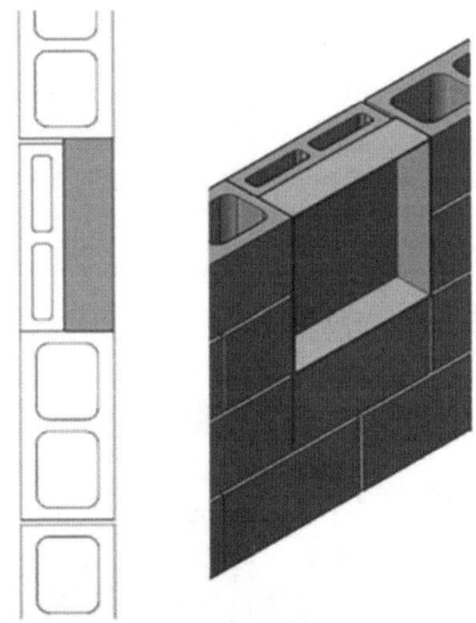

Quadro de Força modulado
para alvenaria de bloco de concreto

Figura 4.36

4.34 VIGAS E VERGAS

As vigas são elementos geralmente horizontais que suportam cargas que atuam perpendicularmente à sua direção de maior comprimento.

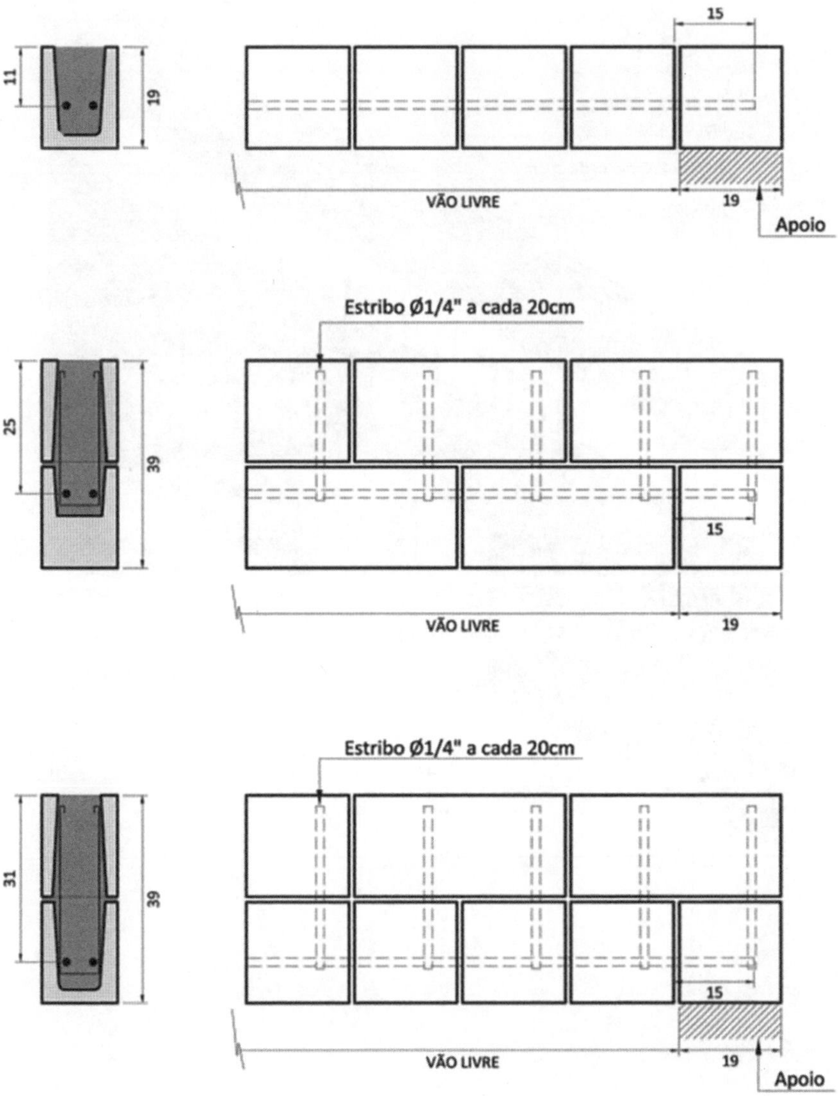

Figura 4.37

4.35 VERGA

Já as vergas são vigas especiais que se localizam sobre determinados vãos, como portas e janelas.

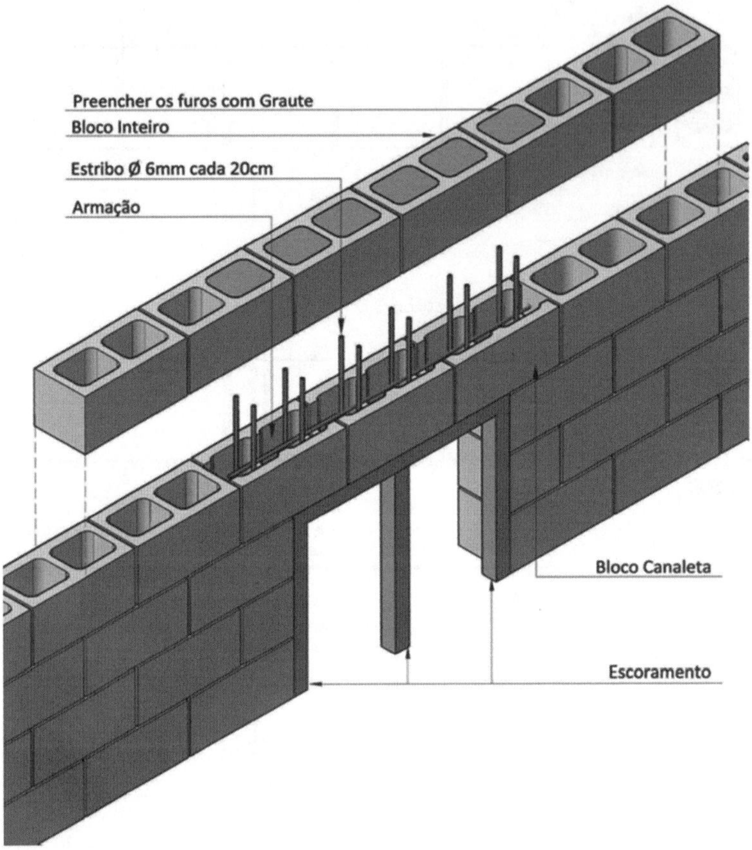

Figura 4.38

4.36 BATENTE

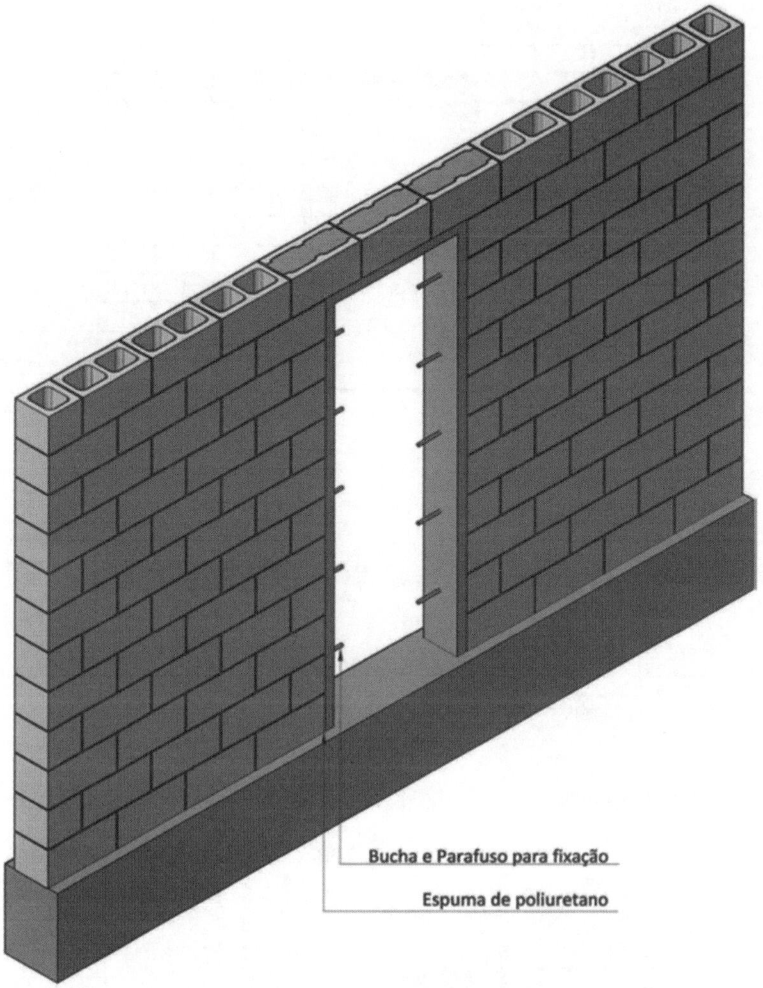

Figura 4.39

4.36.1 FIXAÇÃO DE BATENTE

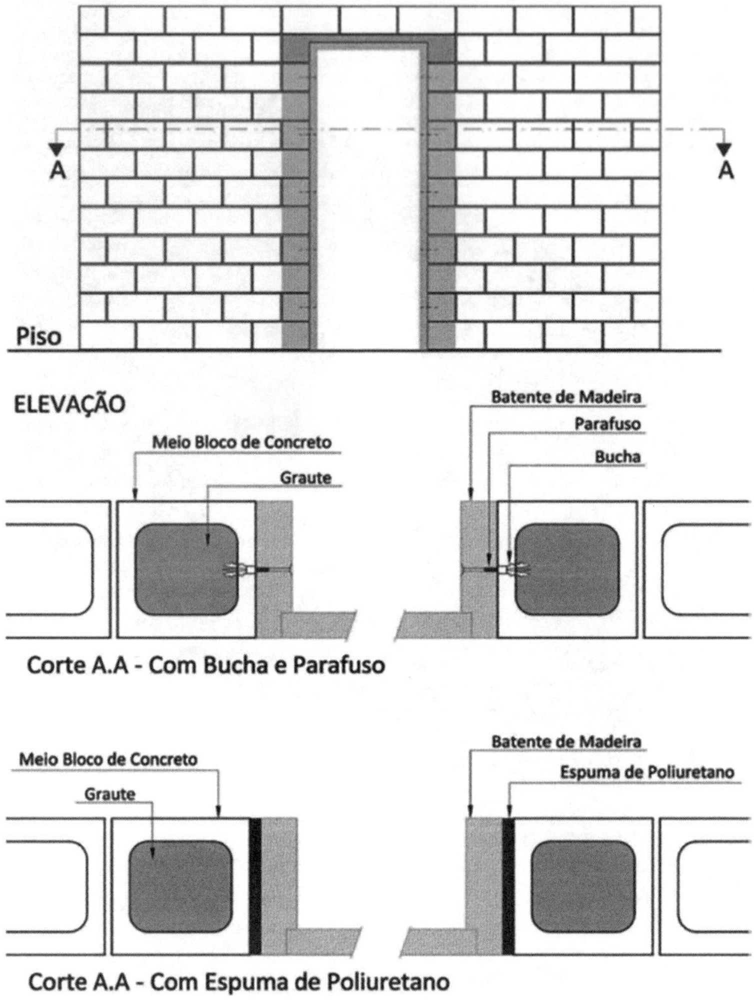

Figura 4.40

4.36.1.1 Batente fixado com grapa

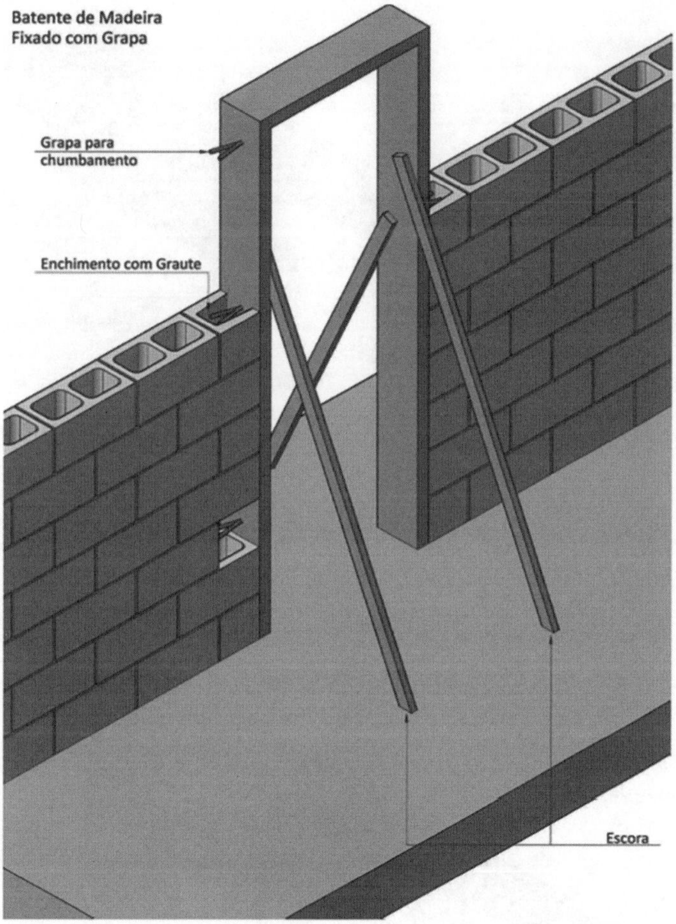

Figura 4.41

4.37 VERGA DE PORTA

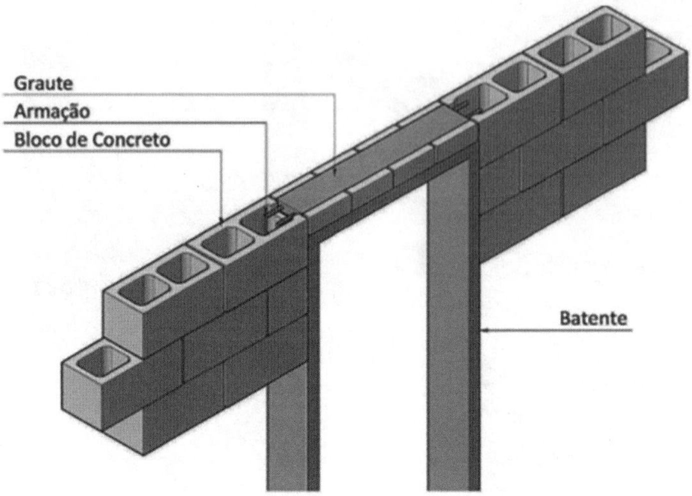

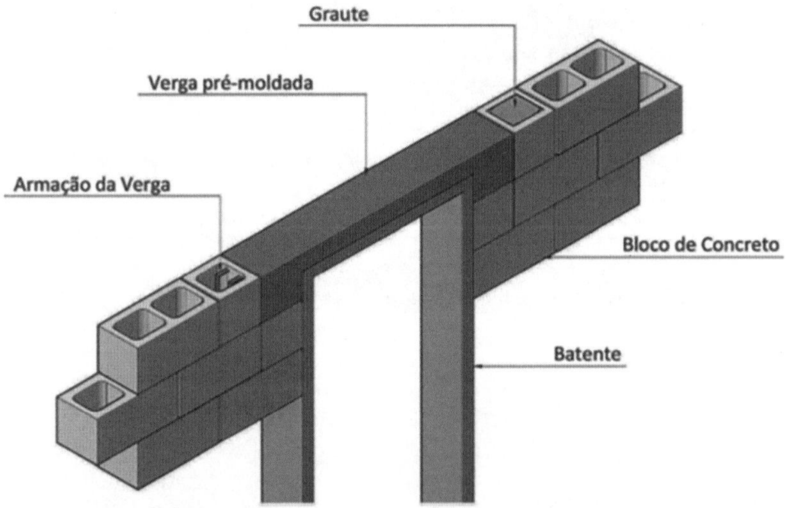

Figura 4.42

4.38 REVESTIMENTO

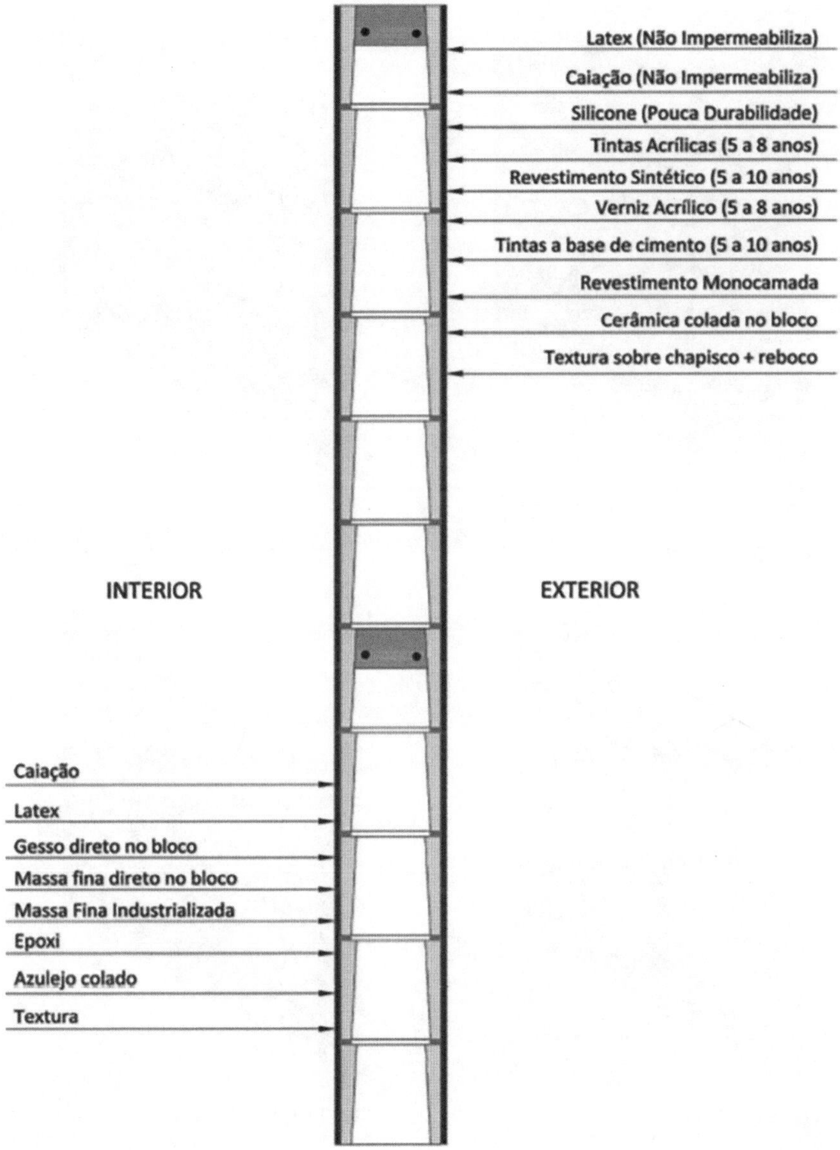

Figura 4.43

4.39 ELEMENTO VAZADO

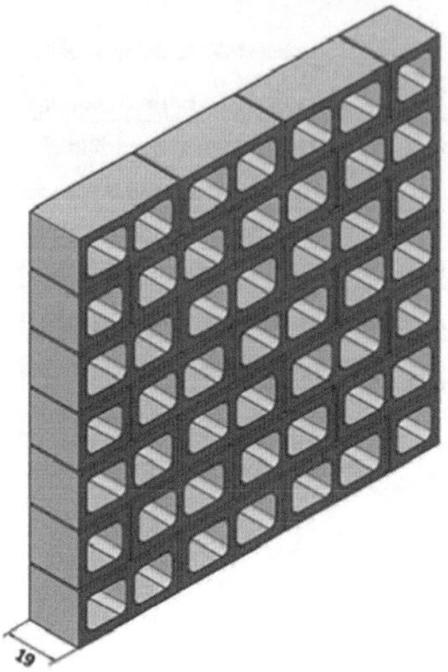

BLOCO INTEIRO

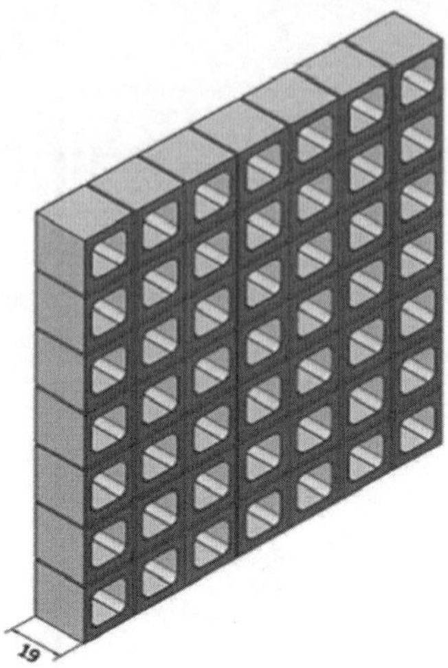

MEIO BLOCO

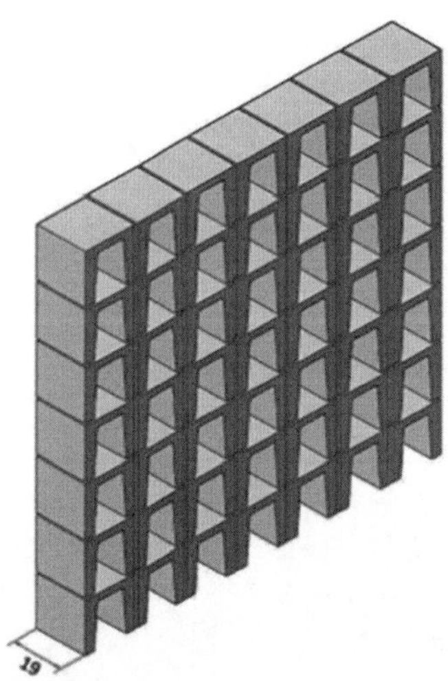

MEIA CANALETA

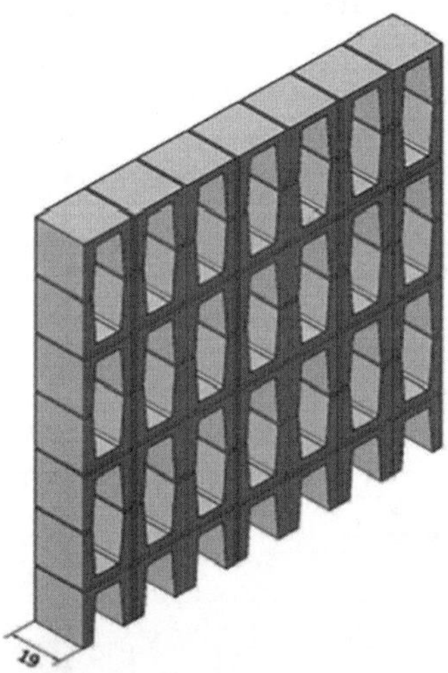

MEIA CANALETA

Figura 4.44

4.40 PINGADEIRA

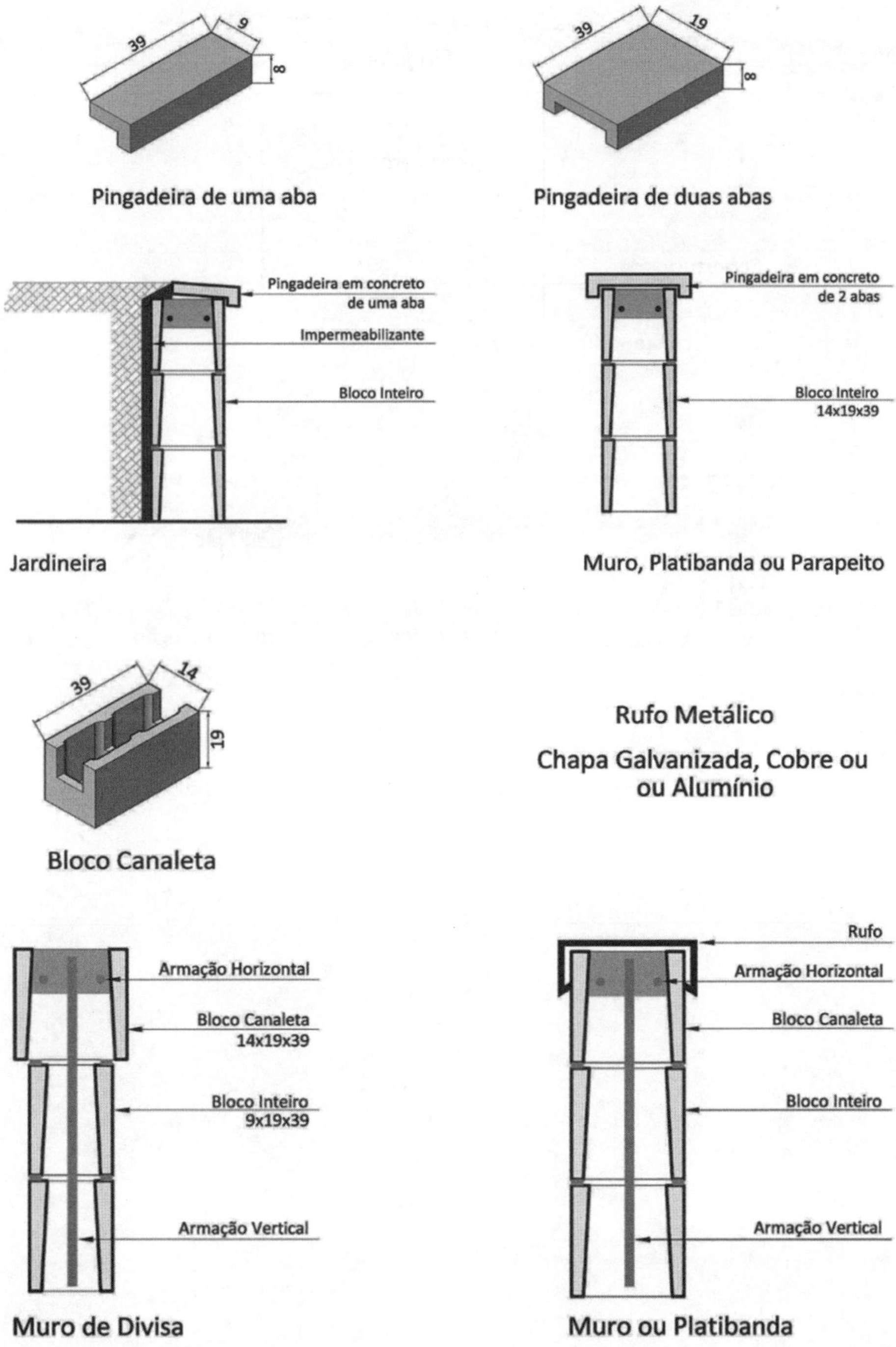

Figura 4.45

4.40.1 MODELOS DE PINGADEIRAS

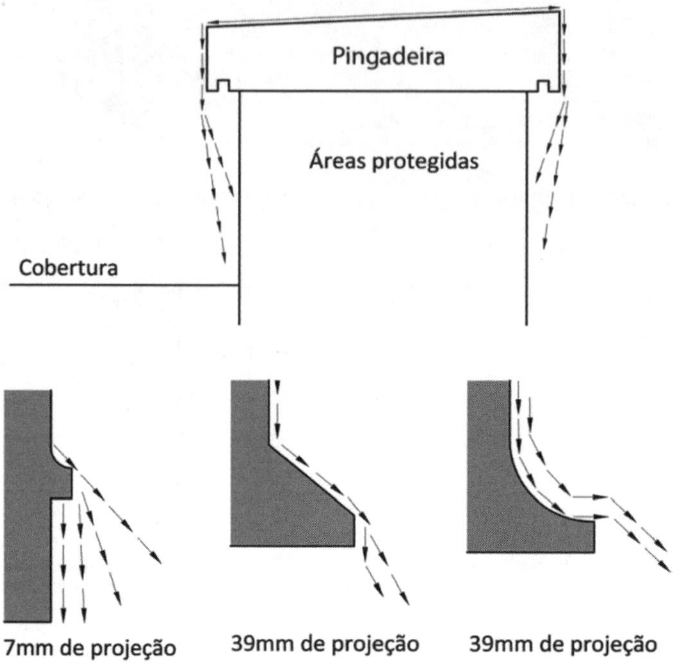

Figura 4.46

4.41 BLOCO

Resistência à compressão do bloco.

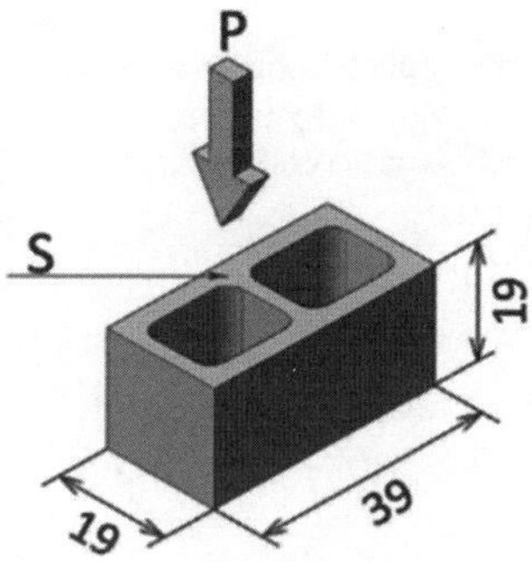

P = Carga aplicada no bloco
S = Área bruta do bloco - 19 X 39
fb = Resistência à compressão

$$fb = \frac{P}{S}$$

Exemplo: $\frac{9.260N}{741cm^2} = 12.5MPa$

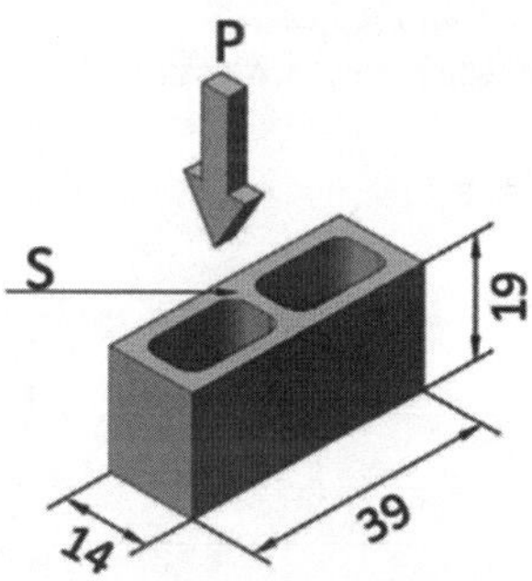

P = Carga aplicada no bloco
S = Área bruta do bloco - 14 X 39
fb = Resistência à compressão

$$fb = \frac{P}{S}$$

Exemplo: $\frac{6.825\ N}{546cm^2} = 12.5MPa$

Figura 4.47

4.42 PRISMA

DEFINIÇÃO: É o corpo de prova da alvenaria.

OCO

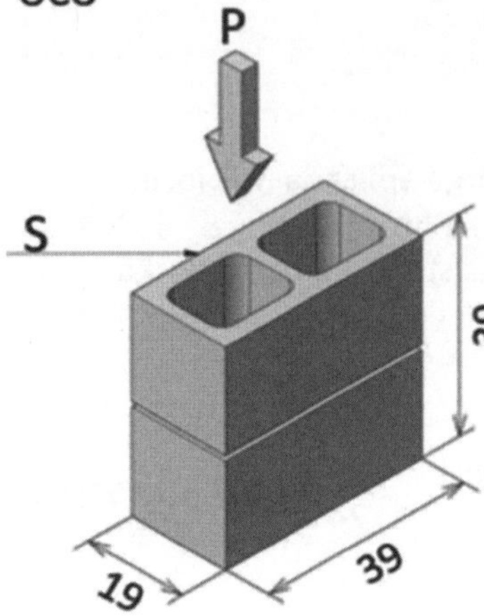

P = Carga aplicada no prisma
s = Área líquida do prisma
fp = Resistência a compressão

$$fp = \frac{P}{S}$$

Exemplo: $\frac{5.500N}{344cm^2} = 16MPa$

CHEIO

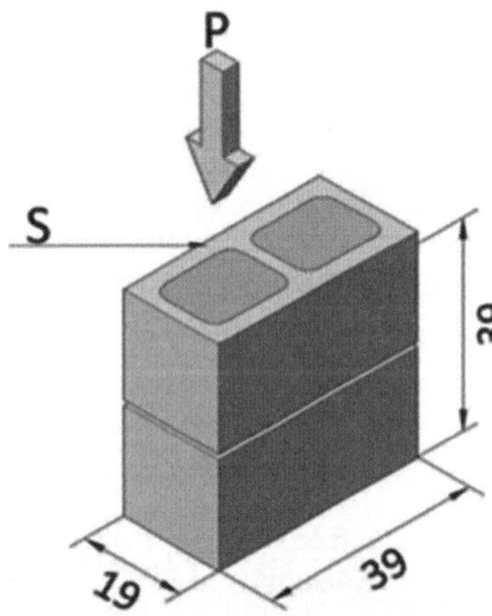

P = Carga aplicada no prisma
S = Área bruta do prisma
fp = Resistência a compressão

$$fp = \frac{P}{S}$$

Exemplo: $\frac{15.000\ N}{741cm^2} = 20.2MPa$

Condição	Coeficiente de variação dos prismas (CV)	Fpk, projeto/Fpk, estimado			
		≤ 0,35	> 0,35 ≤ 0,50	> 0,50 ≤ 0,75	> 0,75
A	> 15%	6	6	6	6
B	< 10% e ≥ 15%	0	2	4	6
C	< 10%	0	0	0	0

Figura 4.48

4.43 ESCADA TIPO 1

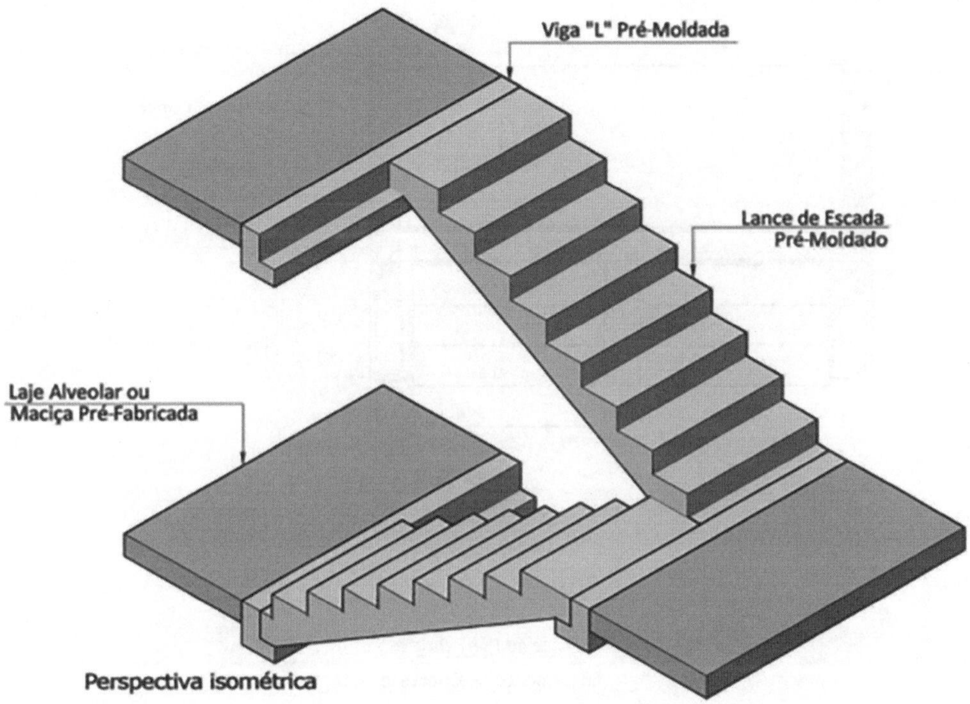

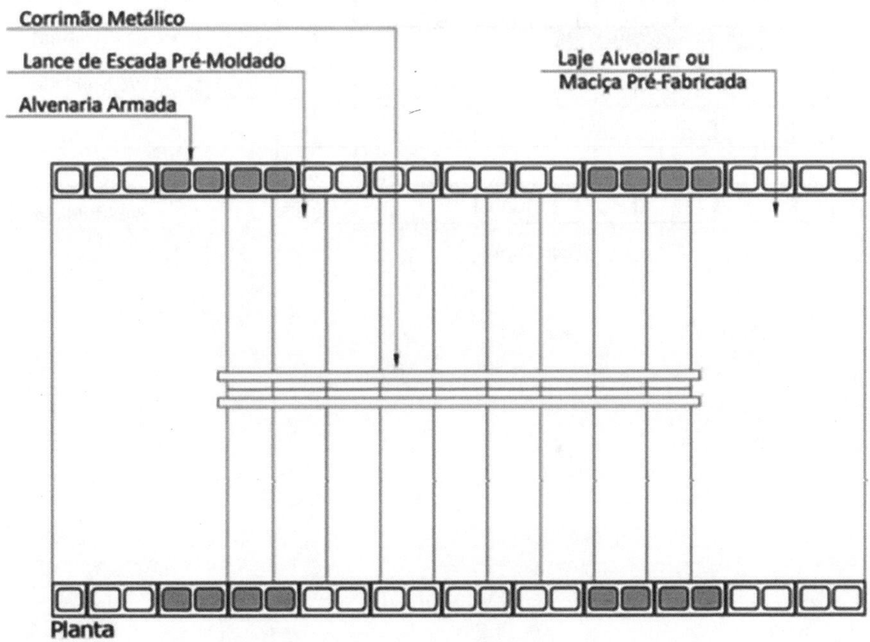

Figura 4.49

4.43.1 DETALHE DE ESCADA TIPO 1

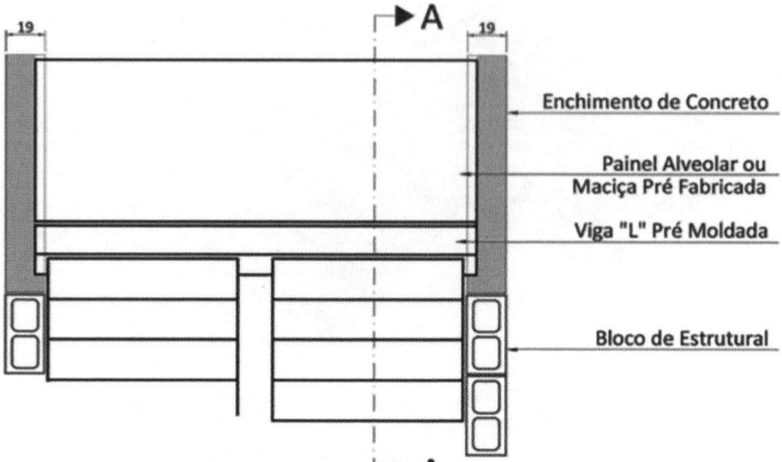

Planta

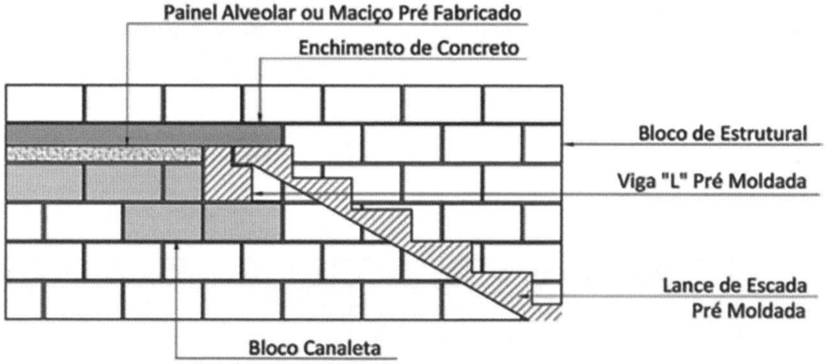

Corte A.A

Figura 4.50

4.44 ESCADA TIPO 2

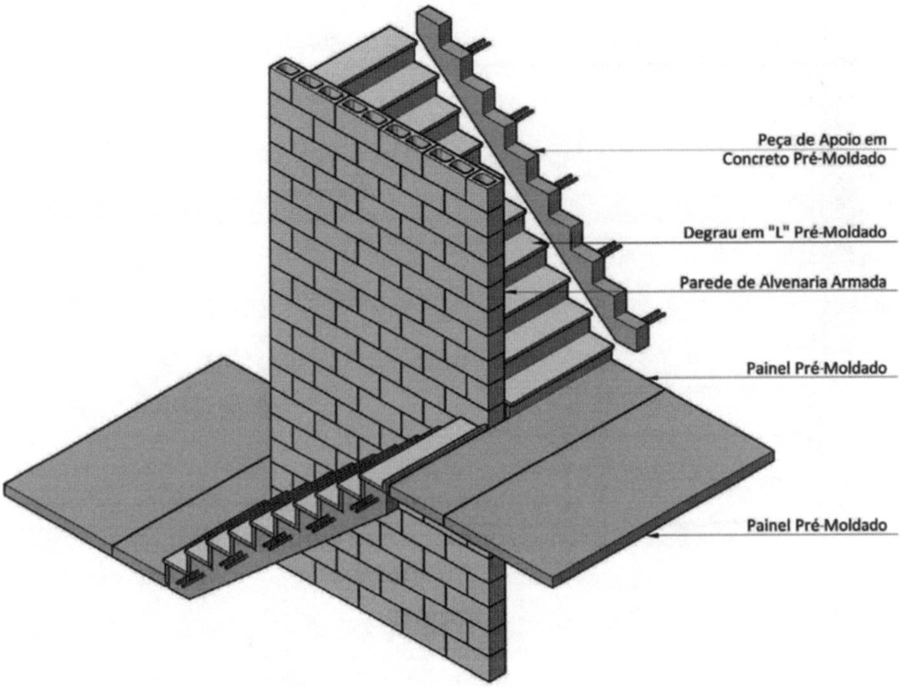

Perspectiva Isométrica

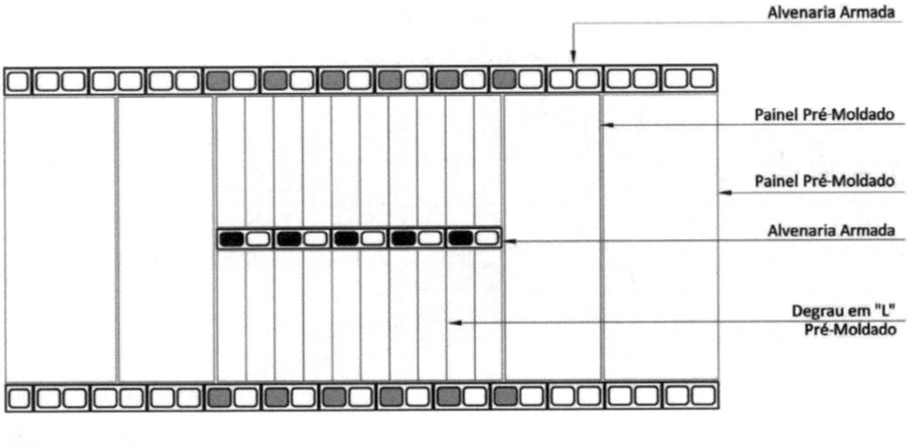

Planta

Figura 4.51

4.44.1 DETALHE DE ESCADA TIPO 2

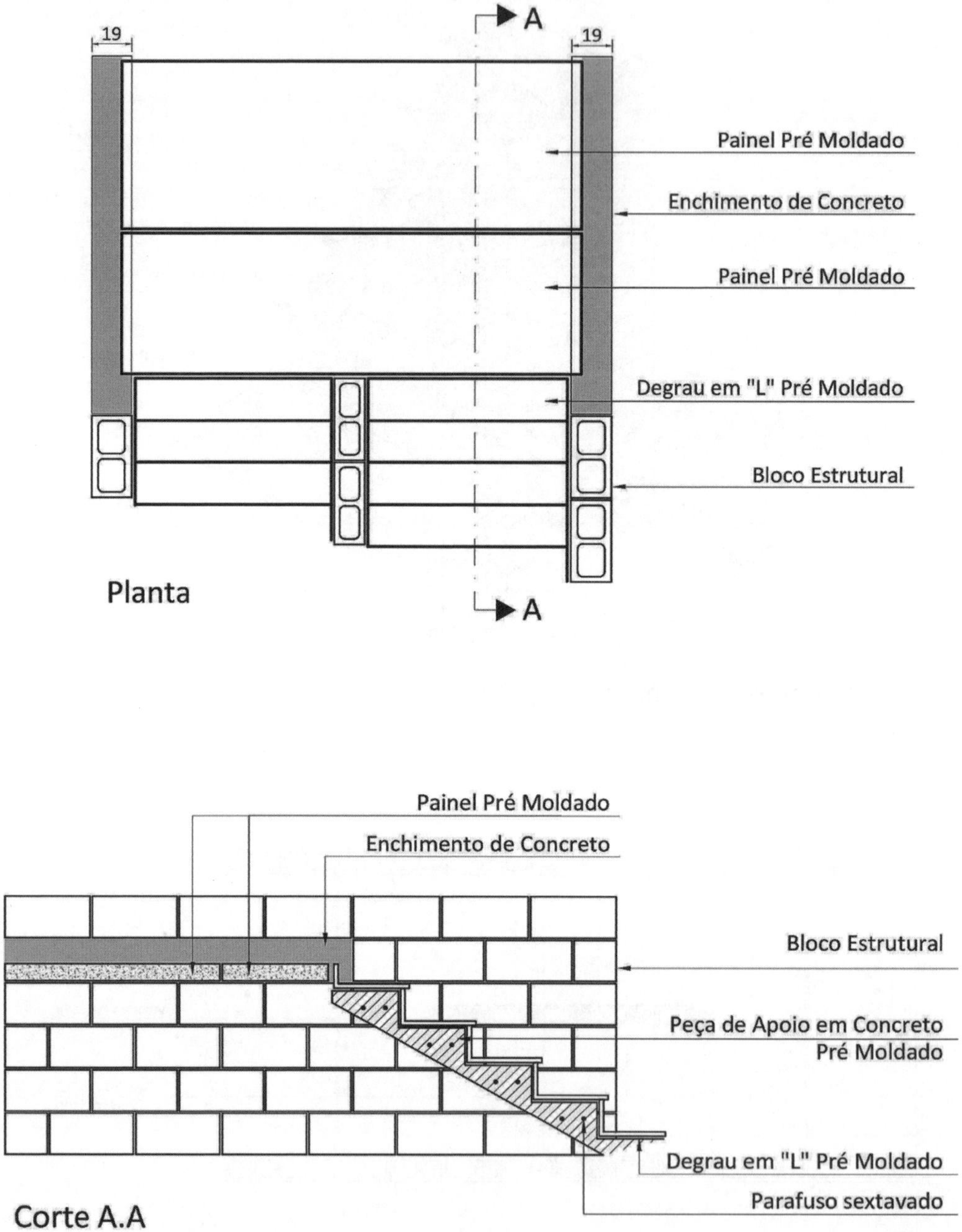

Figura 4.52

4.45 PILASTRAS ISOLADAS

As pilastras isoladas são elementos de alvenaria que substituem o pilar convencional para apoio de carga concentrada.

Definição: é um elemento de alvenaria que substitui o pilar convencional para apoio de carga concentrada.

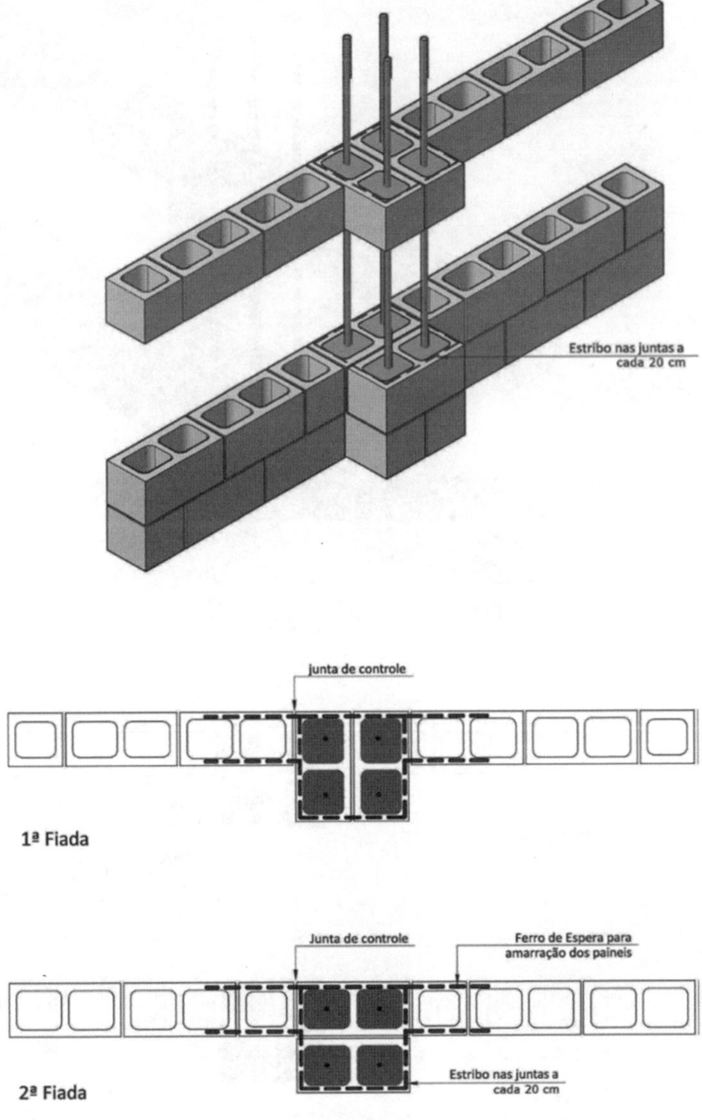

Pilastra Isolada dos Painéis de Alvenaria

Figura 4.53

4.46 PILASTRAS INCORPORADAS

A pilastra incorporada é um elemento de alvenaria que substitui o pilar convencional para apoio de carga concentrada.

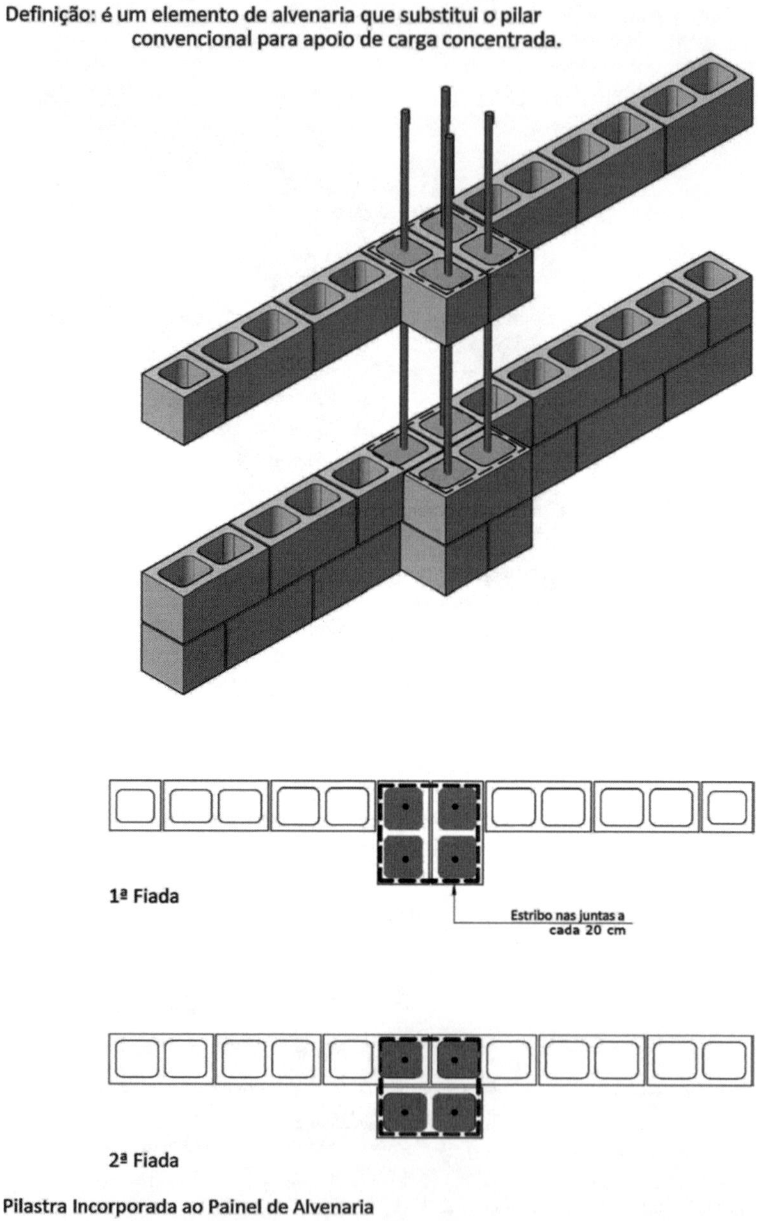

Figura 4.54 – Pilastra Incorporada ao Painel de Alvenaria.

4.47 PISCINA

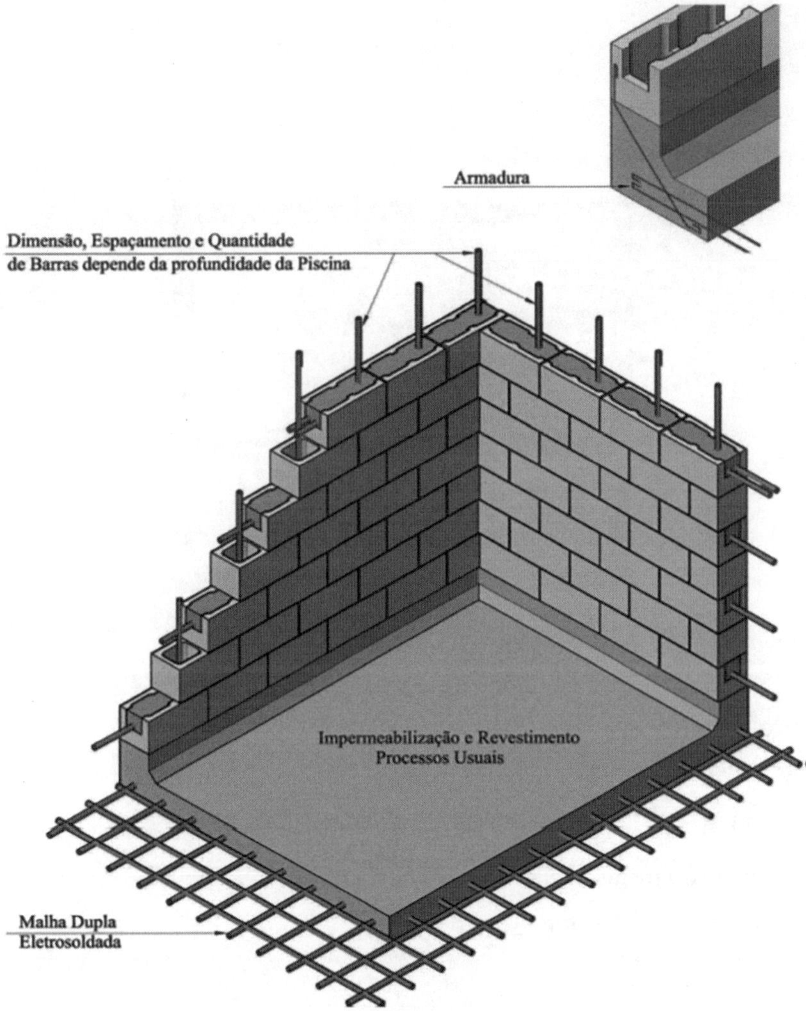

Figura 4.55 – Elementos de uma piscina.

Concreto 6,51 m^3

Ferro 706,97 kg

Graute 3,29 m^3

Bloco inteiro 221 peças

Bloco canaleta inteira 278 peças

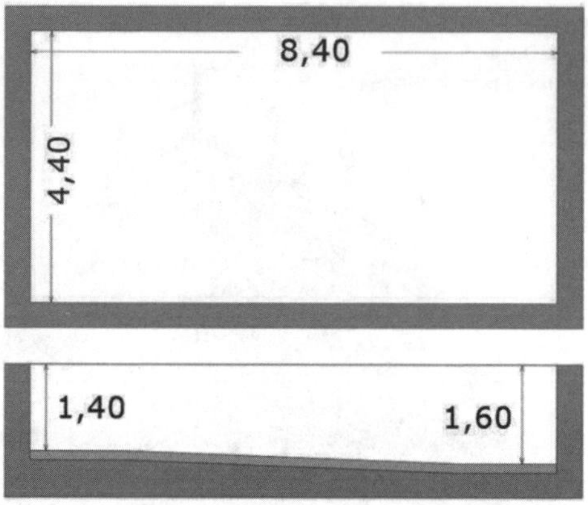

Figura 4.56

Concreto 9,32 m^3

Ferro 672,72 kg

Graute 2,09 m^3

Bloco inteiro 180 peças

Bloco canaleta inteira 198 peças

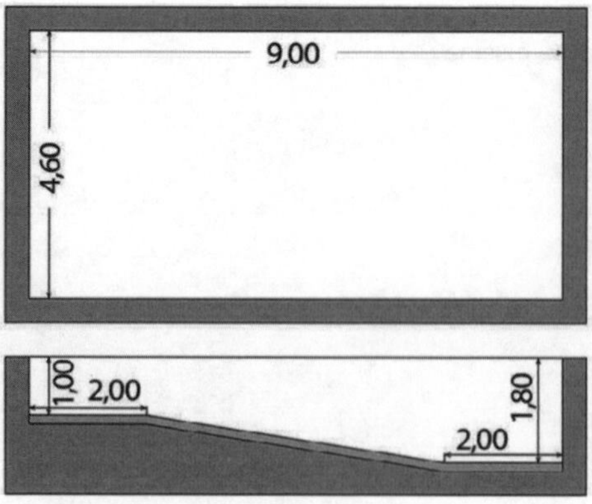

Figura 4.57

Concreto 9,42 m³

Ferro 502,22 kg

Graute 2,59 m³

Bloco inteiro 231 peças

Bloco canaleta inteira 231 peças

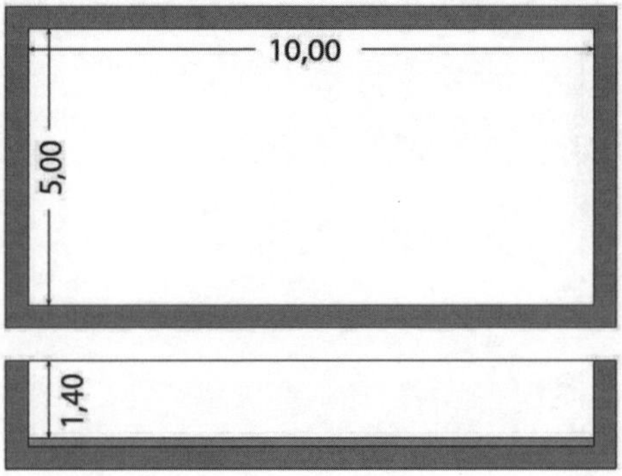

Figura 4.58

Concreto 9,52 m³

Ferro 969,87 kg

Graute 3,65 m³

Bloco inteiro 318 peças

Bloco canaleta inteira 368 peças

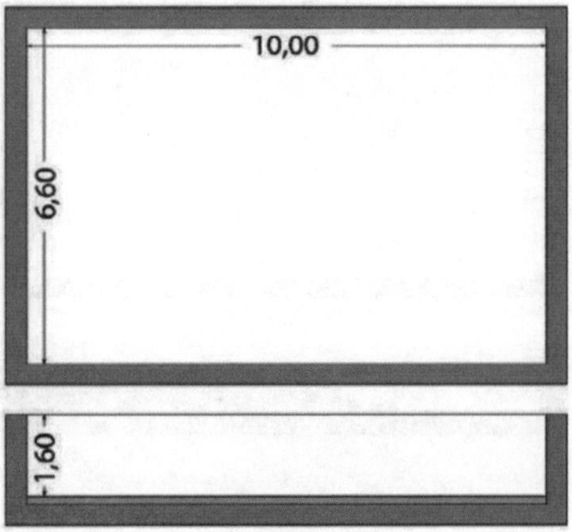

Figura 4.59

Concreto 7,44 m^3

Ferro 593,25 kg

Graute 3,89 m^3

Bloco inteiro 392 peças

Bloco canaleta inteira 321 peças

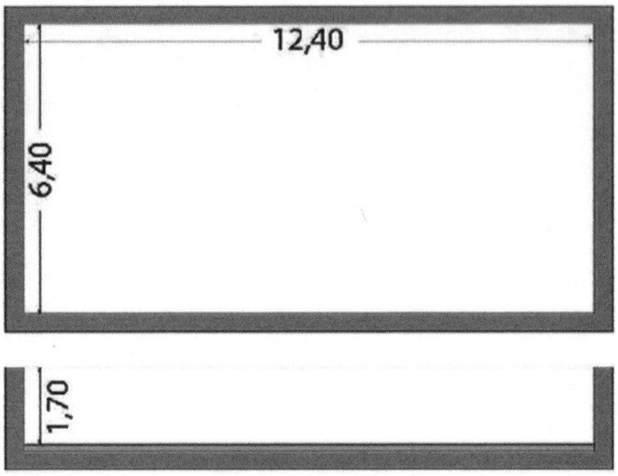

Figura 4.60

Concreto 12,71 m^3

Ferro 966,69 kg

Graute 3,23 m^3

Bloco inteiro 258 peças

Bloco canaleta inteira 301 peças

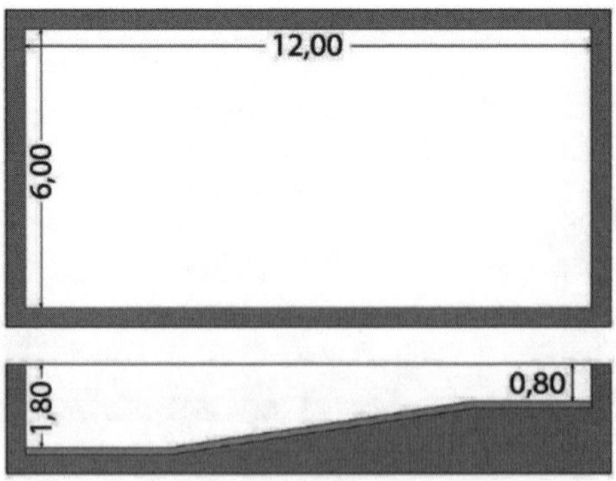

Figura 4.61

Concreto 19,02 m^3

Ferro 2145,94 kg

Graute 498 m^3

Bloco inteiro 332 peças

Bloco canaleta inteira 400 peças

Bloco meio bloco 24 peças

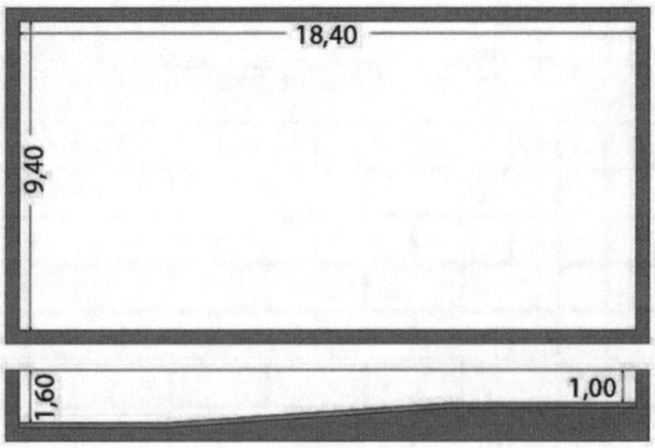

Figura 4.62

4.48 MURO DE DIVISA

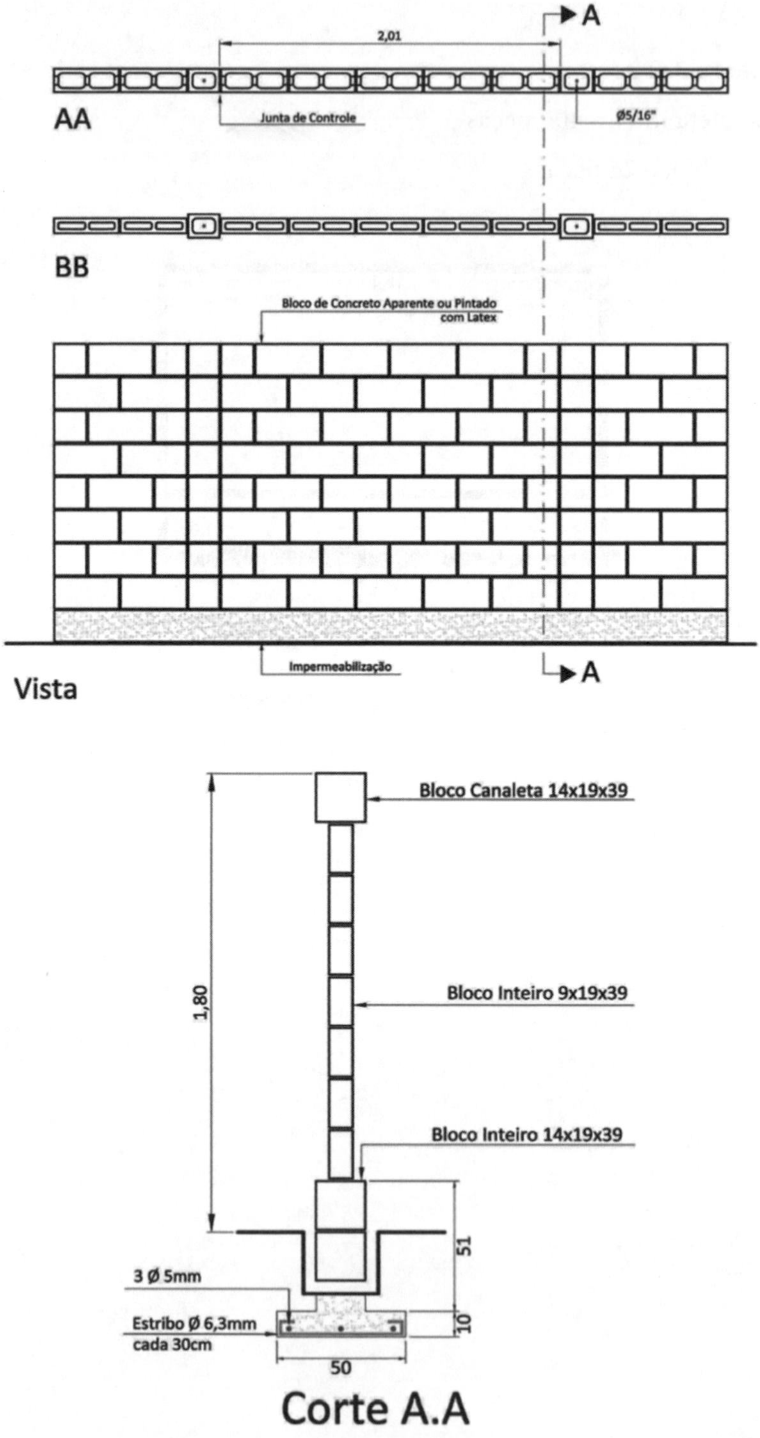

Figura 4.63

4.49 MURO DE ARRIMO

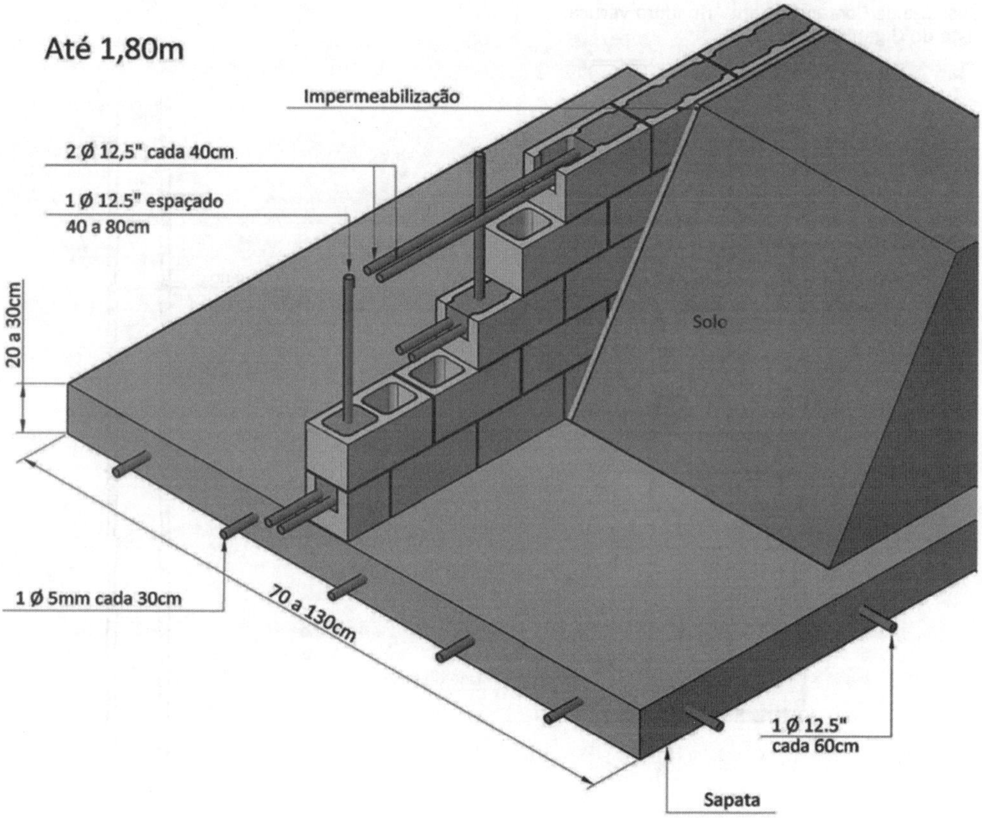

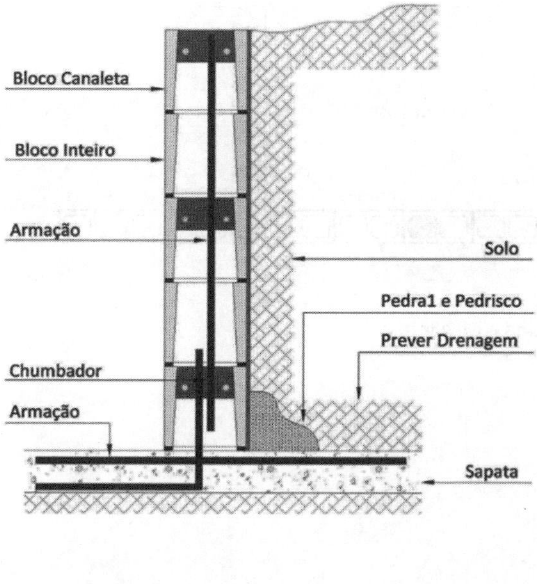

Figura 4.64

4.49.1 MURO DE ARRIMO COM GIGANTES

Alvenaria de Contenção com Armadura vertical
Vista do Gigante (A.A)

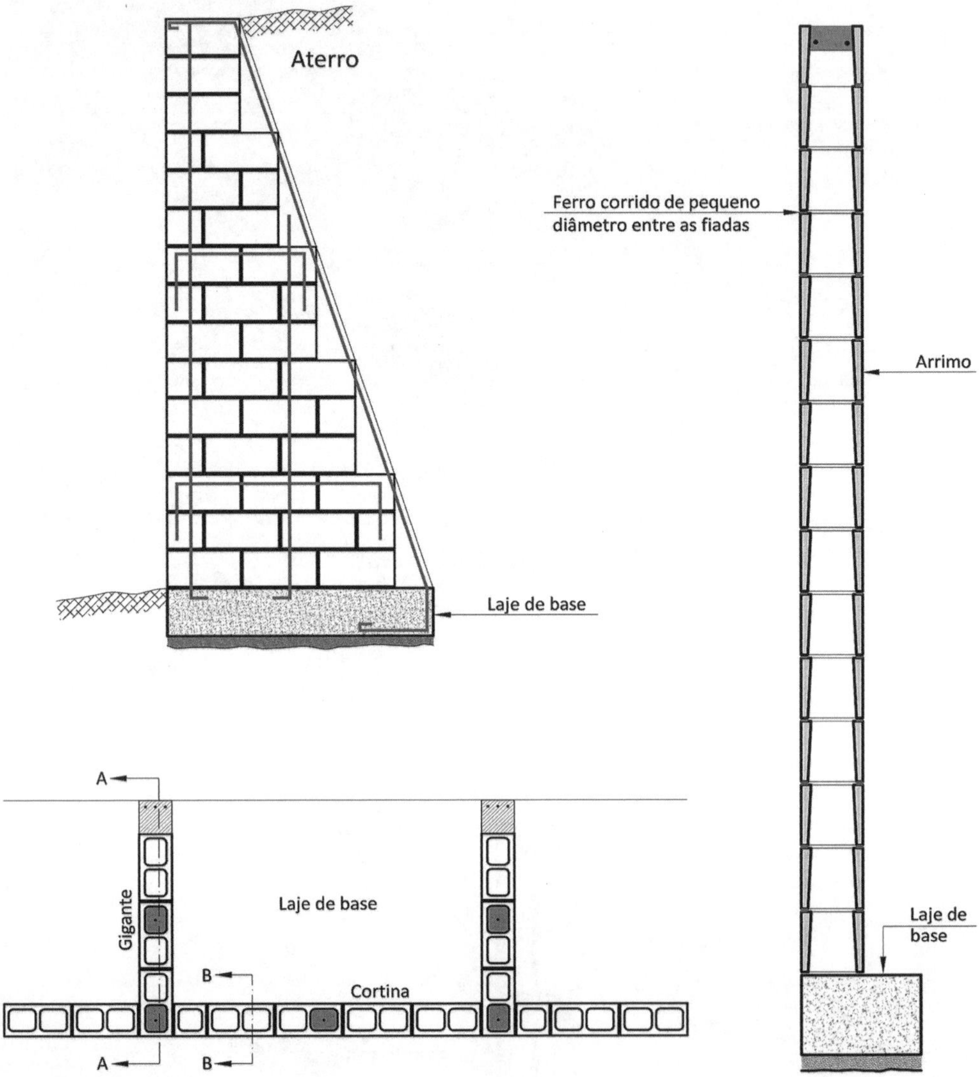

Planta da 1ª Fiada - Cortina e Giagantes

Corte vertical da cortina (B.B)

Figura 4.65

4.50 JUNTA DE CONTROLE

Elevação de um Muro

Alvenaria retrai mais que a fundação

Fissura no Muro (exagerando)

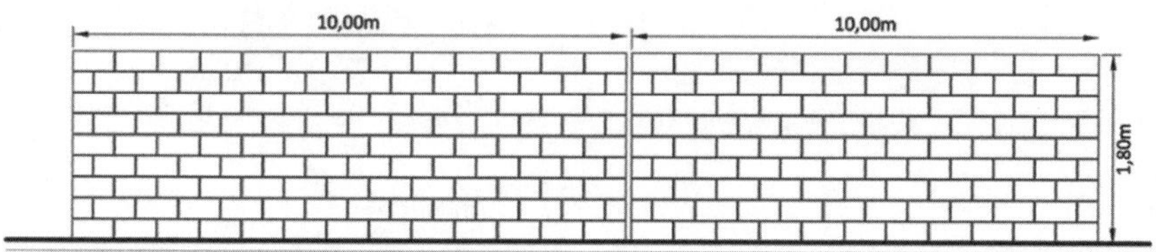

Previsão de Junta de Controle

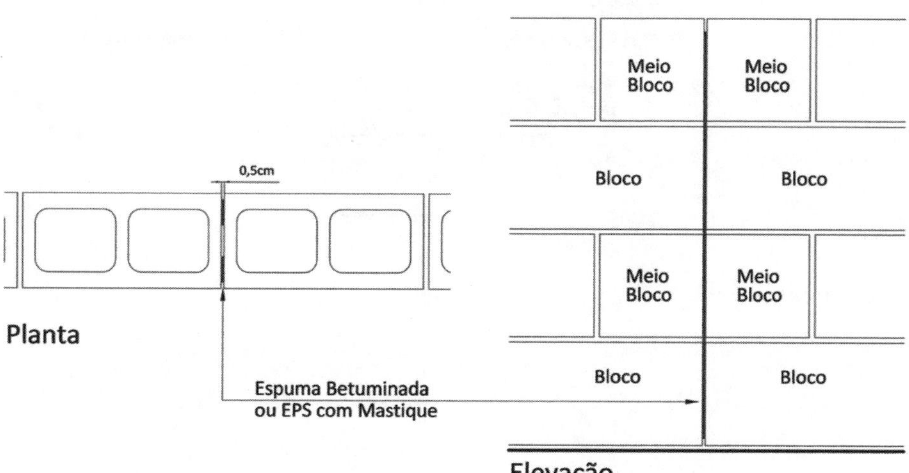

Figura 4.66 (*continua*)

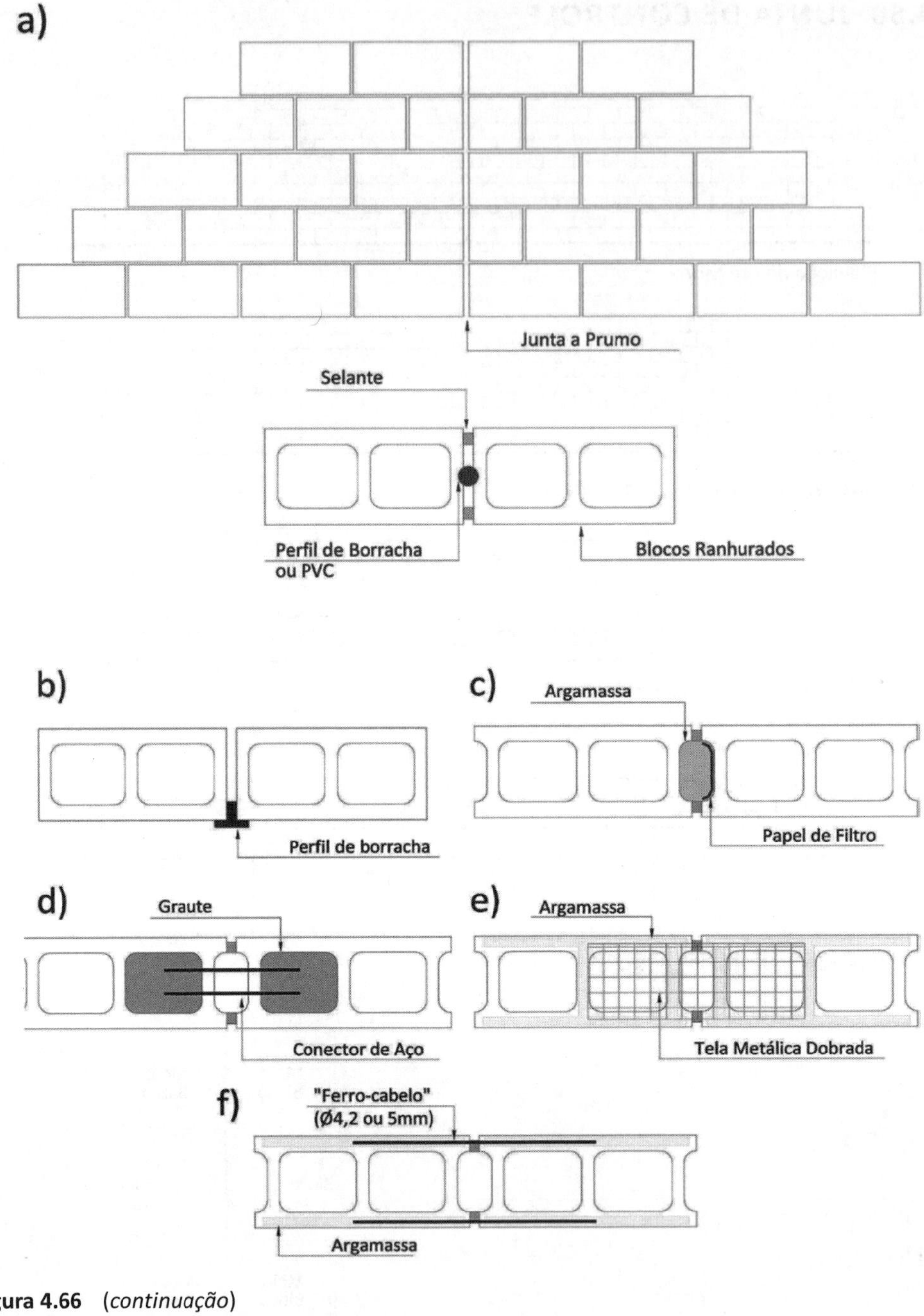

Figura 4.66 (*continuação*)

4.51 ACÚSTICA

Tabela 4.7 – Ensaios para STC[1] em paredes de 10 cm

Descrição da parede	Peso kg/m²	STC
Parede sem tratamento – bloco vazado 9 x 19 x 39	126	41
Parede com pintura em ambas as faces – bloco vazado	130	44
1 cm de argamassa de revestimento em ambas as faces	141	50

Tabela 4.8 – Ensaios para STC em paredes de 15 cm

Descrição da parede	Peso kg/m²	STC
Parede sem tratamento – bloco vazado 14 x 19 x 39	166	45
Parede com pintura em ambas as faces – bloco vazado	173	48
1 cm de argamassa de revestimento em ambas as faces	194	51

Tabela 4.9 – Ensaios para STC em paredes de 20 cm

Descrição da parede	Peso kg/m²	STC
Parede sem tratamento – bloco vazado 9 x 19 x 39	215	52
Parede com pintura em ambas as faces – bloco vazado	220	54
1cm. De argamassa em ambas as faces	222	55

As tabelas acima são válidas para frequências de 125 a 4.000 Hz.

[1] Sound Transmisson Class (STC): perda de transmissão de som; valores em decibéis.

4.52 PAREDES TERMOACÚSTICAS

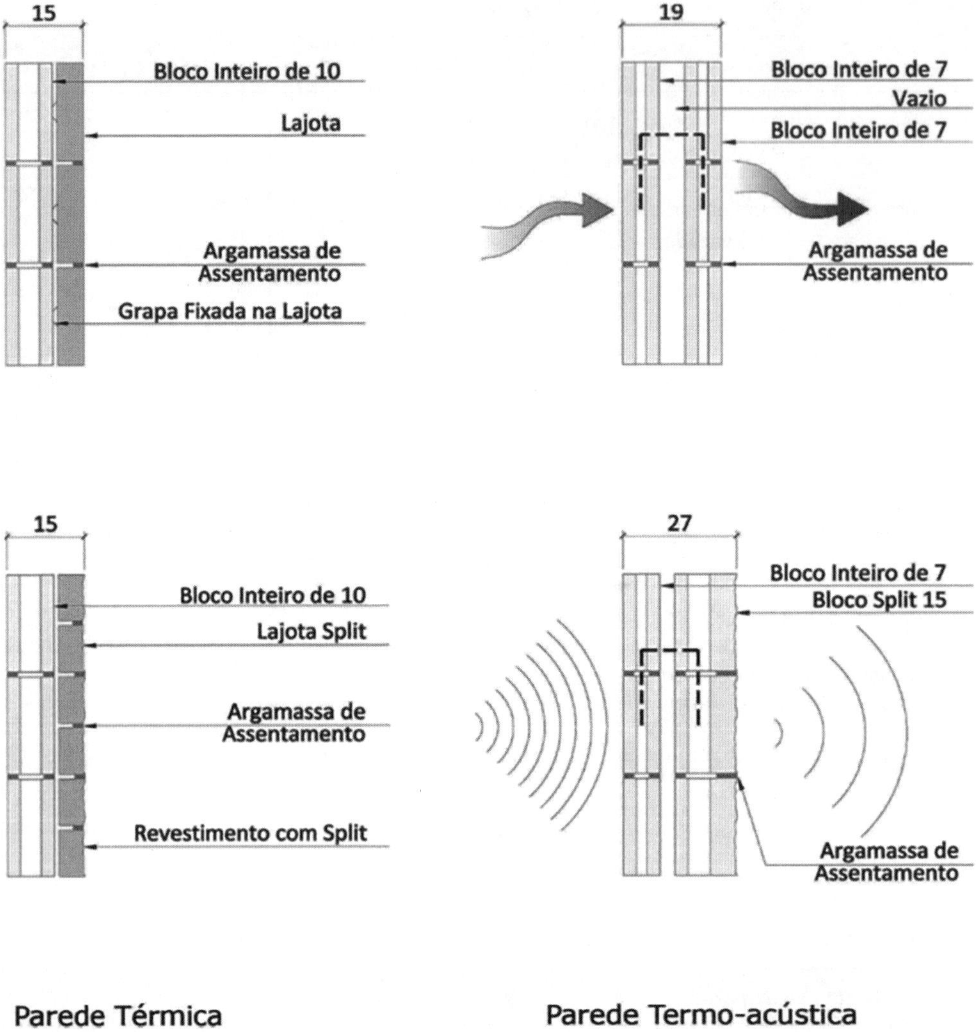

Figura 4.67

4.53 ABERTURA PARA LIMPEZA

Bloco com abertura destinada à limpeza dos pontos que serão grauteados.

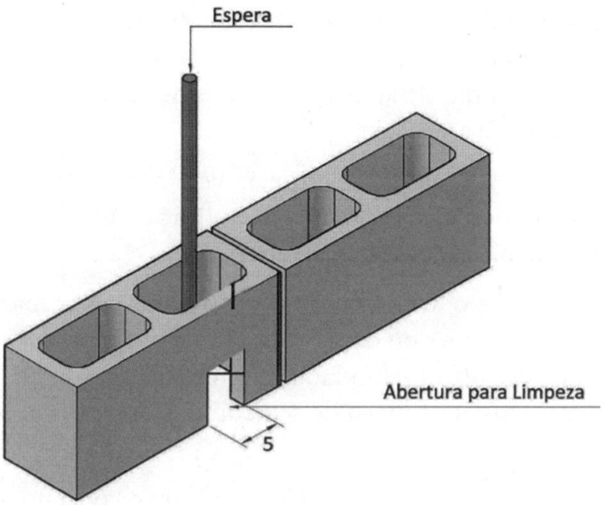

Figura 4.68

4.54 NORMAS TÉCNICAS DA ASSOCIAÇÃO BRASILEIRA DE NORMAS TÉCNICAS (ABNT)

Norma	Título
NBR 6136:2016	Blocos Vazados de Concreto Simples para Alvenaria – Requisitos
NBR 12.118/2013	Blocos Vazados de Concreto Simples para Alvenaria – Métodos de Ensaio
NBR 16522:2016	Paredes de Alvenaria Estrutural – Determinação da Resistência ao Cisalhamento
NBR 16868-1:2020 Versão Corrigida:2021	Alvenaria estrutural – Parte 1: Projeto
NBR 16868-2:2020	Alvenaria estrutural – Parte 2: Execução e controle de obras
ABNT NBR 16868-3:2020	Alvenaria estrutural – Parte 3: Métodos de ensaio
NBR 15.873/2010	Coordenação Modular para Edificações

4.55 ALVENARIAS ALTAS

4.55.1 CONSIDERAÇÕES ESTRUTURAIS

Segundo a *NBR 16.868-2020*, a análise de uma estrutura de alvenaria deve ser realizada considerando-se sempre o equilíbrio de cada um dos seus elementos e na estrutura como um todo, bem como o caminho descrito pelas ações, sejam elas verticais ou horizontais, desde o seu ponto de aplicação até a fundação, ou onde se suponha que seja o limite da estrutura de alvenaria.

O caminho descrito pelas ações, sejam elas verticais ou horizontais, deve estar claramente especificado desde o seu ponto de aplicação até a fundação, ou onde se suponha que seja o final da estrutura de alvenaria.

É muito importante que o arquiteto ou o profissional, percebam que em muitos casos de fechamentos de galpões ou obras com uso de pré-moldados de concreto, ainda que tenhamos uma estrutura reticulada, as alvenarias ao serem projetadas precisam de cálculos específicos em função de seu comportamento e a incidências de outros esforços.

Nos casos de fechamentos de grandes vãos em altura o conceito de *esbeltez* é muito importante, no entanto devemos considerar que mesmo em paredes esbeltas, o simples reforço com grautemaneto e aço pode não ser a melhor opção.

As versões mais atualizadas das normas relacionadas ao cálculo da Alvenaria com Blocos de Concreto trazem novas considerações que podem ser feitas utlizados para o cálculo, novos entendimentos quando tratamos do índice de esbeltez da parede.

A norma anterior, previa apenas duas condições de travamento da alvenaria:

- travada na base e no topo, condição (apoio-apoio): h_{ef} = altura da parede ou
- sem travamento de topo (engaste livre): $h_{ef} = 2 \times$ altura da parede,

A *NBR 16.868-1/2020* prevê como mais um critério de cálculo para o cálculo da espessura efetiva, – a alvenaria travamento nas laterais, ou seja, em todo o quadro da estrutura reticulada, concreto, metálica, madeira.

Neste caso, as paredes de travamento devem ter comprimento mínimo (calculado diminuindo-se a espessura da parede a ser travada) igual a 1/5 da altura da parede, sendo travada e no mínimo da mesma espessura desta.

Em caso de necessidade de alvenarias estruturais e alvenarias de altas sempre consultar o calculista da estrutura.

RECOMENDAÇÕES PARA AS EXECUÇÕES DAS ELEVAÇÕES

- Seguir a locação correta das armações verticais e horizontais conforme demonstrado ao lado,
- Seguir os grauteamento conforme projeto,
- Seguir com as peças conforme legenda,
- Seguir o uso de compensadores nas fiadas conforme legenda,
- Argamassa expansiva no assentamento, ajustar os espaçamentos da última fiada,
- Usar o compensador para ajustar a espessura do encunhamento,
- Usar canaleta na última fiada antes dos compensadores.
- CUIDADO com o ajuste das juntas verticais para ficarem entre 0,5cm e 1,5cm, caso não seja possível, substituir por compensadores e refazer a distribuição das peças na fiada,
- MUITA ATENÇÃO com as peças que aparecem de topo, ou seja, blocos com as laterais representadas em vista,
- ATENÇÃO REDOBRADA nas fixações dos arranques das armações, na inserção delas no topo e na manutenção dos espaçamentos das ferragens dentro doas verticais e horizontais.

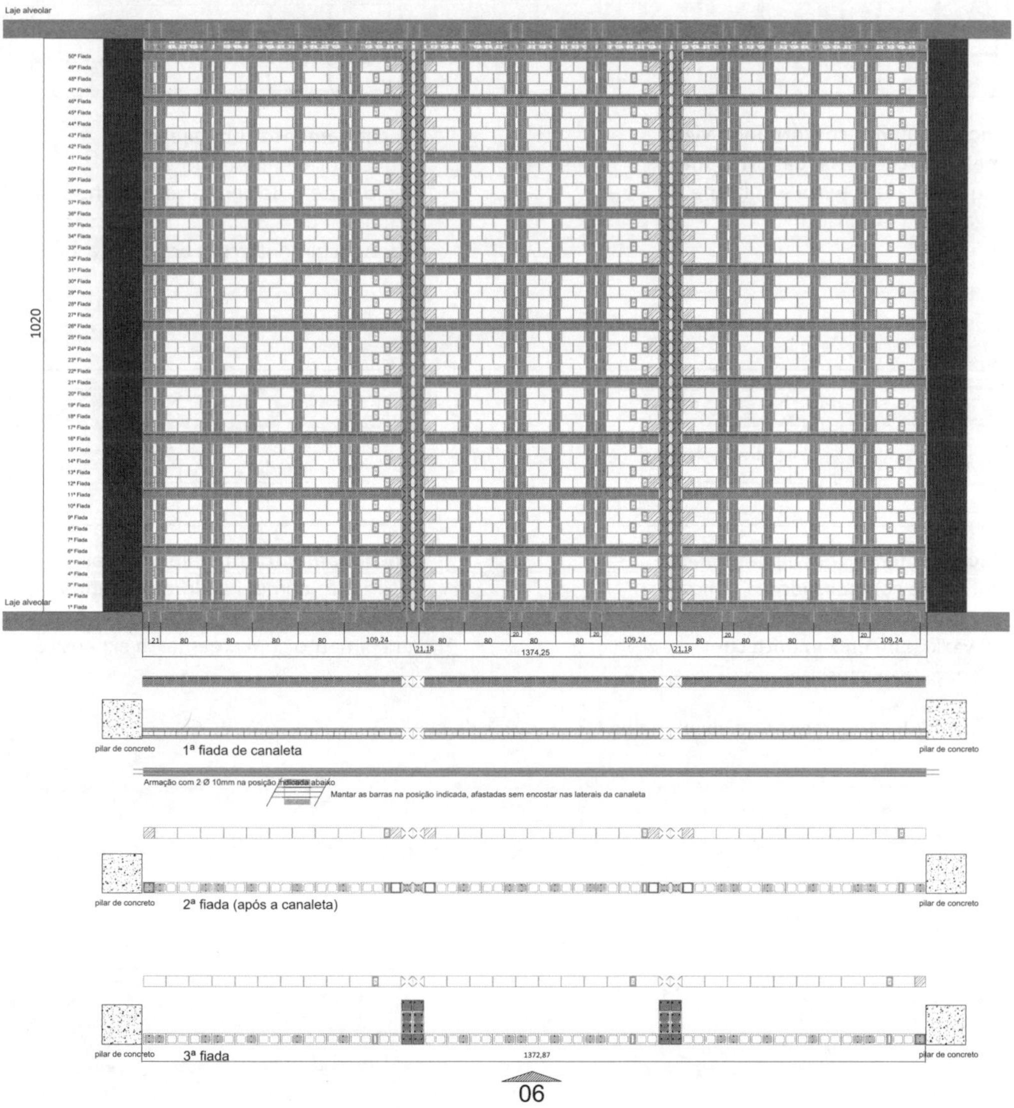

Figura 4.69 – Exemplo de alvenaria alta (acesse o qrcode para ver o arquivo dwg).

4.55.2 ENCUNHAMENTO DE ALVENARIAS DE VEDAÇÃO

O encunhamento é uma etapa muito importante para evitar o surgimento de manifestações patológicas em alvenarias, em muitos casos quando o pé-direito não está corretamente modulado, é comum o aparecimento de vão entre a última fiada e a laje ou viga existente na edificação, a não execução desta ligação de maneira adequada poderá ocasionar fissuras e trincas. Diante disso, é preciso que alguns cuidados sejam tomados na sua execução e na escolha dos seus materiais para evitar grandes problemas.

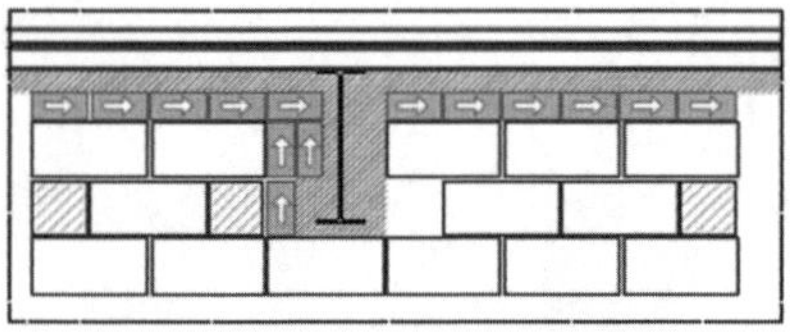

Encunhamento contornando viga metálica, contornar da forma mais esquadrejada o perfil e aplicar a argamassa expansiva.

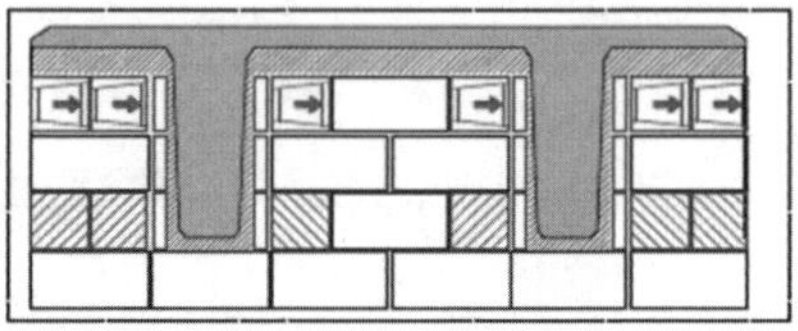

Encunhamento com laje π. Utilizar os compensadores e/ou o bloco deitado com o vazio na horizontal e manter de 1,5 cm a 3,0 cm de vazio para enchimento com argamassa.

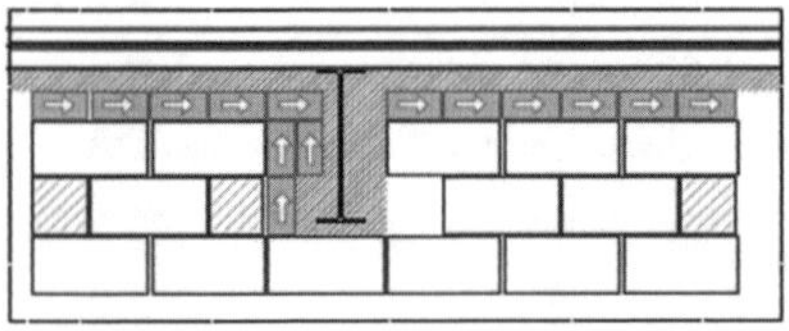

Encunhamento com laje metálica, utilizando compensadores, utilizar o bloco deitado, manter de 1,5 cm a 3,0 cm de vazio para enchimento com argamassa expansiva.

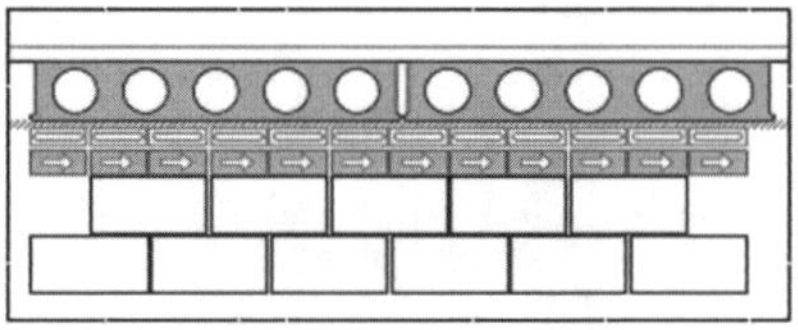

Encunhamento com laje alveolar Utilizar os compensadores e manter de 1,5 cm a 3,0 cm de vazio para enchimento com argamassa expansiva.

Figura 4.70 – Ancoragens de alvenaria na face inferior de lajes.

4.55.3 COMBINAÇÃO DE VÃOS DE ENCUNHAMENTO COM USO COMBINADO DE COMPENSADORES (CP), ARGAMASSA EXPANSÍVEL (AE) E ARGAMASSA DE ASSENTAMENTO (AA)

O encunhamento corresponde ao preenchimento do espaço entre a última fiada da alvenaria de vedação até Vigas e/ou Lajes. Desse modo, é responsável pela interação da alvenaria com a estrutura, fazendo a ligação desses dois elementos de comportamentos diferentes.

Algumas combinações e ajustes podem ser feitos durante a exceção do projeto da alvenaria que permitam que todos os vãos possam ser contemplados com um encunhamento modulado e utilizando peças normatizadas em concreto. Veja abaixo.

CP – Compensadores

AE – Argamassa expansível

AA – Argamassa de assentamento

Após a última fiada corrida de blocos, usar canaleta e garantindo a melhor ancoragem possível com o pilar ou com a alvenaria na transversal.

Vão admissíveis e encunhamento considerando a argamassa expansiva de no máximo 3 cm.

8 cm. (1 cm. de AA + CP deitado de 4 cm. + 3 cm. AE)

9 cm. (2 cm. de AA + CP deitado de 4 cm. + 3 cm. AE)

13 cm. (1 cm. de AA + CP deitado de 4 cm. + 1cm. de AA + CP deitado de 4 cm. + 3 cm. AE)

14 cm. (2 cm. de AA + CP deitado de 4 cm. + 1 cm. de AA + CP deitado de 4 cm. + 3 cm. AE)

15 cm. (2 cm. de AA + CP deitado de 4 cm. + 2 cm. de AA + CP deitado de 4 cm. + 3 cm. AE)

18 cm. (1 cm. de AA + CP deitado de 9 cm. + 1 cm. de AA + CP deitado de 4 cm. + 3 cm. AE)

19 cm. (2 cm. de AA + CP deitado de 9 cm. + 1 cm. de AA + CP deitado de 4 cm. + 3 cm. AE)

20 cm. (2 cm. de AA + CP deitado de 9 cm. + 2 cm. de AA + CP deitado de 4 cm. + 3 cm. AE)

23 cm. (1cm. de AA + bloco de 19 cm. + 3 cm. AE)

Atenção especial deve ser dada ao espaçamento do encunhamento, que deve ser próximo de 3 cm abaixo da viga ou laje.

CAPÍTULO 5
Assentamento de Blocos

5.1 PASSO A PASSO DE ASSENTAMENTO DE BLOCOS

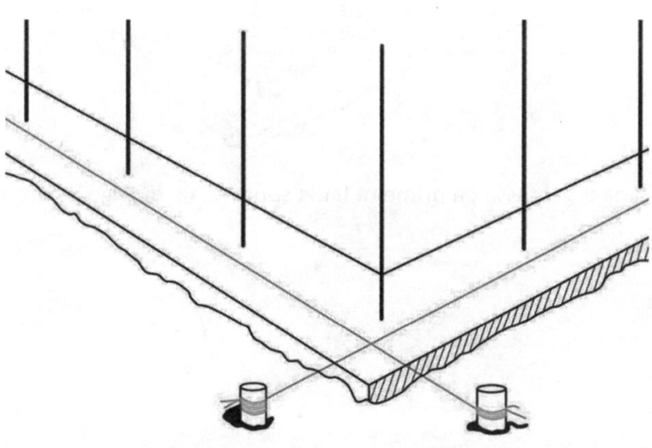

Figura 5.1 – Linha de referência para colocação dos blocos. (Crédito: Triall).

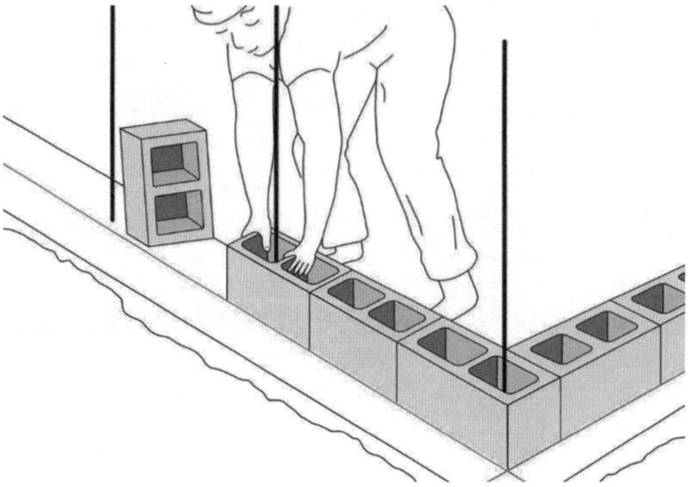

Figura 5.2 – Colocação a seco dos blocos para verificar modulação (Crédito: Triall).

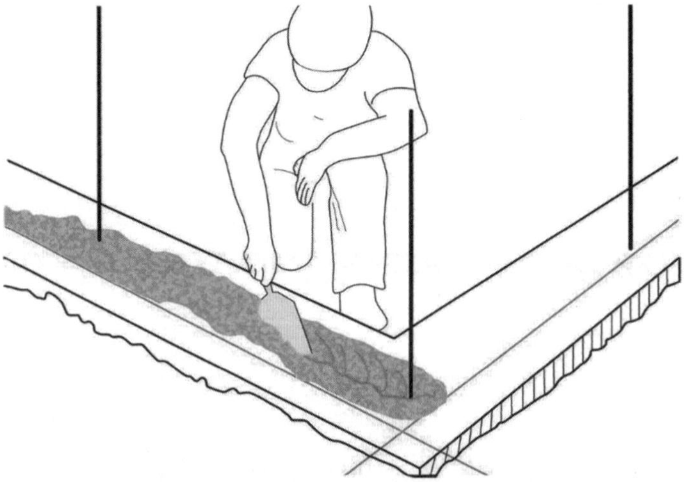

Figura 5.3 – Colocação da argamassa da primeira fiada sobre a laje ou viga baldrame (Crédito: Triall).

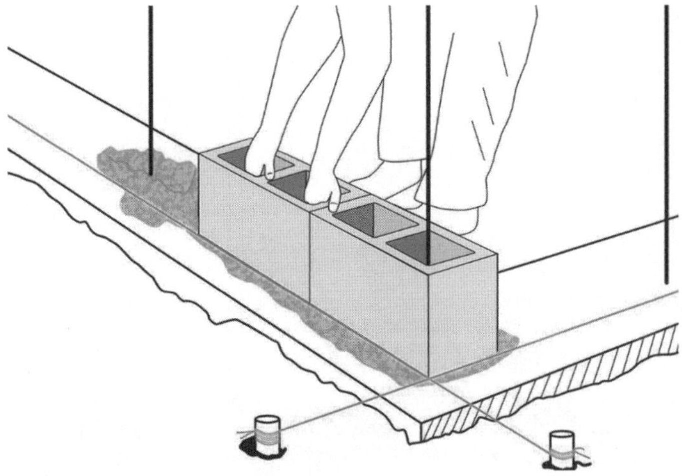

Figura 5.4 – Colocação das primeiras peças (Crédito: Triall).

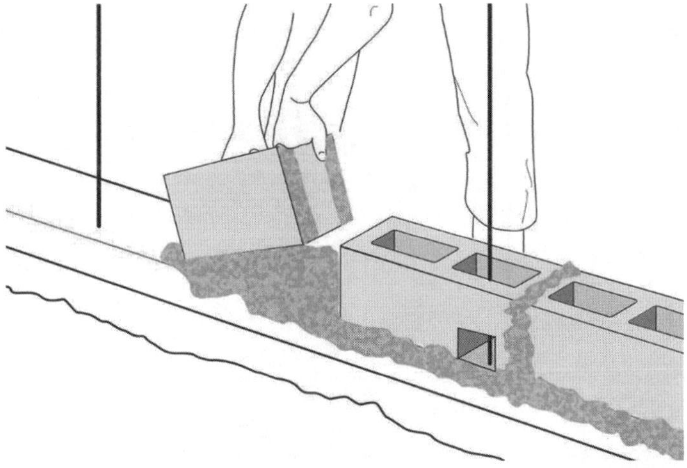

Figura 5.5 – Colocação das peças seguintes (Crédito: Triall).

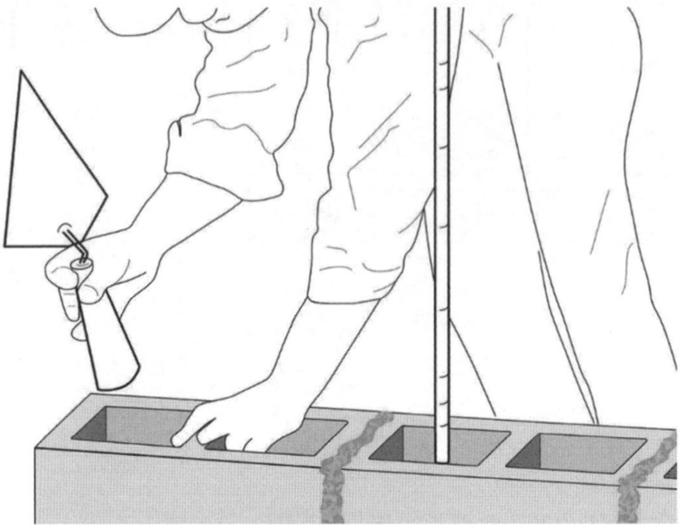

Figura 5.6 – Assentamento de um bloco (Crédito: Triall).

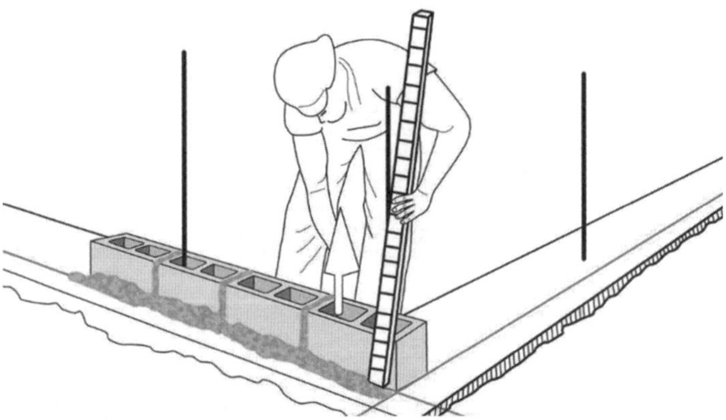

Figura 5.7 – Conferência da verticalidade (prumo) (Crédito: Triall).

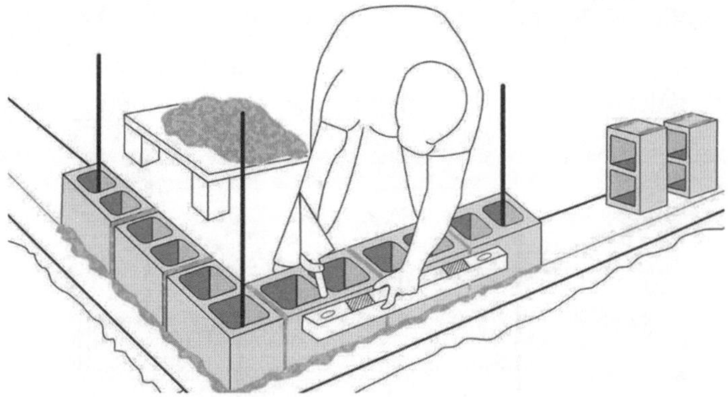

Figura 5.8 – Verificação do alinhamento (Crédito: Triall).

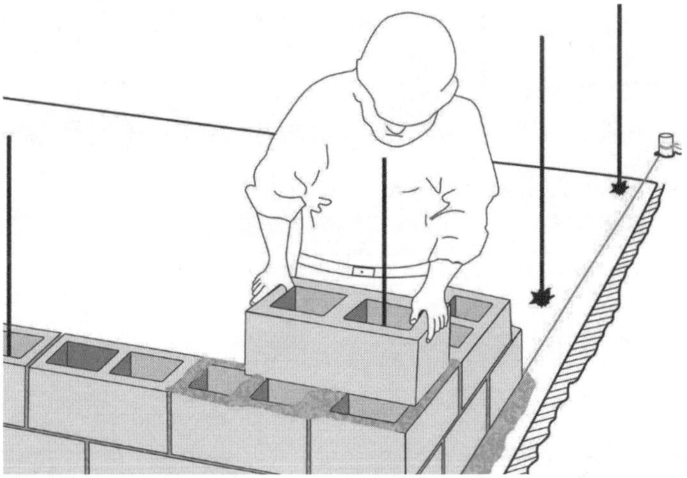

Figura 5.9 – Elevação das fiadas seguintes (Crédito: Triall).

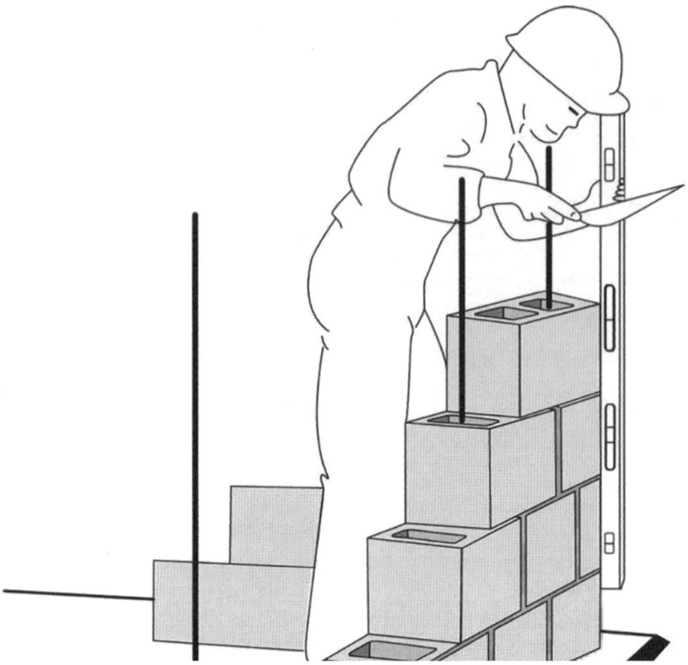

Figura 5.10 – Conferência da verticalidade (prumo) (Crédito: Triall).

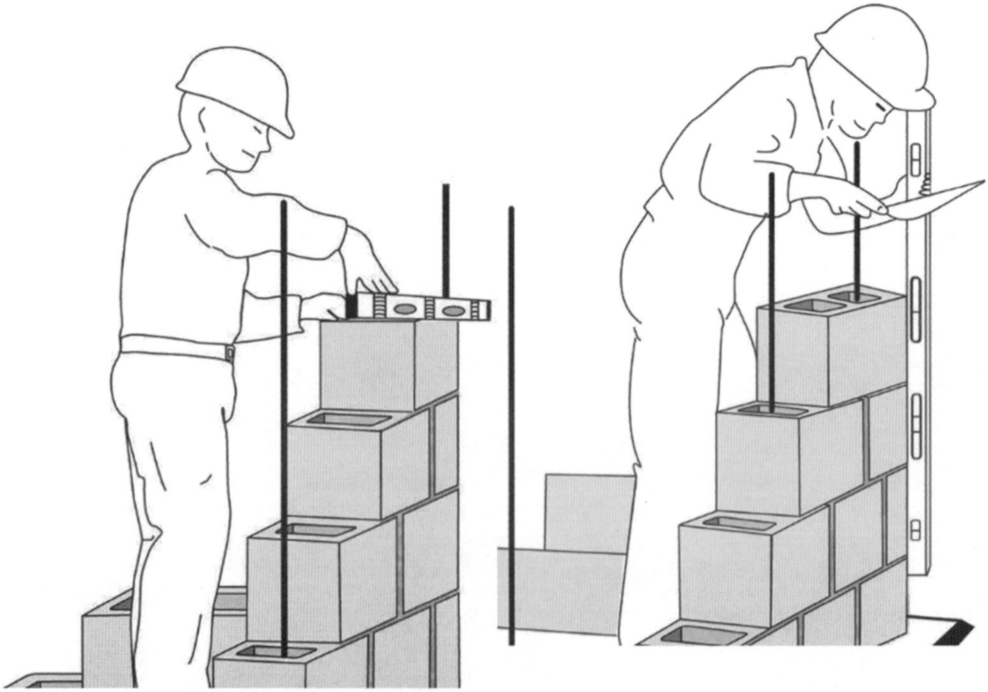

Figura 5.11 – Verificação da horizontalidade superior (nível) (Crédito: Triall).

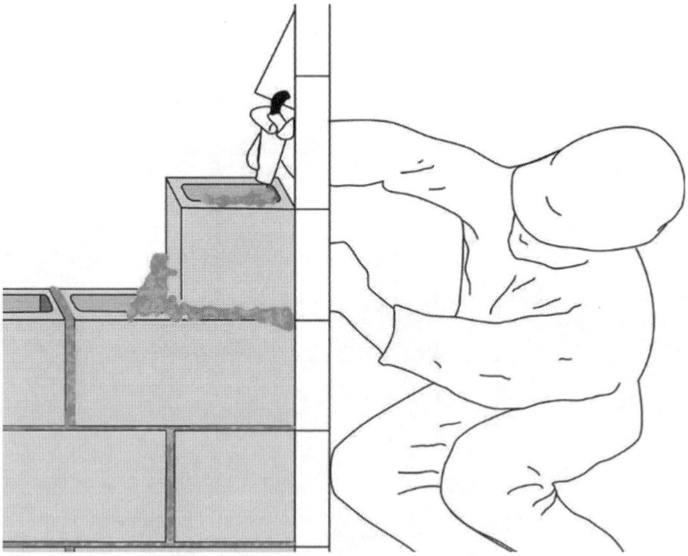

Figura 5.12 – Verificação da posição em altura (Crédito: Triall).

Figura 5.13 – Verificação do alinhamento em diagonal (Crédito: Triall).

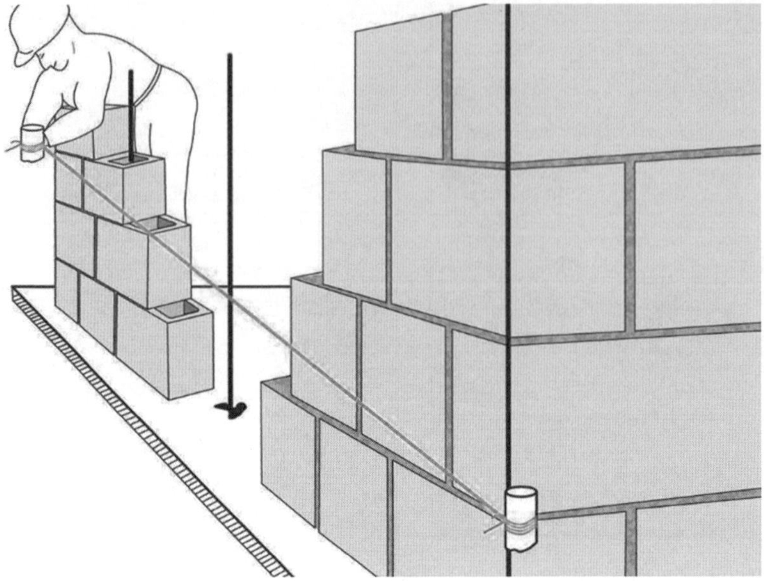

Figura 5.14 – Colocação da linha de referência para alinhamento dos blocos intermediários (Crédito: Triall).

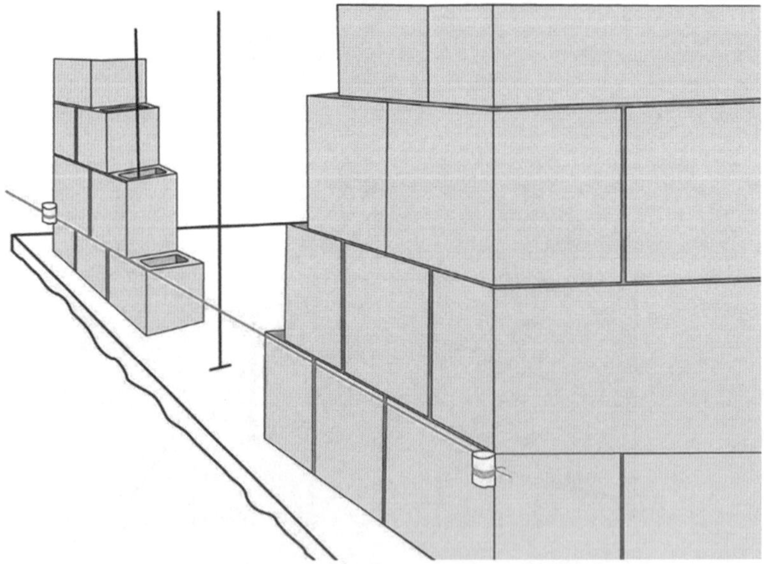

Figura 5.15 – Linha de referência em sua posição final (Crédito: Triall).

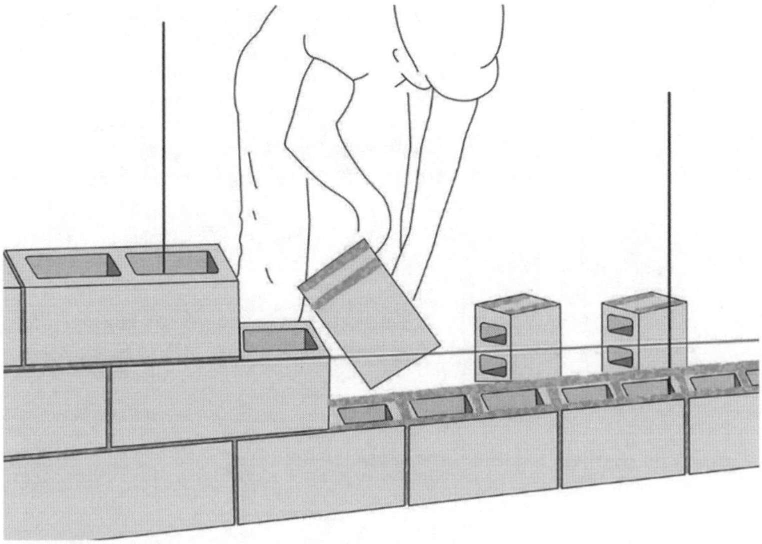

Figura 5.16 – Colocação dos blocos intermediários (Crédito: Triall).

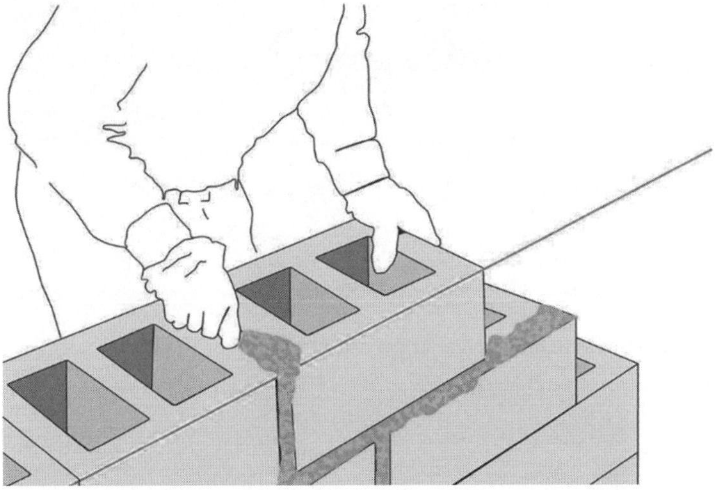

Figura 5.17 – Assentamento de um bloco (Crédito: Triall).

Figura 5.18 – Limpeza da sobra de argamassa (Crédito: Triall).

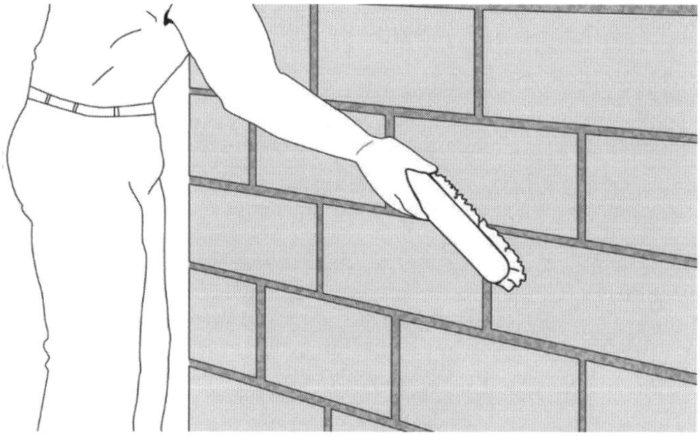

Figura 5.19 – Limpeza com escova em alvenaria aparente (Crédito: Triall).

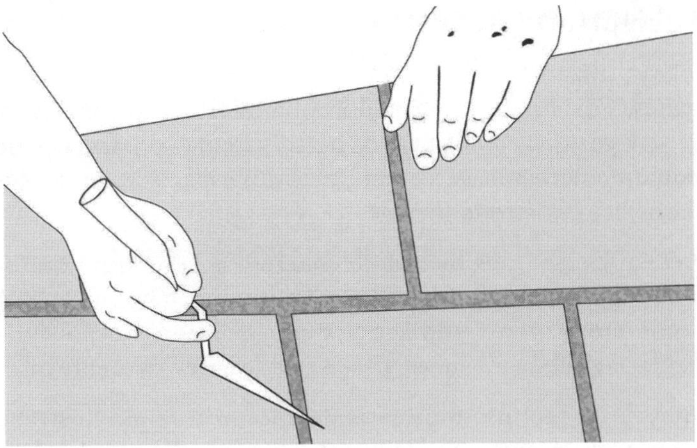

Figura 5.20 – Frisamento das juntas em alvenaria aparente (Crédito: Triall).

Figura 5.21 – Colocação do concreto graute nos furos em alvenaria armada (Crédito: Triall).

5.2 SEQUÊNCIA DE ASSENTAMENTO

A mão de obra utilizada na produção de alvenaria estrutural é constituída de pedreiros e serventes. Carpinteiros e armadores da construção convencional para execução de pilares e vigas não são utilizados nesse sistema construtivo, uma vez que as barras de aço, quando necessárias, são lançadas nos espaços vazados dos blocos pelos próprios pedreiros, não existindo formas.

Para a correta aplicação dos blocos de concreto é necessário que se explique ao pedreiro, para treiná-lo, apenas os detalhes exigidos para a boa alvenaria. A experiência de muitos anos tem demonstrado que o operário da construção civil aprende rapidamente a executar uma boa alvenaria desde que seja devidamente orientado.

Apresentamos neste capítulo uma série de fotografias para ilustrar aos pedreiros os detalhes importantes a serem seguidos nas elevações das paredes de blocos de concreto. O objetivo dessa série de fotos com legendas é fazer com que os colegas que trabalham em obras transmitam aos mestres, encarregados e aos próprios pedreiros os detalhes da melhor maneira de realizar o assentamento dos blocos de concreto.

Cabe aqui lembrar que as escolas do Serviço Nacional de Aprendizagem Industrial (Senai), que mantêm cursos de mão de obra de alvenaria, devem sempre ser contatadas para um treinamento mais extenso na formação do pedreiro assentador de blocos de concreto.

Figura 5.22 – Quando uma obra dispõe de grua ou guindaste telescópico para descarga, estocagem e transporte vertical dos materiais, o bloco de concreto deve ser entregue pelo sistema paletizado (Crédito: Marcelo Scandaroli).

Figura 5.23 – Os blocos mais usados na alvenaria estrutural (14 x 19 x 39 e 19 x 19 x 39), produzidos industrialmente com medidas modulares, arestas vivas, aspecto homogêneo e compacto (Crédito: Marcelo Scandaroli).

Figura 5.24 – No canteiro de obra os blocos são protegidos contra a umidade, evitando que sejam molhados (Crédito: Marcelo Scandaroli).

Figura 5.25 – O *pallet* de blocos é então transportado para o andar do edifício em construção (Crédito: Marcelo Scandaroli).

Figura 5.26 – Chegando ao andar, o ajudante retira o filme de polietileno utilizado como embalagem dos blocos para o transporte até a obra (Crédito: Marcelo Scandaroli).

Figura 5.27 – No andar, o ajudante abastece o pedreiro que está iniciando a marcação das paredes (Crédito: Marcelo Scandaroli).

Figura 5.28 – A primeira fiada admite uma espessura de argamassa de 1 a 2 cm para nivelamento de todas as paredes do andar (Crédito: Marcelo Scandaroli).

Figura 5.29 – Os blocos devem ser alinhados (Crédito: Marcelo Scandaroli).

Figura 5.30 – Os blocos devem ser nivelados (Crédito: Marcelo Scandaroli).

Figura 5.31 – Os blocos também precisam ser prumados (Crédito: Marcelo Scandaroli).

Figura 5.32 – As fiadas devem seguir a altura modular de 20 cm, ou seja, 19 cm da altura do bloco mais 1 cm da junta de argamassa (Crédito: Marcelo Scandaroli).

Figura 5.33 – Qualquer mudança de posição será feita antes de a argamassa endurecer (Crédito: Marcelo Scandaroli).

Figura 5.34 – Se o bloco for colocado muito fora de posição na parede, deve ser batido até alcançar sua posição correta (Crédito: Marcelo Scandaroli).

Figura 5.35 – Poderá se formar uma trinca na argamassa de assentamento, prejudicando sua aderência ao bloco (Crédito: Marcelo Scandaroli).

Figura 5.36 – O realinhamento de um bloco não deverá ser tentado depois que a fiada superior for assentada (Crédito: Marcelo Scandaroli).

Figura 5.37 – Quando se tratar de alvenaria estrutural, a argamassa deve ser espalhada também nas paredes transversais dos blocos para garantir uma perfeita transmissão do esforço do bloco superior ao inferior (Crédito: Marcelo Scandaroli).

Figura 5.38 – A argamassa deve ser estendida sobre as paredes do bloco em quantidade tal que uma certa porção é expelida ao não se ajustar o bloco na sua posição (Crédito: Marcelo Scandaroli).

Figura 5.39 – O excesso é recolhido com a colher do pedreiro, raspando-a na superfície dos blocos, evitando-se, assim, que manche a textura original (Crédito: Marcelo Scandaroli).

Figura 5.40 – Os blocos devem ser colocados em pé para receber a argamassa que comporá a junta vertical entre eles (Crédito: Marcelo Scandaroli).

Figura 5.41 – A argamassa deve ter plasticidade suficiente para aderir às juntas verticais enquanto o bloco está sendo posicionado em seu lugar (Crédito: Marcelo Scandaroli).

Figura 5.42 – O fechamento deve ser feito sem que as juntas fiquem muito estreitas nem muito largas (Crédito: Marcelo Scandaroli).

Figura 5.43 – O fechamento deve ser feito espalhando-se previamente a argamassa em todas as bordas dos blocos a serem posicionados e nas dos blocos já assentados (Crédito: Marcelo Scandaroli).

Figura 5.44 – No caso de um vão amodulado deve-se usar o compensador para preenchimento do espaço vazio (Crédito: Marcelo Scandaroli).

Figura 5.45 – Ocasionalmente, quando a junta vertical não fica cheia por uma razão ou outra, ela deve ser preenchida com argamassa adicional enquanto a argamassa da parede ainda estiver fresca e plástica (Crédito: Marcelo Scandaroli).

Figura 5.46 – As canaletas para alvenaria estrutural chegam normalmente com as paredes marcadas para serem removidas (Crédito: Marcelo Scandaroli).

Figura 5.47 – O ajudante prepara a canaleta cortando as plaquetas indicadas para entregar ao pedreiro (Crédito: Marcelo Scandaroli).

Figura 5.48 – No caso de passagem da armação vertical ou conduíte o fundo de uma ou das duas células da camada deverá ser removida (Crédito: Marcelo Scandaroli).

Figura 5.49 – As canaletas são então assentadas, aguardando a armação horizontal que será colocada dentro dela (Crédito: Marcelo Scandaroli).

Figura 5.50 – Em seguida são concretados os furos verticais que contêm armação e as canaletas (Crédito: Marcelo Scandaroli).

Figura 5.51 – A argamassa deve ser preparada em uma argamassadeira no andar (Crédito: Marcelo Scandaroli).

Figura 5.52 – A argamassa deve ter consistência firme o suficiente para suportar o peso do bloco e mantê-lo no alinhamento (Crédito: Marcelo Scandaroli).

Figura 5.53 – A argamassa deve estar mole e plástica sempre que o pedreiro for usá-la (Crédito: Marcelo Scandaroli).

Figura 5.54 – O pedreiro nunca deve usar a argamassa ressecada e caída na laje (Crédito: Marcelo Scandaroli).

Figura 5.55 – No caso de a lança da grua não atingir todo o perímetro de pavimentos muito grandes (Crédito: Marcelo Scandaroli).

Figura 5.56 – Os blocos são retirados dos *pallets* e colocados no carro apropriado para transportá-los no andar (Crédito: Marcelo Scandaroli).

Figura 5.57 – Antes do grauteamento vertical, deve-se proceder à remoção da argamassa caída durante a execução da alvenaria por meio de aberturas feitas nos blocos da primeira fiada (Crédito: Marcelo Scandaroli).

Figura 5.58 – Após a quinta ou sexta fiada, os pedreiros trabalham sobre um andaime continuando o assentamento dos blocos (Crédito: Marcelo Scandaroli).

Figura 5.59 – A preparação dos blocos elétricos que receberão as caixinhas 4" x 2" e 4" x 4" é feita com o disco de corte (Crédito: Marcelo Scandaroli).

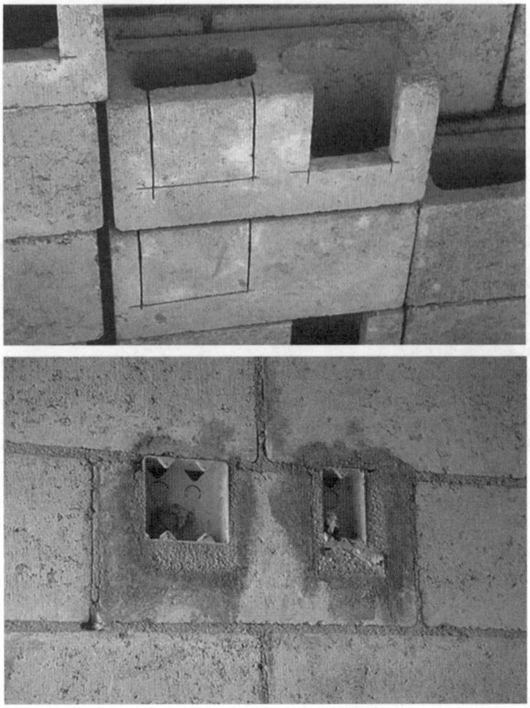

Figura 5.60 – As caixinhas são, então, chumbadas nos blocos (Crédito: Marcelo Scandaroli).

Figura 5.61 – Os vãos de portas, de módulo 22 m, podem receber uma peça pré-moldada de ajuste (Crédito: Marcelo Scandaroli).

Figura 5.62 – Deixa-se um vão modular para a colocação das caixas de mangueira de incêndio junto à prumada (coluna) d'água (Crédito: Marcelo Scandaroli).

Figura 5.63 – Normalmente, deixa-se um espaço (*shaft*) nas lajes para descida das prumadas de hidráulica que se distribuirão em uma parede de vedação no andar (Crédito: Marcelo Scandaroli).

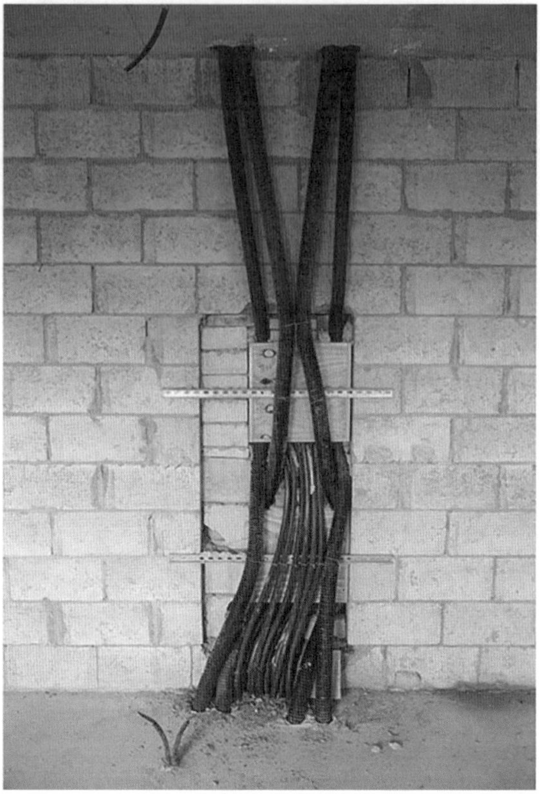

Figura 5.64 – Do mesmo modo, as prumadas elétricas e de telefonia podem correr por um *shaft* (Crédito: Marcelo Scandaroli).

Figura 5.65 – O trabalho dos pedreiros no andar é sempre precedido da colocação de uma proteção na periferia do edifício para segurança contra quedas (Crédito: Marcelo Scandaroli).

5.3 EQUIPAMENTOS ADEQUADOS PARA ALVENARIA DE BLOCO

Figura 5.66 – Carrinho porta-*pallet* para blocos (Crédito: Marcelo Scandaroli).

Figura 5.67 – Bisnaga para aplicação de argamassa de assentamento (Crédito: Marcelo Scandaroli).

Figura 5.68 – Escantilhão e régua gabarito (Crédito: Marcelo Scandaroli).

Figura 5.69 – Kit masseira e carrinho para deslocamento (Crédito: Marcelo Scandaroli).

Figura 5.70 – Balde especial para lançamento de graute (Crédito: Marcelo Scandaroli).

Figura 5.71 – Gabarito para porta (Crédito: Marcelo Scandaroli).

Figura 5.72 – Gabarito de janela (Crédito: Marcelo Scandaroli).

Figura 5.73 – Gabarito de janela (Crédito: Marcelo Scandaroli).

Figura 5.74 – Régua de nível (Crédito: Marcelo Scandaroli).

Figura 5.75 – Andaime metálico (Crédito: Marcelo Scandaroli).

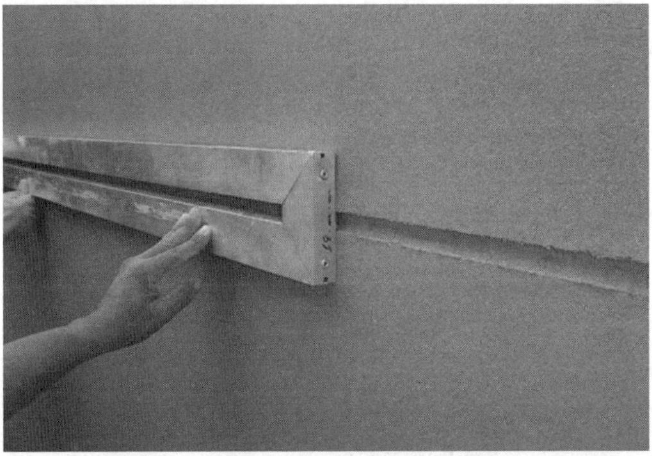

Figura 5.76 – Régua guia para frisador de argamassa de revestimento de fachada (Crédito: Marcelo Scandaroli).

CAPÍTULO 6

Manufatura e Ensaios

6.1 MANUFATURA

A manufatura de blocos vazados de concreto exige requisitos gerais e específicos dos componentes a serem utilizados em alvenaria estrutural e de vedação, de acordo com a *NBR 6136:2016* da ABNT, descrita a seguir.

6.1.1 REQUISITOS GERAIS

Classificação quanto ao uso:

Classe A: com função estrutural e resistência maior ou igual a 8 Mpa.

Classe B: com ou sem função estrutural e resistência de 4 a 8 Mpa.

Classe C: com ou sem função estrutural e resistência menor ou igual a 3 Mpa.

Observação: recomenda-se o uso de blocos com função estrutural classe C, designados M10, para edificações de no máximo um pavimento; os designados M12,5 para edificações de no máximo dois pavimentos; e os designados M15 e M20 para edificações maiores.

6.1.2 OUTROS REQUISITOS (TRECHO EXTRAÍDO DA *NBR 6136:2016 VERSÃO CORRIGIDA:2016*)

[...] 4.3.1 Os blocos devem ser fabricados e curados por processos que assegurem a obtenção de um concreto suficientemente homogêneo e compacto, de modo a atender a todas as exigências desta Norma. Os lotes devem ser identificados pelo fabricante segundo sua procedência e transportados e manipulados com as devidas precauções, para não terem sua qualidade prejudicada.

Os blocos devem ter arestas vivas e não devem apresentar trincas, fraturas ou outros defeitos que possam prejudicar o seu assentamento ou afetar a resistência e a durabilidade da construção, não sendo permitido qualquer reparo que oculte defeitos eventualmente existentes no bloco.

Por ocasião do pedido de cotação de preços, o comprador deve indicar o local da entrega do material, bem como a classe, a resistência característica à compressão, as dimensões e outras condições particulares dos blocos desejados especificados no projeto.

Para fins de fornecimentos regulares, a unidade de compra é o bloco.

6.1.3 REQUISITOS ESPECÍFICOS

Estabelece as dimensões para os blocos vazados de concreto modulares e submodulares, descritas nas tabelas 6.1 e 6.2.

Tabela 6.1 – Dimensões nominais

		Dimensões Nominais								
	Família	**20 x 40**	**15 x 40**	**15 x 30**	**12,5 x 40**	**12,5 x 25**	**12,5 x 37,5**	**10 x 40**	**10 x 30**	**7,5 x 40**
Medida Nominal	Largura	190	140		115			90		65
	Altura	190	190	190	190	190	190	190	190	190
Comprimento	Inteiro	390	390	290	390	240	365	390	290	390
	Meio	190	190	140	190	115	-	190	140	190
	2/3	-		-	-	-	240	-	190	-
	1/3	-	-	-	-		115	-	90	-
	Amarração "L"	-	340	-	-	-	-	-	-	-
	Amarração "T"	-	540	440	-	365	-	-	290	-
	Compensador A	90	90	-	90	-	-	90	-	90
	Compensador B	40	40	-	40	-	-	40	-	40
	Canaleta inteira	390	390	290	390	240	365	390	290	-
	Meia canaleta	190	190	140	190	115	-	190	140	-

NOTA 1 As tolerâncias permitidas nas dimensões dos blocos indicados nesta Tabela são de ± 2,0 mm para a largura e ± 3,0 mm para a altura e para o comprimento.

NOTA 2 Os componentes das famílias de blocos de concreto têm sua modulação determinada de acordo com a ABNT *NBR 15.873*.

NOTA 3 As dimensões da canaleta *J* devem ser definidas mediante acordo entre fornecedor e comprador, em função do projeto.

Tabela 6.2 – Designação por classe, largura dos blocos e espessura mínima das paredes dos blocos

Classe	Largura nominal mm	Paredes longitudinais a* mm	Paredes transversais	
			Paredes a* mm	Espessura equivalente b* mm/m
A	190	32	25	188
	140	25	25	188
B	190	32	25	188
	140	25	25	188
C	190	18	18	135
	140	18	18	135
	115	18	18	135
	90	18	18	135
	65	15	15	113

[a] Média das medidas das paredes tomadas no ponto mais estreito.

[b] Soma das espessuras de todas as paredes transversais aos blocos (em milímetros), dividida pelo comprimento nominal do bloco (em metros).

6.1.4 REQUISITOS FÍSICO-MECÂNICOS

Estabelece os limites de resistência mínima à compressão por classe, limites máximos de absorção média para agregados normal e leve e retração linear por secagem máxima, conforme a Tabela 6.3.

Tabela 6.3 – Requisitos para resistência característica à compressão, absorção e retração

<table>
<tr><th rowspan="3">Classificação</th><th rowspan="3">Classe</th><th rowspan="3">Resistência característica à compressão axial (a) MPa</th><th colspan="4">Absorção %</th><th rowspan="3">Retração (d) %</th></tr>
<tr><th colspan="2">Agregado normal (b)</th><th colspan="2">Agregado leve (c)</th></tr>
<tr><th>Individual</th><th>Média</th><th>Individual</th><th>Média</th></tr>
<tr><td rowspan="2">Com função estrutural</td><td>A</td><td>$f_{bk} \geq 8,0$</td><td>$\leq 9,0$</td><td>$\leq 8,0$</td><td rowspan="3">$\leq 16,0$</td><td rowspan="3">$\leq 13,0$</td><td rowspan="3">$\leq 0,065$</td></tr>
<tr><td>B</td><td>$4,0 \leq fbk < 8,0$</td><td>$\leq 10,0$</td><td>$\leq 9,0$</td></tr>
<tr><td>Com ou sem função estrutural</td><td>C</td><td>$f_{bk} \geq 3,0$</td><td>$\leq 11,0$</td><td>$\leq 10,0$</td></tr>
</table>

[a] Resistência característica à compressão axial obtida aos 28 dias.
[b] Blocos fabricados com agregado normal (ver definição na ABNT *NBR 9.935*).
[c] Blocos fabricados com agregado leve (ver definição na ABNT *NBR 9.935*).
[d] Ensaio facultativo.

A *NBR 6136:2016* também estabelece como o comprador ou seu representante legal deve organizar o tamanho da amostra, conforme a Tabela 6.4.

Tabela 6.4 – Tamanho da amostra

Quantidade de blocos do lote	Quantidade de blocos da amostra		Quantidade mínima de blocos para ensaio dimensional e resistência à compressão axial		Quantidade de blocos para ensaios de absorção e área líquida
	Prova	Contraprova	Critério estabelecido em 6.5.1 NBR 6.136	Critério estabelecido em 6.5.2 NBR 6.136	
Até 5 000	7 ou 9	7 ou 9	6	4	3
5 001 a 10 000	8 ou 11	8 ou 11	8	5	3
Acima da 10 000	9 ou 13	9 ou 13	10	6	3

Quanto aos ensaios a serem executados, deverão ser feitos de acordo com a *NBR 12118:2013*, ou seja, devem avaliar os itens a seguir:

- resistência à compressão;
- análise dimensional, absorção e área líquida;
- retração linear por secagem.

A permeabilidade máxima de cada bloco deverá ser igual à estabelecida pela *ACI 530.1*, determinada de acordo com a *ASTM E 514*. A *NBR 6136:2016* estabelece também como determinar o valor característico de resistência à compressão do bloco de duas maneiras:

- quando o valor do desvio-padrão da fábrica não é conhecido;
- quando o valor do desvio-padrão da fábrica é conhecido.

Finalmente, em seu último item a *NBR 6136:2016* estabelece os critérios de aceitação e rejeição dos lotes entregues ao comprador, indicados na Tabela 6.5.

Recomendamos aos caros leitores, fabricantes e consumidores que adquiram as normas *NBR 6136:2016* e *NBR 12118:2013* para sua leitura completa e para se manter atualizados no caso de revisões futuras.

Tabela 6.5 – Aceitação e rejeição

Disposto nas subseções NBR 6.136	Ensaio	Aceitação	Rejeição
4.3.1 e 4.3.2	Inspeção visual	$\leq$2% a	> 2 %
5.1	Dimensional	Prova ou contraprova	Contraprova b
5.3	Compressão	Prova ou contraprova	Contraprova b
5.3	Absorção	Prova ou contraprova	Contraprova b

[a] Acordo entre as partes para substituição de peças avariadas.

[b] No caso de substituição integral, em casos de blocos não aplicados e para casos de blocos aplicados na alvenaria, deve ser cumprido o contrato entre as partes.

6.1.5 CAPÍTULOS COM A NUMERAÇÕES DA NORMA 6136

4.3 Requisitos

4.3.1 Os blocos devem ser fabricados e curados por processos que assegurem a obtenção de um concreto suficientemente homogêneo e compacto, de modo a atender a todas as exigências desta Norma. Os lotes devem ser identificados pelo fabricante segundo sua procedência e transportados preferencialmente cubados ou paletizados, para não terem sua qualidade prejudicada.

4.3.2 Os blocos devem ter arestas vivas e não devem apresentar trincas, fraturas ou outros defeitos que possam prejudicar o seu assentamento ou afetar a resistência e a durabilidade da construção, não sendo permitido qualquer reparo que oculte defeitos eventualmente existentes no bloco.

5.1 Dimensões

5.1.1 As dimensões nominais dos blocos vazados de concreto, modulares e submodulares devem corresponder às dimensões constantes na tabela ??

5.1.2 A espessura mínima de qualquer parede de bloco deve atender à Tabela 2. A tolerância permitida nas dimensões das paredes é de – 1,0 mm para cada valor individual.

5.1.2 A menor dimensão do furo (Dfuro) para as classes A e B, atendidas as demais exigências desta Norma, deve obedecer aos seguintes requisitos:

D_{furo} ≥70 mm para blocos 140 mm;

D_{furo} ≥110 mm para blocos 190 mm.

NOTA Convém que os blocos classes A e B tenham mísulas de acomodação com raio (r) mínimo de 40 mm, e que os blocos classe C tenham mísulas com raio mínimo de 20 mm, com centro tomado no encontro da face externa da parede longitudinal com o eixo transversal do bloco, conforme Figura 4

5.3 Requisitos físico-mecânicos

Os blocos vazados de concreto prescritos nesta Norma devem atender aos limites de resistência, absorção e retração linear por secagem estabelecidos na Tabela 3. A resistência característica fbk deve ser determinada de acordo com a prescrição 6.4 da norma

5.3.1 Para aplicação abaixo do nível do solo, devem ser utilizados blocos Classe A.

5.3.2 Permite-se o uso de blocos com função estrutural classe C, com largura de 90 mm, para edificações de no máximo um pavimento.

5.3.3 Permite-se o uso de blocos com função estrutural classe C, com largura de 115 mm, para edificações de no máximo dois pavimentos.

5.3.4 Permite-se o uso de blocos com função estrutural classe C, com larguras de 140 mm e 190 mm, para edificações de até cinco pavimentos.

5.3.5 Os blocos com largura de 65 mm têm seu uso restrito para alvenaria sem função estrutural.

6.2 ENSAIOS

Os laboratórios de materiais de construção devem estar devidamente equipados para poder realizar ensaios de blocos vazados de concreto com e sem função estrutural, de acordo com a *NBR 12.118/2007*, que unificou as normas de ensaios existentes até então.

Os ensaios exigidos para aferição dos requisitos da norma *NBR 6.136/2007* são:

- análise dimensional;
- absorção; área bruta; área líquida;
- resistência à compressão;
- retração por secagem.

Quando o fornecedor possui marca de conformidade do Instituto Nacional de Metrologia, Normalização e Qualidade Industrial (Inmetro), para blocos de concreto estruturais e de vedação por ele fabricados, então o comprador (construtor) pode eventualmente verificar um ou outro lote desse fornecedor. Para obtenção da marca de conformidade do Inmetro – Modelo 5 para blocos vazados de concreto, o fabricante passa por auditorias regulares para aferir seu sistema de gestão *ISO 9001/2004*; ele deve enviar aos laboratórios credenciados pelo Inmetro amostragens colhidas na fábrica e em obras por técnicos do laboratório de terceira parte para os ensaios especificados na *NBR 6.136/2007*.

Assim, participam do processo:

- entidade certificadora;
- laboratório credenciado pelo Inmetro; fabricante do bloco vazado de concreto;
- os auditores da entidade certificadora;
- comissão de avaliação da entidade certificadora.

A certificação demonstra, então, que o fabricante produz os blocos vazados de concreto em conformidade com as normas brasileiras vigentes.

Além disso, existe ainda o Selo de Qualidade da Associação Brasileira de Cimento Portland (ABCP), que confere uma certificação aos produtos de fábricas, que nem sempre têm o certificado *ISO 9001/2004*, mas que são auditadas por pessoal credenciado do Inmetro, contratados pela administração do selo e também por aferição de amostras dos produtos colhidos na fábrica que requerem o selo de qualidade.

A ideia do selo de qualidade é introduzir a cultura de gestão de qualidade, por meio de melhorias contínuas na produção e comercialização dos blocos de concreto, de acordo com as normas brasileiras vigentes.

É importante lembrar ao construtor que os programas de qualidade estabelecidos pelo governo federal e por alguns estados do Brasil exigem que os materiais que estejam nos programas de qualidade (como é o caso dos blocos vazados de concreto) sejam adquiridos de fabricantes que possuam certificação do Inmetro ou selo de qualidade ABCP.

Caso o fornecedor não possua essa certificação, o construtor deverá aferir os lotes de blocos recebidos na obra, colhendo um número bem maior de amostras e, com maior frequência, certificar-se quanto à qualidade dos blocos de concreto enviados àquela obra. Os resultados dos ensaios realizados por laboratórios credenciados pelo Inmetro informarão a conformidade ou não das amostras ensaiadas.

Por último, no caso de dúvidas quanto aos resultados dos ensaios, é importante que se faça a contraprova das peças deixadas para essa finalidade, quando da coleta das amostras. Essa contraprova deverá ser feita em um segundo laboratório credenciado pelo Inmetro para dirimir dúvidas em relação ao ensaio daquela determinada amostragem.

Referências

ABNT. **coordenação modular**. [s.l: s.n.].

ASSOCIAÇÃO BRASILEIRA DE NORMAS TÉCNICAS. Cargas para o cálculo de estruturas de edificações, NBR 6120, ABNT, 2019.

ASSOCIAÇÃO BRASILEIRA DE NORMAS TÉCNICAS. Blocos vazados de concreto simples para alvenaria – Requisitos, NBR 6136, ABNT, 2016.

ASSOCIAÇÃO BRASILEIRA DE NORMAS TÉCNICAS. *ABNT NBR 6.136*: Blocos vazados de concreto simples para alvenaria – Requisitos. Rio de Janeiro: ABNT, 2016.

ASSOCIAÇÃO BRASILEIRA DE NORMAS TÉCNICAS. *ABNT NBR 12.118*: Blocos vazados de concreto simples para alvenaria – métodos de ensaio. Rio de Janeiro: ABNT, 2013.

ASSOCIAÇÃO BRASILEIRA DE NORMAS TÉCNICAS. Blocos vazados de concreto simples para alvenaria – Métodos de ensaio, NBR 12118, ABNT, 2014, 14p.

ASSOCIAÇÃO BRASILEIRA DE NORMAS TÉCNICAS. *ABNT NBR 14.321*: Paredes de Alvenaria Estrutural – Determinação da Resistência ao Cisalhamento. Rio de Janeiro: ABNT, 1999.

ASSOCIAÇÃO BRASILEIRA DE NORMAS TÉCNICAS. *ABNT NBR 14.322*: Paredes de Alvenaria Estrutural – Verificação da Resistência à Flexão Simples ou à Flexo-compressão. Rio de Janeiro: ABNT, 1999.

ASSOCIAÇÃO BRASILEIRA DE NORMAS TÉCNICAS. Componentes cerâmicos – Blocos e tijolos para alvenaria, Parte 1: Requisitos, NBR 15270-1, ABNT, 2017, 26p.

ASSOCIAÇÃO BRASILEIRA DE NORMAS TÉCNICAS. Componentes cerâmicos – Blocos e tijolos para alvenaria, Parte 2: Métodos de ensaios, NBR 15270-2, ABNT, 2017, 29p.

ASSOCIAÇÃO BRASILEIRA DE NORMAS TÉCNICAS. *ABNT NBR 15.575*: Edificações Habitacionais – desempenho. Rio de Janeiro: ABNT, 2013.

ASSOCIAÇÃO BRASILEIRA DE NORMAS TÉCNICAS. *ABNT NBR 15.575*: Edificações Habitacionais – desempenho. Rio de Janeiro: ABNT, 2021.

ASSOCIAÇÃO BRASILEIRA DE NORMAS TÉCNICAS. *ABNT NBR 15.873*: Coordenação modular para edificações. Rio de Janeiro: ABNT, 2010.

ASSOCIAÇÃO BRASILEIRA DE NORMAS TÉCNICAS. Coordenação modular para edificações, NBR 15873, ABNT, 2010, 9p.

ASSOCIAÇÃO BRASILEIRA DE NORMAS TÉCNICAS. *ABNT NBR 15.961-1*: Alvenaria Estrutural – Blocos de Concreto – Parte 1: Projeto. Rio de Janeiro: ABNT, 2011.

ASSOCIAÇÃO BRASILEIRA DE NORMAS TÉCNICAS. *ABNT NBR 15.961-2*: Alvenaria Estrutural – Blocos de Concreto – Parte 2: Execução e Controle de Obras. Rio de Janeiro: ABNT, 2011.

ASSOCIAÇÃO BRASILEIRA DE NORMAS TÉCNICAS. *ABNT NBR 16.868*: Alvenaria Estrutural. Rio de Janeiro: ABNT, 2020.

ASSOCIAÇÃO BRASILEIRA DE NORMAS TÉCNICAS. Alvenaria Estrutural, Parte 1: Projeto, NBR 16868-1, ABNT, 2020, 70p.

ASSOCIAÇÃO BRASILEIRA DE NORMAS TÉCNICAS. Alvenaria Estrutural, Parte 2: Execução e controle de obras, NBR 16868-2, ABNT, 2020, 23p.

ASSOCIAÇÃO BRASILEIRA DE NORMAS TÉCNICAS. Alvenaria Estrutural, Parte 3: Métodos de ensaio, NBR 16868-3, ABNT, 2020, 39p.

AMERICAN CONCRETE INSTITUTE. Building code requirements for masonry structures. ACI 530.

FERRAZ, N. **Guia da construção**: do canteiro ao controle de qualidade. [s.l.] Oficina de Textos, 2019.

GUILHERME ARIS PARSEKIAN; WALLISON ANGELIM MEDEIROS. **Parâmetros de projeto de alvenaria estrutural com blocos de concreto**. [s.l.] EdUFSCar, 2022.

HÉLIO ADÃO GREVEN; STAUDT, A. **Introdução à coordenação modular da construção no Brasil**. [s.l: s.n.].

PROJECT MANAGEMENT INSTITUTE. **A Guide to the Project Management Body of Knowledge (PMBOK® Guide) - Seventh Edition and The Standard for Project Management**. 7. ed. [s.l.] Project Management Institute, 2017.

PARSEKIAN, G. A.; SOARES, M. M. **Alvenaria Estrutural em Blocos Cerâmicos - projeto, execução e controle**. São Paulo, Ed. Nome da Rosa, 2010, 238p.

PARSEKIAN, G. A.; HAMID, A. A. ; DRYSDALE, R. G. **Comportamento e dimensionamento de alvenaria estrutural**. São Carlos, EDUFSCar, 2012, 625p.

RAMALHO, M. A.; CORRÊA, M. R. S. Projetos de edifícios de alvenaria estrutural. São Paulo, Ed. Pini, 2007, 174p.

RAMALHO, M. A.; CORRÊA, M. R. S. **Alvenaria Estrutural**. São Carlos, Escola de Engenharia de São Carlos, USP, Departamento de Engenharia de Estruturas, s/d.

Glossário

TERMOS E DEFINIÇÕES PARA COORDENAÇÃO MODULAR

As definições apresentadas foram extraídas da Norma de Coordenação Modular da ABNT, 15873:2010 válida a partir de 01.10.2010.

Elemento (construtivo): parte da edificação com funções específicas, constituída por um conjunto de componentes e/ou materiais de construção. Exemplos: parede, janela, escada e outros.

Componente (construtivo): unidade distinta de determinado elemento do edifício, com forma definida, medidas especificadas nas três dimensões e destinada a cumprir funções específicas. Exemplos: bloco de alvenaria, telha, painel e outros.

Material (de construção): insumo para a construção não formado como uma unidade distinta. Exemplo: areia, brita, cal, cimento e outros.

Coordenação dimensional: inter-relação de medidas de elementos e componentes construtivos e das edificações que os incorporam, usada para seu projeto, sua fabricação e sua montagem.

Coordenação modular: coordenação dimensional mediante o emprego do módulo básico ou de um multimódulo.

Módulo básico: menor unidade de medida linear da coordenação modular, representado pela letra M, cujo valor normalizado é M = 100 mm.

Multimódulo: múltiplo inteiro do módulo básico.

Espaço de coordenação: espaço necessário a um elemento ou componente construtivo, incluídas folgas para deformações e instalação, tolerâncias e materiais de união, quando for o caso.

Medida real: medida verificada diretamente no objeto singular, após sua execução/fabricação. Exemplo: painel de 58,82 x 279,10 x 8,93 cm.

Medida nominal: medida esperada de um objeto, definida antes da execução/fabricação. Exemplo: painel de 59 cm x 279 cm x 9 cm. Medida de coordenação: medida do espaço de coordenação de um elemento ou componente. Exemplo: painel de 60 cm x 280 cm x 10 cm.

Medida modular: medida de coordenação cujo valor é igual ao módulo básico ou a um multimódulo. Exemplo: painel de 6 x 28 x 1 m.

Tolerância: diferença admissível entre uma medida real e a medida nominal correspondente.

Ajuste de coordenação: diferença entre uma medida nominal e a medida de coordenação correspondente. O ajuste de coordenação garante espaço para deformações, tolerâncias e materiais de união, quando for o caso.

Elemento modular: elemento construtivo cujas medidas de coordenação são modulares.

Componente modular: componente construtivo cujas medidas de coordenação são modulares.

Conjunto modular: agrupamento de componentes construtivos que, em conjunto, resultam em medidas de coordenação modulares.

Sistema de referência modular: sistema geométrico tridimensional de n planos ortogonais no qual a distância entre quaisquer planos paralelos é igual ao módulo básico ou a um multimódulo.

Espaço amodular: espaço de medidas não modulares, adjacente a um ou mais sistemas de referência modulares.

Incremento submodular: fração do módulo básico usada quando há necessidade de um incremento menor do que o módulo básico para facilitar a coordenação modular.

Anexo

MANUAL DE DESEMPENHO

versão
ATUALIZADA E REVISADA

Agosto/2021

Associação Brasileira de Cimento Portland

ASSOCIAÇÃO **Bloco**Brasil

Sinaprocim Sinprocim FILIADO FIESP

Guia para atendimento à Norma ABNT 15575

ALVENARIA COM BLOCOS DE CONCRETO

MANUAL DE DESEMPENHO
Alvenaria com Blocos de Concreto

MANUAL DE DESEMPENHO
Alvenaria com Blocos de Concreto

Versão Revisada e Atualizada BlocoBrasil

Associação Brasileira da Indústria de Blocos de Concreto - Associação BlocoBrasil
Associação Brasileira de Cimento Portland - ABCP
Sindicato Nacional da Indústria de Produtos de Cimento - Sinaprocim

ISBN 978-85-87024-84-8

1 - **Alvenaria** 2 - **Blocos de concreto** 3 - **Desempenho**

IMAGENS MERAMENTE ILUSTRATIVAS

COORDENAÇÃO TÉCNICA E REVISÃO
- Eng. Isabela da Silva Gasques
- Eng. Manoel Roldan Antunes
- Eng. Paulo Sergio Grossi

EXECUÇÃO DOS ENSAIOS
- Instituto de Pesquisas Tecnológicas - IPT
- Universidade do Vale do Rio dos Sinos
  Instituto Tecnológico itt PERFORMANCE

AGRADECIMENTO
- Eng. Anderson Augusto de Oliveira
- Arq. Carlos Alberto Tauil
- Eng. Cláudio Oliveira Silva
- Eng. Daniel de Luccas
- Eng. Glécia Vieira

DIAGRAMAÇÃO E ILUSTRAÇÕES
- Agencia Mkt Ideas

Lista de ensaios

CAPÍTULO I
Resistência ao impacto de corpo mole

ENSAIO	TIPOLOGIA DA PAREDE ENSAIADA		RESULTADO
Ensaio 01	**Bloco Classe B** 14x19x39 cm	**Face externa:** 25 mm - Argamassa **Face interna:** 25 mm - Argamassa	720 J
Ensaio 02	**Bloco Classe C** 14x19x39 cm	**Face externa:** 25 mm - Argamassa **Face interna:** 05 mm - Gesso	720 J

CAPÍTULO II
Resistência ao impacto de corpo mole - *em obra*

ENSAIO	TIPOLOGIA DA PAREDE ENSAIADA		RESULTADO
Ensaio 01	**Bloco Classe C** 09x19x39 cm	**Face externa:** 05 mm - Gesso **Face interna:** 05 mm - Gesso	240 J
Ensaio 02	**Bloco Classe C** 14x19x39 cm	**Face externa:** 25 mm - Argamassa **Face interna:** 05 mm - Gesso	360 J

CAPÍTULO III
Resistência ao impacto de corpo duro

ENSAIO	TIPOLOGIA DA PAREDE ENSAIADA		RESULTADO
Ensaio 01	**Bloco Classe C** 14x19x39 cm	**Face externa:** 25 mm - Argamassa **Face interna:** 05 mm - Gesso	360 J

CAPÍTULO IV
Resistência às solicitações de peças suspensas

ENSAIO	TIPOLOGIA DA PAREDE ENSAIADA		RESULTADO
Ensaio 01	**Bloco Classe C** 14x19x39 cm	**Face ensaiada:** 05 mm - Gesso Bucha 08 mm comum	785 N
Ensaio 02	**Bloco Classe C** 14x19x39 cm	**Face ensaiada:** 05 mm - Gesso Bucha 08 mm FU	981 N

CAPÍTULO V
Resistência ao fogo

ENSAIO	TIPOLOGIA DA PAREDE ENSAIADA		RESULTADO
Ensaio 01	**Bloco Classe B** 14x19x39 cm	**Face exposta:** 10 mm Gesso **Face oposta:** 10 mm Gesso	CF 120 min
Ensaio 02	**Bloco Classe B** 14x19x39 cm	**Face exposta:** 15 mm Argamassa **Face oposta:** 15 mm Argamassa	CF 90 min
Ensaio 03	**Bloco Classe C** 14x19x39 cm	**Face exposta:** 15 mm Argamassa **Face oposta:** 15 mm Argamassa	CF 90 min
Ensaio 04	**Bloco Classe B** 14x19x39 cm	**Face exposta:** Chapisco + 20 mm de Argamassa **Face oposta:** Sem revestimento	CF 90 min
Ensaio 05	**Bloco Classe C** 14x19x39 cm	**Face exposta:** Chapisco + 15 mm de Argamassa **Face oposta:** Sem revestimento	CF 90 min
Ensaio 06	**Bloco Classe C** 19x19x39 cm	**Face exposta:** Chapisco + 15 mm de Argamassa **Face oposta:** Sem revestimento Vazados preenchidos com graute	CF 240 min

IMAGENS MERAMENTE ILUSTRATIVAS

MANUAL DE DESEMPENHO
Alvenaria com Blocos de Concreto

Lista de ensaios

CAPÍTULO V
Resistência ao fogo

ENSAIO	TIPOLOGIA DA PAREDE ENSAIADA		RESULTADO
Ensaio 07	**Bloco Classe C** 19x19x39 cm	**Face exposta:** Chapisco + 15 mm de Argamassa **Face oposta:** Sem revestimento	CF 120 min
Ensaio 08	**Bloco Classe C** 19x19x39 cm	**Face exposta:** 10 mm de Argamassa **Face oposta:** 25 mm de Argamassa	CF 180 min
Ensaio 09	**Bloco Classe C** 14x19x39 cm	**Face exposta:** 10 mm de Argamassa **Face oposta:** 25 mm de Argamassa	CF 120 min
Ensaio 10	**Bloco Classe C** 19x19x39 cm	**Face exposta:** 10 mm de Argamassa **Face oposta:** 25 mm de Argamassa Vazados preenchidos com areia	CF 240 min
Ensaio 11	**Bloco Classe B** 14x19x39 cm	**Face exposta:** Chapisco + 15 mm de Argamassa **Face oposta:** Chapisco + 15 mm de Argamassa	CF 180 min
Ensaio 12	**Bloco Classe A** 14x19x39 cm	**Face exposta:** Sem revestimento **Face oposta:** Sem revestimento	CF 60 min

CAPÍTULO VI
Desempenho Térmico - *Método Simplificado*

ENSAIO	TIPOLOGIA DA PAREDE ENSAIADA		RESULTADO
Ensaio 01	**Bloco Classe B** 14x19x39 cm	**Face externa:** 25 mm de Argamassa **Face interna:** 05 mm de Gesso	U = 2,70 W/m2.K CT = 194 KJ/m2.K

CAPÍTULO VII
Desempenho Térmico - *Método Detalhado*

ENSAIO	TIPOLOGIA DA PAREDE ENSAIADA		RESULTADO
Ensaio 01	**Bloco Classe B** 14x19x39 cm	**Face externa:** 25 mm de Argamassa **Face interna:** 05 mm de Gesso	**Verão:** Z1 intermediário Z2 mínimo **Inverno:** Z1 mínimo Z2 intermediário
Ensaio 02	**Bloco Classe C** 14x19x39 cm	**Face externa:** 25 mm de Argamassa **Face interna:** 05 mm de Gesso	**Verão:** Z1 intermediário Z2 mínimo **Inverno:** Z1 mínimo Z2 intermediário

CAPÍTULO VIII
Desempenho Acústico

ENSAIO	TIPOLOGIA DA PAREDE ENSAIADA		RESULTADO
Ensaio 01	**Bloco Classe C** 14x19x39 cm	**Face interna:** 05 mm de Gesso **Face externa:** 05 mm de Gesso	38 dB
Ensaio 02	**Bloco Classe C** 14x19x39 cm	**Face interna:** 22 mm de Argamassa **Face externa:** 22 mm de Argamassa	43 dB
Ensaio 03	**Bloco Classe B** 14x19x39 cm	**Face interna:** 19 mm de Argamassa **Face externa:** 19 mm de Argamassa	48 dB

IMAGENS MERAMENTE ILUSTRATIVAS

Lista de ensaios

CAPÍTULO VIII
Desempenho Acústico

ENSAIO	TIPOLOGIA DA PAREDE ENSAIADA		RESULTADO
Ensaio 04	**Bloco Classe B** 14x19x39 cm	**Face interna:** 29 mm de Argamassa **Face externa:** 29 mm de Argamassa	**50 dB**
Ensaio 05	**Bloco Classe C** 19x19x39 cm	**Face interna:** 25 mm de Argamassa **Face externa:** 25 mm de Argamassa	**44 dB**
Ensaio 06	**Bloco Classe A** 14x19x39 cm	Sem revestimento	**46 dB**
Ensaio 07	**Bloco Classe A** 14x19x39 cm	**Face interna:** 16 mm de Argamassa **Face externa:** 16 mm de Argamassa	**48 dB**
Ensaio 08	**Bloco Classe A** 19x19x39 cm	Sem revestimento	**47 dB**
Ensaio 09	**Bloco Classe A** 19x19x39 cm	**Face interna:** 10 mm de Gesso **Face externa:** 10 mm de Gesso	**48 dB**

CAPÍTULO IX
Ações transmitidas por porta

ENSAIO	TIPOLOGIA DA PAREDE ENSAIADA		RESULTADO
Ensaio 01	**Bloco Classe C** 14x19x39 cm	Sem revestimento | **Fixação da porta:** Parafuso e bucha S12 + espuma expansiva	**Atende ao critério**
Ensaio 02	**Bloco Classe C** 14x19x39 cm	Sem revestimento | **Fixação da porta:** Espuma expansiva aplicada em três trechos	**Atende ao critério**
Ensaio 03	**Bloco Classe C** 14x19x39 cm	Sem revestimento | **Fixação da porta:** Espuma expansiva aplicada com lata ao longo das duas ombreiras do marco	**Atende ao critério**
Ensaio 04	**Bloco Classe C** 14x19x39 cm	Sem revestimento | **Fixação da porta:** Espuma expansiva aplicada com pistola ao longo das duas ombreiras do marco	**Atende ao critério**

CAPÍTULO X
Durabilidade e Choque Térmico

ENSAIO	TIPOLOGIA DA PAREDE ENSAIADA		RESULTADO
Ensaio 01	**Bloco Classe C** 14x19x39 cm	**Face externa:** 25 mm (chapisco + argamassa industrializada) e pintura com tinta acrílica fosca na cor branca. **Face interna:** Gesso com espessura de 5 mm	**Atende ao critério**

CAPÍTULO XI
Estanqueidade

ENSAIO	TIPOLOGIA DA PAREDE ENSAIADA		RESULTADO
Ensaio 01	**Bloco Classe C** 14x19x39 cm	**Face interna:** 15 mm de gesso **Face externa:** 16 mm de monocamada na cor branca	**Atende ao critério**
Ensaio 02	**Bloco Classe C** 14x19x39 cm	**Face interna:** 5 mm de gesso **Face externa:** chapisco + 25 mm de Argamassa + pintura acrílica fosca	**Atende ao critério**

IMAGENS MERAMENTE ILUSTRATIVAS

CAPÍTULO I

RESISTÊNCIA AO IMPACTO DE CORPO MOLE

ENSAIO	TIPOLOGIA DA PAREDE ENSAIADA		RESULTADO
Ensaio 01	**Bloco Classe B** 14x19x39 cm	**Face externa:** 25 mm - Argamassa **Face interna:** 25 mm - Argamassa	**720 J**
Ensaio 02	**Bloco Classe C** 14x19x39 cm	**Face externa:** 25 mm - Argamassa **Face interna:** 05 mm - Gesso	**720 J**

Ficha de desempenho
RESISTÊNCIA AO IMPACTO DE CORPO MOLE
Parede com função estrutural

ENSAIO 01

MANUAL DE DESEMPENHO
Alvenaria com Blocos de Concreto

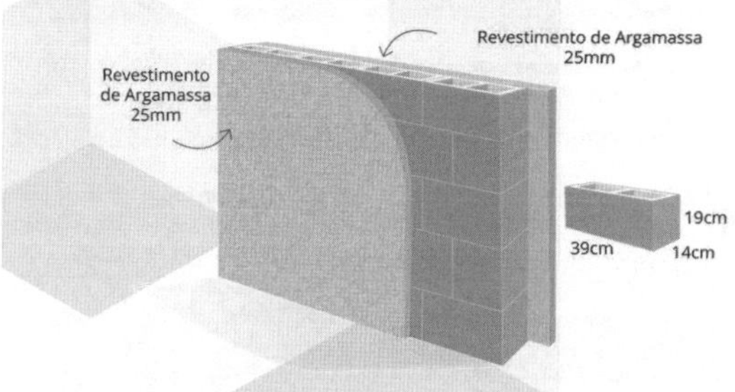

Resultados extraídos do relatório de ensaio executado pelo IPT (Instituto de Pesquisas Tecnológicas)	
Relatório	**RE 1.084.718-203**
Norma técnica	**ABNT NBR 15575-4**

IMAGENS MERAMENTE ILUSTRATIVAS

Elemento ensaiado			
 Face de impacto 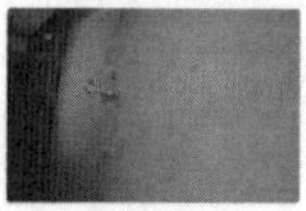 Face oposta	**Bloco de concreto**	**Classe de Resistência**	Classe B
		Dimensões (cm)	14 x 19 x 39
		Espessura média das paredes (mm)	26,0
		Resistência à Compressão (MPa)	5,1
	Dimensões da parede	370 x 260 x 18 cm	
	Montagem	Em pórtico de aço, com travamento nas extreminadades horizontais. As extremidades da parede receberam elementos enrijecedores (blocos assentados na posição transversal, preenchidos com graute e colocação de duas barras de aço na argamassa de assentamento a cada três fiadas de blocos - "ferro cabelo") simulando a amarração com uma parede transversal ou um pilar.	
	Assentamento dos Blocos (a)	Argamassa industrializada; juntas amarradas de 10mm; preenchimento das juntas verticais e horizontais.	
	Revestimento (b)	A face de impacto foi revestida com argamassa industrializada com 25mm de espessura. A face oposta foi revestida com argamassa industrializada com 25 mm de espessura.	
	Argamassa	(a),(b) Assentamento e revestimento: Resistência à compressão média: 8,9 MPa.	
	Cura	28 dias de cura após o assentamento e revestimento para a execução dos ensaios.	
Local de Impacto	Face revestida com argamassa		

Energia de impacto de corpo mole (J)	Deslocamentos (mm)		Observações do ensaio	Critério de desempenho ABNT NBR 15575-4 - tab. 6 Vedações verticais de casas térreas, sem função estrutural externas (fachadas)
	Instantâneos	Residual		
120	0	0	Nada a relatar	Não ocorrência de falhas
180	0	0	Nada a acrescentar	Não ocorrência de falhas
240	0	0	Nada a acrescentar	Não ocorrência de falhas Limite de deslocamento horizontais: $dh \leq h/250$ $dhr \leq h/1250$
360	0	0	Nada a acrescentar	Não ocorrência de falhas
480	1	0	Nada a acrescentar	Não ocorrência de ruptura
720	1	0	Nada a acrescentar	

Esta ficha de desempenho apresenta um resumo dos resultados obtidos no ensaio. O relatório de ensaio completo está disponível na BlocoBrasil e poderá ser consultado pelos Associados da entidade. Os Blocos ensaiados possuem o Selo de Qualidade ABCP.

Ficha de desempenho
RESISTÊNCIA AO IMPACTO DE CORPO MOLE
Parede sem função estrutural

ENSAIO 02

MANUAL DE DESEMPENHO
Alvenaria com Blocos de Concreto

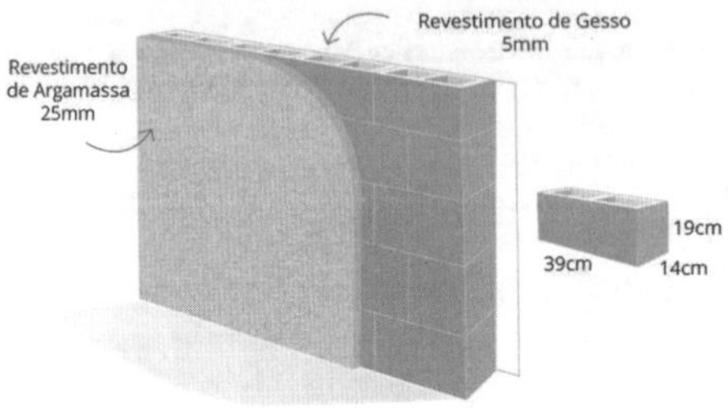

Resultados extraídos do relatório de ensaio executado pelo IPT (Instituto de Pesquisas Tecnológicas)	
Relatório	**RE 1.074.051-203**
Norma técnica	**ABNT NBR 15575-4**

Elemento ensaiado			
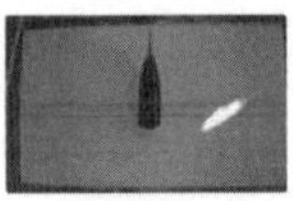 Face de impacto  Face oposta	**Bloco de concreto**	**Classe de Resistência**	Classe C
		Dimensões (cm)	14 x 19 x 39
		Espessura média das paredes (mm)	19,7
		Resistência à Compressão (MPa)	4,6
	Dimensões da parede	422 x 260 x 16,5 cm	
	Montagem	Em pórtico de aço, com travamento nas extreminadades horizontais. As extremidades verticais da parede não receberam qualquer tipo de fixação.	
	Assentamento dos Blocos (a)	Argamassa industrializada; juntas amarradas de 10mm; preenchimento das juntas verticais e horizontais.	
	Revestimento (b)	A face de impacto foi revestida com argamassa industrializada com 25mm de espessura. A face oposta foi revestida com gesso com 5mm de espessura.	
	Argamassa	(a),(b) Assentamento e revestimento: Resistência à compressão média: 8,9 MPa.	
	Cura	28 dias de cura após o assentamento e revestimento para a execução dos ensaios.	
Local de Impacto	Face revestida com argamassa		

Energia de impacto de corpo mole (J)	Deslocamentos (mm)		Observações do ensaio	Critério de desempenho ABNT NBR 15575-4 - tab. 6 Vedações verticais de casas térreas, sem função estrutural externas (fachadas)
	Instantâneos	Residual		
120	1	0	Nada a relatar	Não ocorrência de falhas
180	1	0	Aparecimento de fissura no revestimento na face de impacto	Não ocorrência de falhas
240	2	0	Aparecimento de fissura no revestimento na face de impacto	Não ocorrência de falhas Limite de deslocamento horizontais: dh ≤ h/250 dhr ≤ h/1250
360	4	0	Nada a relatar	Não ocorrência de ruína
480	5	0	Aumento das fissuras existentes	
720	8	1	Aumento das fissuras existentes Aparecimento de fissura no revestimento da face oposta	-

IMAGENS MERAMENTE ILUSTRATIVAS

Esta ficha de desempenho apresenta um resumo dos resultados obtidos no ensaio. O relatório de ensaio completo está disponível na BlocoBrasil e poderá ser consultado pelos Associados da entidade. Os Blocos ensaiados possuem o Selo de Qualidade ABCP.

CAPÍTULO II

RESISTÊNCIA AO IMPACTO DE CORPO MOLE - em obra

ENSAIO	TIPOLOGIA DA PAREDE ENSAIADA		RESULTADO
Ensaio 01	**Bloco Classe C** 09x19x39 cm	**Face externa:** 05 mm - Gesso **Face interna:** 05 mm - Gesso	**240 J**
Ensaio 02	**Bloco Classe C** 14x19x39 cm	**Face externa:** 25 mm - Argamassa **Face interna:** 05 mm - Gesso	**360 J**

Ficha de desempenho
RESISTÊNCIA AO IMPACTO DE CORPO MOLE - EM OBRA
Parede sem função estrutural

ENSAIO 01

MANUAL DE DESEMPENHO
Alvenaria com Blocos de Concreto

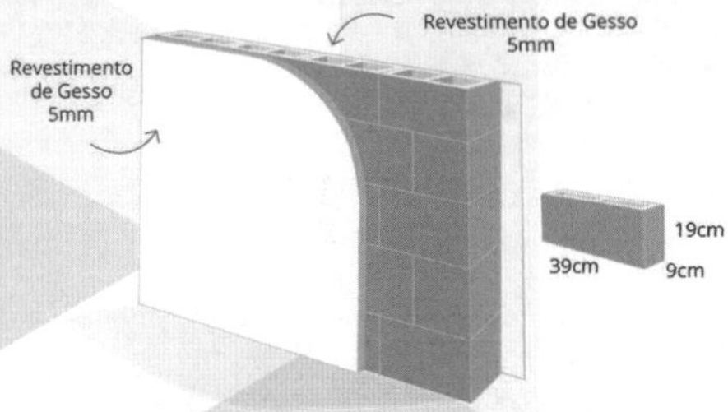

Resultados extraídos do relatório de ensaio executado pelo IPT (Instituto de Pesquisas Tecnológicas)	
Relatório	**RE 1.107.222-203**
Norma técnica	**ABNT NBR 15575-4**

Elemento ensaiado

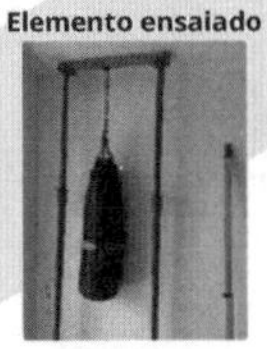

Face de impacto

Face oposta

Bloco de concreto	Classe de Resistência	Classe C
	Dimensões (cm)	9 x 19 x 39
Dimensões da parede	Não consta no relatório	
Assentamento dos Blocos (a)	Argamassa industrializada; juntas amarradas de 10 mm; preenchimento das juntas verticais e horizontais.	
Revestimento (b)	Gesso em ambas as faces com espessura nominal de 5 mm em cada face.	
Cura	Ensaio realizado com mais de 28 dias após assentamento e revestimento para execução dos ensaios.	

IMAGENS MERAMENTE ILUSTRATIVAS

Energia de impacto de corpo mole (J)	**Deslocamentos (mm)**		**Observações do ensaio**	**Critério de desempenho ABNT NBR 15575-4 - tab. 6** Vedações verticais de casas térreas, sem função estrutural externas (fachadas)
	Instantâneos	**Residual**		
60	0	0	Nada a relatar	Não ocorrência de falhas
120	1	0	Nada a relatar	Não ocorrência de ruína São permitidas falhas localizadas
180	1	0	Nada a relatar	São permitidas falhas localizadas
240	1	1	Nada a relatar	Não ocorrência de ruína

O ensaio de impactos de corpo mole em sistemas de vedação vertical interna sem função estrutural, considerando as energias apresentadas acima, para os níveis mínimo, intermediário e superior, atende aos requisitos da Tabela F.2 da NBR 15575-4.

Esta ficha de desempenho apresenta um resumo dos resultados obtidos no ensaio. O relatório de ensaio completo está disponível na BlocoBrasil e poderá ser consultado pelos Associados da entidade. Os Blocos ensaiados possuem o Selo de Qualidade ABCP.

Ficha de desempenho
RESISTÊNCIA AO IMPACTO DE CORPO MOLE - EM OBRA
Parede sem função estrutural

ENSAIO 02

MANUAL DE DESEMPENHO
Alvenaria com Blocos de Concreto

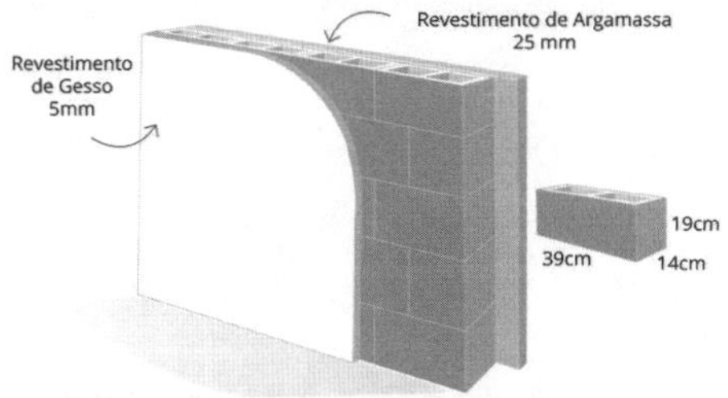

Resultados extraídos do relatório de ensaio executado pelo IPT (Instituto de Pesquisas Tecnológicas)	
Relatório	**RE 1.107.223-203**
Norma técnica	**ABNT NBR 15575-4**

Elemento ensaiado

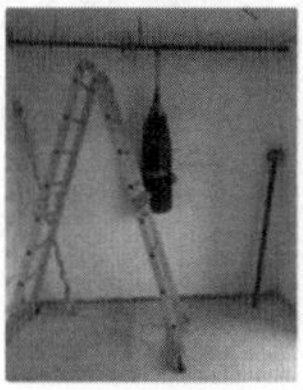

Face de impacto

Bloco de concreto	Classe de Resistência	Classe C
	Dimensões (cm)	14 x 19 x 39
Dimensões da parede	Não consta no relatório	
Assentamento dos Blocos (a)	Argamassa industrializada; juntas amarradas de 10 mm; preenchimento das juntas verticais e horizontais.	
Revestimento (b)	Gesso na face interna com espessura nominal de 5mm e revestimento de argamassa industrializada na face externa com espessura nominal de 25mm.	
Cura	Ensaio realizado com mais de 28 dias após assentamento e revestimento para execução dos ensaios.	

Local de Impacto: Face interna revestida com gesso

IMAGENS MERAMENTE ILUSTRATIVAS

Energia de impacto de corpo mole (J)	Deslocamentos (mm)		Observações do ensaio	Critério de desempenho ABNT NBR 15575-4 - tab. 6 Vedações verticais de casas térreas, sem função estrutural externas (fachadas)
	Instantâneos	Residual		
120	0	0	Nada a relatar	Não ocorrência de falhas (estado limite de serviço) Limite de deslocamento horizontais: dh ≤ h/125 dhr ≤ h/625
180	(*)	(*)	Nada a relatar	Não ocorrência de ruptura nem o transpasse da parede pelo corpo percussor de impacto (estado limite último)
360	(*)	(*)	Nada a relatar	

(*) retirada do registrador devido a problemas na fixação.

Nível de desempenho de acordo com a NBR 15575: Mínimo

Esta ficha de desempenho apresenta um resumo dos resultados obtidos no ensaio. O relatório de ensaio completo está disponível na BlocoBrasil e poderá ser consultado pelos Associados da entidade. Os Blocos ensaiados possuem o Selo de Qualidade ABCP.

CAPÍTULO III

RESISTÊNCIA AO IMPACTO DE CORPO DURO

ENSAIO	TIPOLOGIA DA PAREDE ENSAIADA		RESULTADO
Ensaio 01	**Bloco Classe C** 14x19x39 cm	**Face externa:** 25 mm - Argamassa **Face interna:** 05 mm - Gesso	**360 J**

Ficha de desempenho

RESISTÊNCIA AO IMPACTO DE CORPO DURO

Parede sem função estrutural

ENSAIO 01

MANUAL DE DESEMPENHO
Alvenaria com Blocos de Concreto

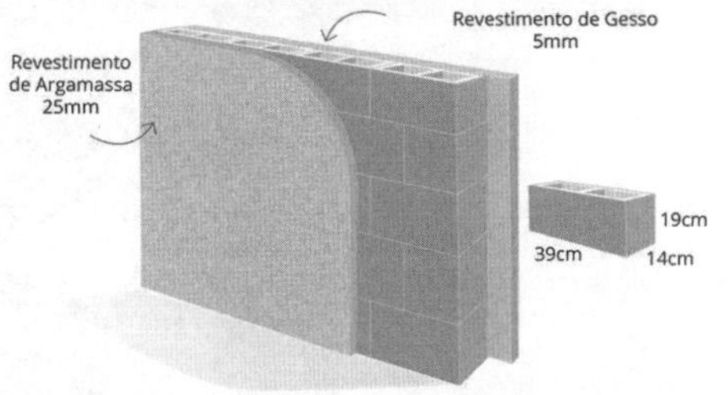

Resultados extraídos do relatório de ensaio executado pelo IPT (Instituto de Pesquisas Tecnológicas)	
Relatório	**RE 1.074.051-203**
Norma técnica	**ABNT NBR 15575-4**

Elemento ensaiado

Face de impacto externo

Pontos de ensaio

Bloco de concreto	Classe de Resistência	Classe C
	Dimensões (cm)	14 x 19 x 39
	Espessura média das paredes (mm)	19,7
	Resistência à Compressão (MPa)	4,6
Dimensões da parede	422 x 260 x 16,5 cm	
Montagem	Em pórtico de aço, com travamento nas extreminadades horizontais. As extremidades verticais da parede não receberam qualquer tipo de fixação.	
Assentamento dos Blocos (a)	Argamassa industrializada; juntas amarradas de 10mm; preenchimento das juntas verticais e horizontais.	
Revestimento (b)	A face de impacto foi revestida com argamassa industrializada com 25mm de espessura. A face oposta foi revestida com gesso com 5mm de espessura.	
Argamassa	(a),(b) Assentamento e revestimento: Resistência à compressão média: 8,9 MPa.	
Cura	28 dias de cura após o assentamento e revestimento para a execução dos ensaios.	

Local de impacto	Energia de Impacto de corpo duro (J)	Observações do ensaio	Critério de desempenho ABNT NBR 15575-4 - tab. 6
Impacto externo (acesso externo do público) Face revestida com argamassa 25mm	3,75	Nada a relatar	Não ocorrência de falhas inclusive no revestimento
	20	Nada a relatar	Não ocorrência de ruptura e traspassamento
Impacto interno (todos os pavimentos) Face revestida com gesso 5mm	2,5	Nada a relatar	Não ocorrência de falhas
	10	Nada a relatar	Não ocorrência de ruptura e traspassamento

Esta ficha de desempenho apresenta um resumo dos resultados obtidos no ensaio. O relatório de ensaio completo está disponível na BlocoBrasil e poderá ser consultado pelos Associados da entidade. Os Blocos ensaiados possuem o Selo de Qualidade ABCP.

CAPÍTULO IV

RESISTÊNCIA ÀS SOLICITAÇÕES DE PEÇAS SUSPENSAS

ENSAIO	TIPOLOGIA DA PAREDE ENSAIADA		RESULTADO
Ensaio 01	**Bloco Classe C** 14x19x39 cm	**Face ensaiada:** 05 mm - Gesso Bucha 08 mm comum	**785 N**
Ensaio 02	**Bloco Classe C** 14x19x39 cm	**Face ensaiada:** 05 mm - Gesso Bucha 08 mm FU	**981 N**

Ficha de desempenho
RESISTÊNCIA ÀS SOLICITAÇÕES DE PEÇAS SUSPENSAS
Parede sem função estrutural

ENSAIO 01

MANUAL DE DESEMPENHO
Alvenaria com Blocos de Concreto

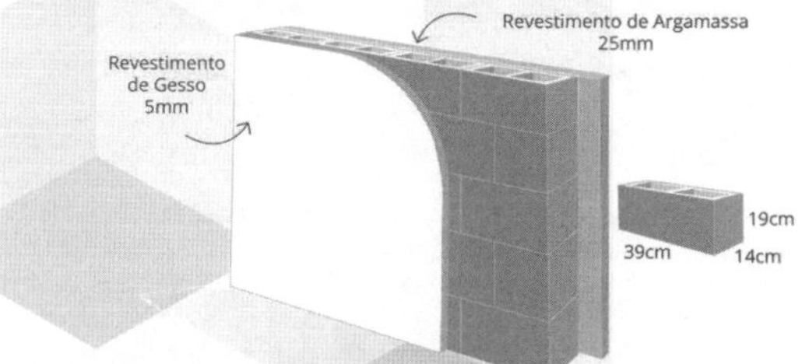

Resultados extraídos do relatório de ensaio executado pelo IPT (Instituto de Pesquisas Tecnológicas)	
Relatório	**RE 1.074.051-203**
Norma técnica	**ABNT NBR 15575-4**

Elemento ensaiado			
 Face de ensaio	**Bloco de concreto**	**Classe de Resistência**	Classe C
		Dimensões (cm)	14 x 19 x 39
		Espessura média das paredes (mm)	19,7
		Resistência à Compressão (MPa)	4,6
	Dimensões da parede	422 x 260 x 16,5 cm	
	Montagem	Em pórtico de aço, com travamento nas extreminadades horizontais. As extremidades verticais da parede não receberam qualquer tipo de fixação.	
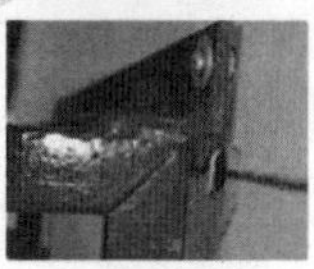 Detalhe da mão francesa	**Assentamento dos Blocos (a)**	Argamassa industrializada; juntas amarradas de 10mm; preenchimento das juntas verticais e horizontais.	
	Revestimento (b)	A face de impacto foi revestida com argamassa industrializada com 25mm de espessura. A face oposta foi revestida com gesso com 5mm de espessura.	
	Argamassa	(a),(b) Assentamento e revestimento: Resistência à compressão média: 8,9 MPa.	
	Cura	28 dias de cura após o assentamento e revestimento para a execução dos ensaios.	
Local de ensaio	Face revestida com gesso.		

Local de impacto	**Carga**		**Deslocamentos (mm)**			**Ocorrências**
	(N)	(kgf)	R1	R2	R3	
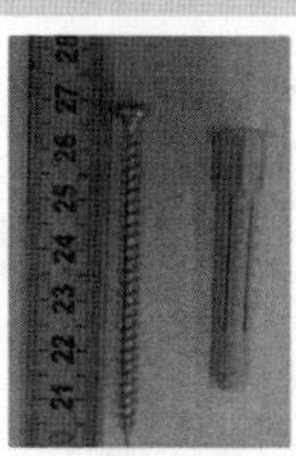 Bucha comum para oco 8mm	196	20	0,00	0,00	0,00	Nada a acrescentar
	294	30	0,00	0,00	0,00	Nada a acrescentar
	392	40	0,00	0,00	0,00	Nada a acrescentar
	490	50	0,00	0,00	0,00	Nada a acrescentar
	589	60	0,00	0,00	0,00	Nada a acrescentar
	687	70	0,00	0,00	-0,01	Nada a acrescentar
	785	80	0,00	0,00	-0,01	Após 1 hora de ensaio, escorregamento da bucha aproximadamente 2mm
	785	80*	-0,03	0,01	0,00	Após 24 horas de ensaio, escorregamento da bucha aproximadamente 5mm
	883	90	-0,03	0,01	0,00	Aumento do escorregamento
	981	100	-0,03	0,01	0,00	Queda do sistema de fixação após 2h de ensaio. Término do ensaio

*Carga atuante por um período de 24h.

Esta ficha de desempenho apresenta um resumo dos resultados obtidos no ensaio. O relatório de ensaio completo está disponível na BlocoBrasil e poderá ser consultado pelos Associados da entidade. Os Blocos ensaiados possuem o Selo de Qualidade ABCP.

IMAGENS MERAMENTE ILUSTRATIVAS

Ficha de desempenho
RESISTÊNCIA ÀS SOLICITAÇÕES DE PEÇAS SUSPENSAS
Parede sem função estrutural

ENSAIO 02

MANUAL DE DESEMPENHO
Alvenaria com Blocos de Concreto

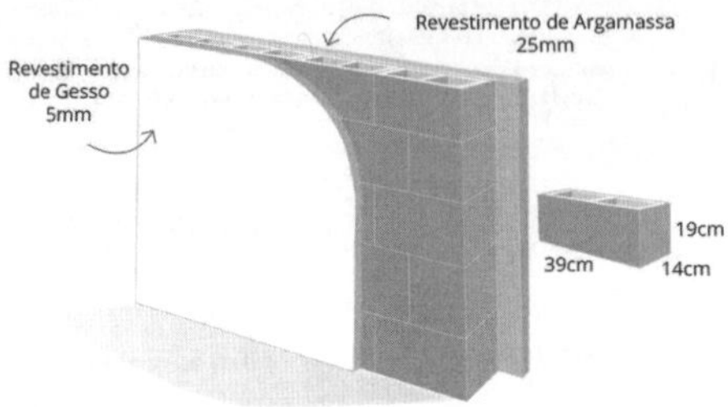

Resultados extraídos do relatório de ensaio executado pelo IPT (Instituto de Pesquisas Tecnológicas)	
Relatório	**RE 1.076.094-203**
Norma técnica	**ABNT NBR 15575-4**

Elemento ensaiado			
 Face de ensaio	**Bloco de concreto**	**Classe de Resistência**	Classe C
		Dimensões (cm)	14 x 19 x 39
		Espessura média das paredes (mm)	19,7
		Resistência à Compressão (MPa)	4,6
	Dimensões da parede	422 x 260 x 16,5 cm	
	Montagem	Em pórtico de aço, com travamento nas extreminadades horizontais. As extremidades verticais da parede não receberam qualquer tipo de fixação.	
 Detalhe da mão francesa	**Assentamento dos Blocos (a)**	Argamassa industrializada; juntas amarradas de 10mm; preenchimento das juntas verticais e horizontais.	
	Revestimento (b)	A face de instalação do dispositivo 'mão francesa' foi revestida com gesso com 5mm de espessura. A face oposta foi revestida com argamassa industrializada com 25 mm de espessura.	
	Argamassa	(a),(b) Assentamento e revestimento: Resistência à compressão média: 8,9 MPa.	
	Cura	28 dias de cura após o assentamento e revestimento para a execução dos ensaios.	
Local de ensaio	Face revestida com gesso.		

Tipo de Bucha	Carga		Deslocamentos (mm)			Ocorrências
	(N)	(kgf)	R1	R2	R3	
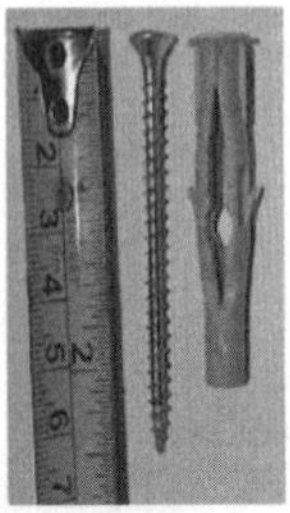 Bucha tipo FU 8mm	196	20	0,00	0,00	0,01	Nada a acrescentar
	294	30	0,00	0,00	0,01	Nada a acrescentar
	392	40	0,00	0,00	0,01	Nada a acrescentar
	490	50	0,00	0,00	0,01	Nada a acrescentar
	589	60	0,00	0,00	0,02	Nada a acrescentar
	687	70	0,00	0,00	0,02	Nada a acrescentar
	785	80	0,00	0,00	0,02	Nada a acrescentar
	785	80*	0,01	-0,01	0,05	Após 24 horas de ensaio, escorregamento da bucha aproximadamente 1,3mm
	883	90	0,01	-0,01	0,05	Nada a acrescentar
	981	100	0,01	-0,01	0,05	Nada a acrescentar
	981	100*	-0,01	-0,07	0,05	Após 24 horas de ensaio, escorregamento da bucha aproximadamente ≅ 3,7mm
	residual		0,12	0,05	0,04	Nada a acrescentar

*Carga atuante por um período de 24h.

Esta ficha de desempenho apresenta um resumo dos resultados obtidos no ensaio. O relatório de ensaio completo está disponível na BlocoBrasil e poderá ser consultado pelos Associados da entidade. Os Blocos ensaiados possuem o Selo de Qualidade ABCP.

IMAGENS MERAMENTE ILUSTRATIVAS

CAPÍTULO V

RESISTÊNCIA AO FOGO

ENSAIO	TIPOLOGIA DA PAREDE ENSAIADA		RESULTADO
Ensaio 01	**Bloco Classe B** 14x19x39 cm	**Face exposta:** 10 mm Gesso **Face oposta:** 10 mm Gesso	**CF 120 min**
Ensaio 02	**Bloco Classe B** 14x19x39 cm	**Face exposta:** 15 mm Argamassa **Face oposta:** 15 mm Argamassa	**CF 90 min**
Ensaio 03	**Bloco Classe C** 14x19x39 cm	**Face exposta:** 15 mm Argamassa **Face oposta:** 15 mm Argamassa	**CF 90 min**
Ensaio 04	**Bloco Classe B** 14x19x39 cm	**Face exposta:** Chapisco + 20 mm de Argamassa **Face oposta:** Sem revestimento	**CF 90 min**
Ensaio 05	**Bloco Classe C** 14x19x39 cm	**Face exposta:** Chapisco + 15 mm de Argamassa **Face oposta:** Sem revestimento	**CF 90 min**
Ensaio 06	**Bloco Classe C** 19x19x39 cm	**Face exposta:** Chapisco + 15 mm de Argamassa **Face oposta:** Sem revestimento Vazados preenchidos com graute	**CF 240 min**
Ensaio 07	**Bloco Classe C** 19x19x39 cm	**Face exposta:** Chapisco + 15 mm de Argamassa **Face oposta:** Sem revestimento	**CF 120 min**
Ensaio 08	**Bloco Classe C** 19x19x39 cm	**Face exposta:** 10 mm de Argamassa **Face oposta:** 25 mm de Argamassa	**CF 180 min**
Ensaio 09	**Bloco Classe C** 14x19x39 cm	**Face exposta:** 10 mm de Argamassa **Face oposta:** 25 mm de Argamassa	**CF 120 min**
Ensaio 10	**Bloco Classe C** 19x19x39 cm	**Face exposta:** 10 mm de Argamassa **Face oposta:** 25 mm de Argamassa Vazados preenchidos com areia	**CF 240 min**
Ensaio 11	**Bloco Classe B** 14x19x39 cm	**Face exposta:** Chapisco + 15 mm de Argamassa **Face oposta:** Chapisco + 15 mm de Argamassa	**CF 180 min**
Ensaio 12	**Bloco Classe A** 14x19x39 cm	**Face exposta:** Sem revestimento **Face oposta:** Sem revestimento	**CF 60 min**

Ficha de desempenho
RESISTÊNCIA AO FOGO
Parede com função estrutural

ENSAIO 01

MANUAL DE DESEMPENHO
Alvenaria com Blocos de Concreto

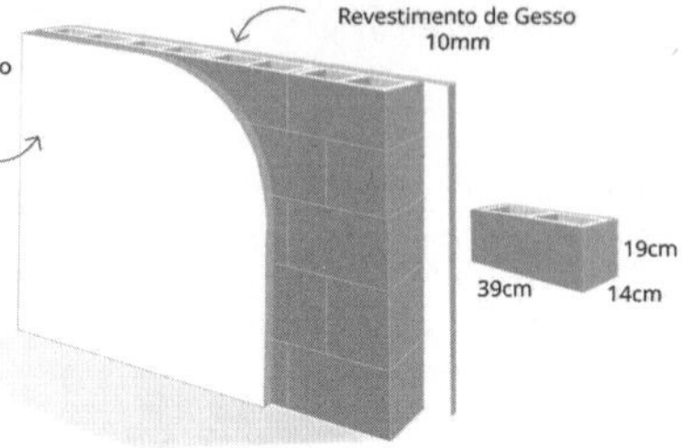

Resultados extraídos do relatório de ensaio executado pelo IPT (Instituto de Pesquisas Tecnológicas)	
Relatório	**RE 1.107.993-203**
Norma técnica	**ABNT NBR 5628:2001**

Elemento ensaiado			
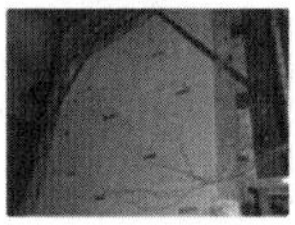 Face não exposta ao fogo	**Bloco de concreto**	**Classe de Resistência**	Classe B
		Dimensões (cm)	14 x 19 x 39
		Espessura média das paredes (mm)	26
		Resistência à Compressão (MPa)	7,5
	Dimensões da parede	260 x 260 x 16 cm	
	Assentamento dos Blocos (a)	Argamassa moldada in loco com traço em volume 1:2:9 (cimento, cal e areia); juntas amarradas de 10mm; preenchimento das juntas longitudinais e transversais.	
 Face exposta ao fogo	**Revestimento (b)**	Face interna revestidas com gesso: 10 mm de espessura. Face externa revestidas com gesso: 10 mm de espessura.	
		Composição do gesso: Sulfato de cálcio hemi-hidratado e aditivos especiais.	
		Massa específica (kg/m³)	1300
	Cura	Acima de 75 dias de cura após o assentamento e revestimento para a execução dos ensaios.	
	Condições do ensaio	Temperatura inicial de To = 21ºC, atingindo temperatura média de até 1.014º C no interior do forno. Pressão no interior do forno: 10 Pa.	
		Duração: 120 minutos.	

IMAGENS MERAMENTE ILUSTRATIVAS

Resultados				
Tempo de atendimento aos critérios de avaliação (min)			Classificação quanto à resistência ao fogo, no grau para-chama (min)	Classificação quanto à resistência ao fogo, no grau corta-fogo (min)
Estanqueidade	Isolamento térmico	Estabilidade		
120	120	120	120	120
O corpo de prova manteve-se estanque durante os 120 minutos de ensaio.	O limite de elevação de temperatura da face não exposta ao fogo do corpo de prova, ou seja, 140 °C (161 °C) na média, ou 180°C + To (201 °C) em qualquer ponto de medida, não foi ultrapassado durante os 120 minutos de ensaio.	O corpo de prova manteve-se estanque durante os 120 minutos de ensaio.	A parede apresentou resistência ao fogo no grau para-chama por 120 minutos (PC 120).	A parede apresentou resistência ao fogo no grau corta-fogo por 120 minutos (CF 120).

Observações do ensaio: Aos 30 minutos foi verificado o surgimento de fissuras na face não exposta ao fogo.
Não foi verificada a queda dos revestimentos (face exposta e não exposta ao fogo) durante a realização do ensaio.

Esta ficha de desempenho apresenta um resumo dos resultados obtidos no ensaio. O relatório de ensaio completo está disponível na BlocoBrasil e poderá ser consultado pelos Associados da entidade. Os Blocos ensaiados possuem o Selo de Qualidade ABCP.

www.blocobrasil.com.br 18

Ficha de desempenho
RESISTÊNCIA AO FOGO
Parede com função estrutural

ENSAIO 02

MANUAL DE DESEMPENHO
Alvenaria com Blocos de Concreto

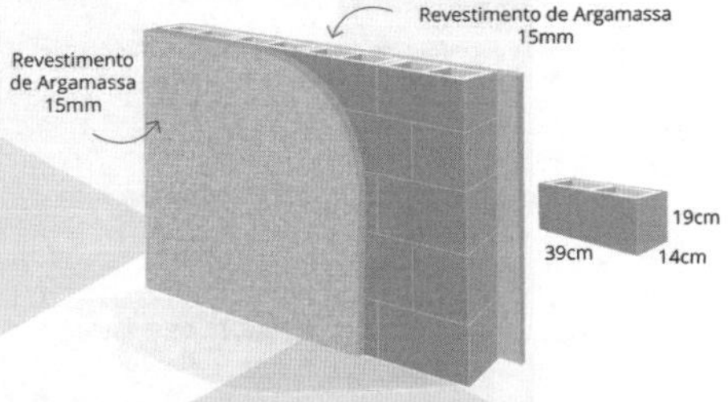

Resultados extraídos do relatório de ensaio executado pelo IPT (Instituto de Pesquisas Tecnológicas)	
Relatório	**RE 1.076.555-203**
Norma técnica	**ABNT NBR 5628**

IMAGENS MERAMENTE ILUSTRATIVAS

Elemento ensaiado

Face não exposta ao fogo

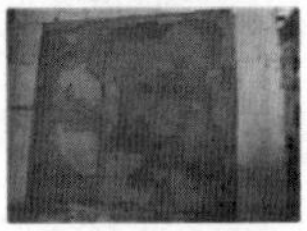

Face exposta ao fogo

Bloco de concreto	Classe de Resistência	Classe B
	Dimensões (cm)	14 x 19 x 39
	Espessura média das paredes (mm)	26,0
	Resistência à Compressão (MPa)	5,1
Dimensões da parede	260 x 260 x 17 cm	
Assentamento dos Blocos (a)	Argamassa industrializada; juntas amarradas de 10mm; preenchimento das juntas verticais e horizontais.	
Revestimento (b)	A face exposta ao fogo foi revestida com argamassa industrializada com 15mm de espessura. A face oposta foi revestida com argamassa industrializada com 15mm de espessura.	
Argamassa	(a),(b) Assentamento e revestimento: Resistência à compressão média: 8,9 MPa.	
Cura	Acima de 110 dias de cura após o assentamento e revestimento para a execução dos ensaios.	
Condições do ensaio	Temperatura inicial de To = 23° C, atingindo temperatura média de até 1.015° C no interior do forno. Pressão no interior do forno: 10 Pa.	
	Aplicação de carregamento axial 10.000 kg/m - durante todo o programa de aquecimento.	
	Duração: 120 minutos.	

Resultados

Tempo de atendimento aos critérios de avaliação (min)			Classificação quanto à resistência ao fogo, no grau para-chama (min)	Classificação quanto à resistência ao fogo, no grau corta-fogo (min)
Estanqueidade	Isolamento térmico	Estabilidade		
120	107	120	120	90
O corpo de prova manteve-se estanque durante todo periodo de ensaio.	O limite de elevação de temperatura da face não exposta ao fogo: Média: 140°C + To = 163°C ou Qualquer ponto: 180°C + To = 203°C Ultrapassado aos 107 minutos de ensaio.	A amostra se manteve estável durante todo período de ensaio. Após 24h do término do programa de aquecimento. A amostra foi submetida novamente à carga de serviço e manteve-se estável.	A parede apresentou resistência ao fogo no grau para-chama por 120 minutos (PC 120).	A parede apresentou resistência ao fogo no grau corta-fogo por 107minutos (CF90).

Observações do ensaio: Aos 8 minutos foi verificado o surgimento de fissuras na face não exposta ao fogo. Aos 9 minutos de ensaio ocorreu o desprendimento da camada de argamassa de revestimento da face exposta ao fogo.

Esta ficha de desempenho apresenta um resumo dos resultados obtidos no ensaio. O relatório de ensaio completo está disponível na BlocoBrasil e poderá ser consultado pelos Associados da entidade. Os Blocos ensaiados possuem o Selo de Qualidade ABCP.

Ficha de desempenho
RESISTÊNCIA AO FOGO
Parede sem função estrutural

ENSAIO 03

MANUAL DE DESEMPENHO
Alvenaria com Blocos de Concreto

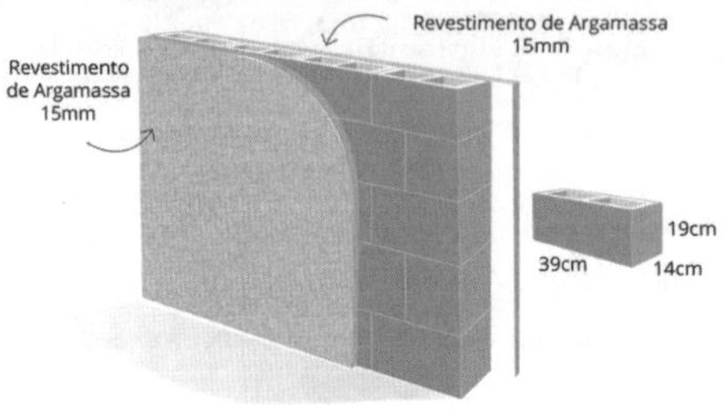

Resultados extraídos do relatório de ensaio executado pelo IPT (Instituto de Pesquisas Tecnológicas)	
Relatório	**RE 1.076.540-203**
Norma técnica	**ABNT NBR 10636**

<table>
<tr><td rowspan="10">Elemento ensaiado

Face não exposta ao fogo
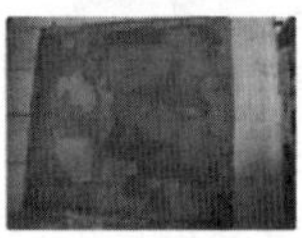
Face exposta ao fogo</td><td rowspan="4">Bloco de concreto</td><td>Classe de Resistência</td><td>Classe C</td></tr>
<tr><td>Dimensões (cm)</td><td>14 x 19 x 39</td></tr>
<tr><td>Espessura média das paredes (mm)</td><td>19,7</td></tr>
<tr><td>Resistência à Compressão (MPa)</td><td>4,6</td></tr>
<tr><td>Dimensões da parede</td><td colspan="2">260 x 260 x 17,5 cm</td></tr>
<tr><td>Assentamento dos Blocos (a)</td><td colspan="2">Argamassa industrializada; juntas amarradas de 10mm; preenchimento das juntas verticais e horizontais.</td></tr>
<tr><td>Revestimento (b)</td><td colspan="2">A face exposta ao fogo foi revestida com argamassa industrializada com 15mm de espessura. A face oposta foi revestida com argamassa industrializada com 15mm de espessura.</td></tr>
<tr><td>Argamassa</td><td colspan="2">(a),(b) Assentamento e revestimento:
Resistência à compressão média: 8,9 MPa.</td></tr>
<tr><td>Cura</td><td colspan="2">Acima de 75 dias de cura após o assentamento e revestimento para a execução dos ensaios.</td></tr>
<tr><td>Condições do ensaio</td><td colspan="2">Temperatura inicial de To = 22° C, atingindo temperatura média de até 1.032° C no interior do forno. Pressão no interior do forno: 10 Pa.
Duração: 120 minutos.</td></tr>
</table>

IMAGENS MERAMENTE ILUSTRATIVAS

<table>
<tr><th colspan="5">Resultados</th></tr>
<tr><th colspan="3">Tempo de atendimento aos critérios de avaliação (min)</th><th rowspan="2">Classificação quanto à resistência ao fogo, no grau para-chama (min)</th><th rowspan="2">Classificação quanto à resistência ao fogo, no grau corta-fogo (min)</th></tr>
<tr><th>Estanqueidade</th><th>Isolamento térmico</th><th>Estabilidade</th></tr>
<tr><td>90</td><td>98</td><td>120</td><td>90</td><td>90</td></tr>
<tr><td>A amostra se manteve estanque durante 90 minutos.</td><td>Limite de elevação de temperatura da face não exposta ao fogo:
Média: 140°C + To = 162°C ou
Qualquer ponto: 180°C + To = 202°C
Ultrapassado aos 98 minutos de ensaio.</td><td>Aos 87 e 117 minutos foram realizados choques mecânicos para a verificação da estabilidade da amostra para o tempo de 90 e 120 min. A amostra se manteve estável durante o período de 120 min. de exposição ao fogo.</td><td>A parede apresentou resistência ao fogo no grau para-chama por 90 minutos (PC 90).</td><td>A parede apresentou resistência ao fogo no grau corta-fogo por 90 minutos (CF90).</td></tr>
<tr><td colspan="5">Observações do ensaio: Aos 8 minutos foi verificado o surgimento de fissuras na face não exposta ao fogo.
Aos 9 minutos de ensaio ocorreu o desprendimento da camada de argamassa de revestimento da face exposta ao fogo.</td></tr>
</table>

Esta ficha de desempenho apresenta um resumo dos resultados obtidos no ensaio. O relatório de ensaio completo está disponível na BlocoBrasil e poderá ser consultado pelos Associados da entidade. Os Blocos ensaiados possuem o Selo de Qualidade ABCP.

Ficha de desempenho
RESISTÊNCIA AO FOGO
Parede com função estrutural

ENSAIO 04

MANUAL DE DESEMPENHO
Alvenaria com Blocos de Concreto

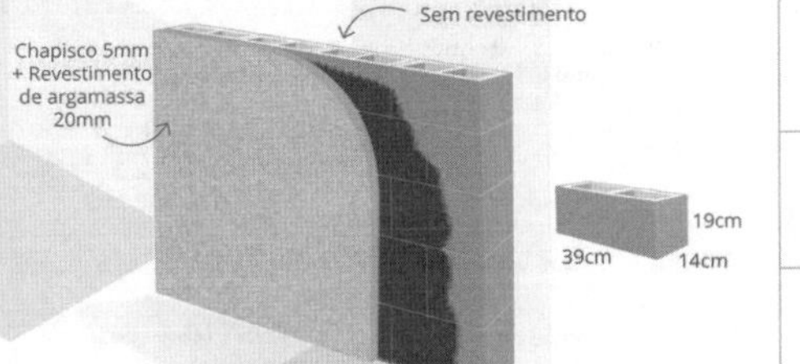

Resultados extraídos do relatório de ensaio executado pelo IPT (Instituto de Pesquisas Tecnológicas)	
Relatório	**RE 1.097.722-203**
Norma técnica	**ABNT NBR 5628**

Elemento ensaiado

Face não exposta ao fogo

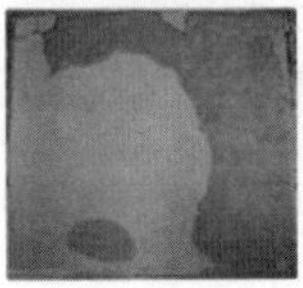
Face exposta ao fogo

Bloco de concreto	Classe de Resistência	Classe B
	Dimensões (cm)	14 x 19 x 39
	Espessura média das paredes (mm)	25,5
	Resistência à Compressão (MPa)	7,2
Dimensões da parede	260 x 260 x 16,5 cm	
Assentamento dos Blocos (a)	Argamassa industrializada; juntas amarradas de 10mm; preenchimento das juntas verticais e horizontais.	
Revestimento (b)	A face exposta ao fogo foi revestida com chapisco industrializado com 5mm de espessura e emboço de argamassa industrializada com 20mm de espessura. A face oposta não foi revestida.	
Argamassa	(a) Resistência à compressão média: 5,0 MPa. (b) Resistência à compressão média: 7,6 MPa.	
Cura	Acima de 40 dias de cura após o assentamento e revestimento para a execução dos ensaios.	
Condições do ensaio	Temperatura inicial de To = 25°C, atingindo temperatura média de até 1.023° C no interior do forno. Pressão no interior do forno: 10 Pa.	
	Aplicação de carregamento axial 10.000 kg/m – durante todo o programa de aquecimento.	
	Duração: 120 minutos.	

Resultados

Tempo de atendimento aos critérios de avaliação (min)			Classificação quanto à resistência ao fogo, no grau para-chama (min)	Classificação quanto à resistência ao fogo, no grau corta-fogo (min)
Estanqueidade	Isolamento térmico	Estabilidade		
120	101	120	120	90
A amostra se manteve estanque durante todo período de ensaio.	Limite de elevação de temperatura da face não exposta ao fogo: Média: 140°C + To = 165°C ou Qualquer ponto: 180°C + To = 205°C Ultrapassado aos 101 minutos de ensaio.	A amostra se manteve estável durante todo período de ensaio. Após 24h do término do programa de aquecimento, a amostra foi submetida novamente à carga de serviço e manteve-se estável.	A parede apresentou resistência ao fogo no grau para-chama por 120 minutos (PC 120).	A parede apresentou resistência ao fogo no grau corta-fogo por 101 minutos (CF90).

Observações do ensaio: Aos 8 minutos foi verificado o surgimento de fissuras na face não exposta ao fogo. Aos 12 minutos de ensaio ocorreu a queda de parte do revestimento da face exposta ao fogo.

Esta ficha de desempenho apresenta um resumo dos resultados obtidos no ensaio. O relatório de ensaio completo está disponível na BlocoBrasil e poderá ser consultado pelos Associados da entidade. Os Blocos ensaiados possuem o Selo de Qualidade ABCP.

IMAGENS MERAMENTE ILUSTRATIVAS

Ficha de desempenho
RESISTÊNCIA AO FOGO
Parede sem função estrutural

ENSAIO 05

MANUAL DE DESEMPENHO
Alvenaria com Blocos de Concreto

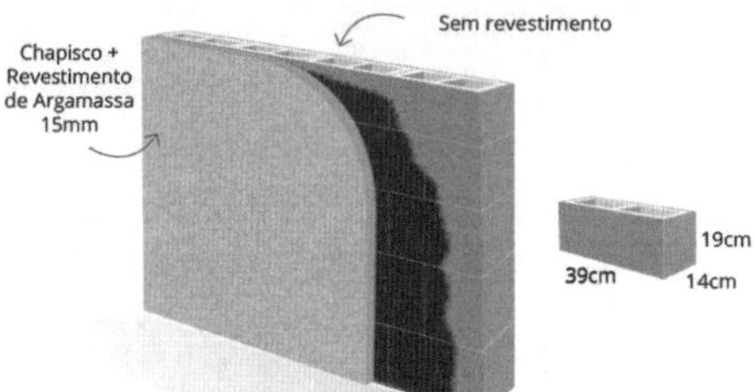

Resultados extraídos do relatório de ensaio executado pelo IPT (Instituto de Pesquisas Tecnológicas)	
Relatório	**RE 1.072.608-203**
Norma técnica	**ABNT NBR 10636**

Elemento ensaiado

Face não exposta ao fogo

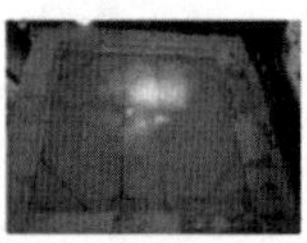

Face exposta ao fogo

Bloco de concreto	Classe de Resistência	Classe C
	Dimensões (cm)	14 x 19 x 39
	Espessura média das paredes (mm)	19,7
	Resistência à Compressão (MPa)	4,6
Dimensões da parede	260 x 260 x 16 cm	
Assentamento dos Blocos (a)	Argamassa industrializada; juntas amarradas de 10mm; preenchimento das juntas verticais e horizontais.	
Revestimento (b)	A face exposta ao fogo foi revestida com chapisco industrializado e emboço de argamassa industrializada com 15mm de espessura. A face oposta não foi revestida.	
Argamassa	(a) Resistência à compressão média: não declarado. (b) Resistência à compressão média: não declarado.	
Cura	Acima de 30 dias de cura após o assentamento e revestimento para a execução dos ensaios.	
Condições do ensaio	Temperatura inicial de To = 18° C, atingindo temperatura média de até 1.041° C no interior do forno. Pressão no interior do forno: 10 Pa.	
	Duração: 120 minutos.	

IMAGENS MERAMENTE ILUSTRATIVAS

Resultados

Tempo de atendimento aos critérios de avaliação (min)			Classificação quanto à resistência ao fogo, no grau para-chama (min)	Classificação quanto à resistência ao fogo, no grau corta-fogo (min)
Estanqueidade	Isolamento térmico	Estabilidade		
120	106	120	120	90
A amostra se manteve estanque durante 120 minutos de ensaio.	Limite de elevação de temperatura da face não exposta ao fogo: Média: 140°C + To = 158°C ou Qualquer ponto: 180°C + To = 198°C Ultrapassado aos 106 minutos de ensaio.	Aos 117 minutos foram realizados choques mecânicos para a verificação da estabilidade da amostra para o tempo de 120 min. A amostra se manteve estável durante o período de 120 min. de exposição ao fogo.	A parede apresentou resistência ao fogo no grau para-chama por 120 minutos (PC 120).	A parede apresentou resistência ao fogo no grau corta-fogo por 90 minutos (CF90).

Observações do ensaio: Nada a relatar.

Esta ficha de desempenho apresenta um resumo dos resultados obtidos no ensaio. O relatório de ensaio completo está disponível na BlocoBrasil e poderá ser consultado pelos Associados da entidade. Os Blocos ensaiados possuem o Selo de Qualidade ABCP.

Ficha de desempenho
RESISTÊNCIA AO FOGO
Parede sem função estrutural

ENSAIO 06

MANUAL DE DESEMPENHO
Alvenaria com Blocos de Concreto

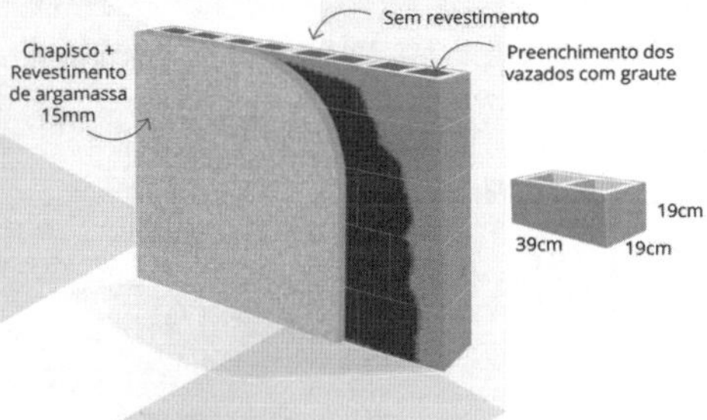

Resultados extraídos do relatório de ensaio executado pelo IPT (Instituto de Pesquisas Tecnológicas)	
Relatório	**RE 1.081.659-203**
Norma técnica	**ABNT NBR 10636**

Elemento ensaiado

Face não exposta ao fogo

Face exposta ao fogo

Bloco de concreto	**Classe de Resistência**	Classe C
	Dimensões (cm)	19 x 19 x 39
	Espessura média das paredes (mm)	20
	Resistência à Compressão (MPa)	4,2
Dimensões da parede	260 x 260 x 20,5 cm	
Assentamento dos Blocos (a)	Argamassa industrializada; juntas amarradas de 10mm; preenchimento das juntas verticais e horizontais.	
Revestimento (b)	A face exposta ao fogo foi revestida com chapisco industrializado e emboço de argamassa industrializada com 15mm de espessura. A face oposta não foi revestida.	
Argamassa	(a) Resistência à compressão média: não declarado. (b) Resistência à compressão média: não declarado.	
Todos os vazados dos blocos foram preenchidos com graute industrializado de fck = 25 MPa.		
Cura	Acima de 85 dias de cura após o assentamento e revestimento para a execução dos ensaios.	
Condições do ensaio	Temperatura inicial de To = 24ºC, atingindo temperatura média de até 1.120º C no interior do forno. Pressão no interior do forno: 10 Pa.	
	Duração: 240 minutos.	

IMAGENS MERAMENTE ILUSTRATIVAS

Resultados

Tempo de atendimento aos critérios de avaliação (min)			Classificação quanto à resistência ao fogo, no grau para-chama (min)	Classificação quanto à resistência ao fogo, no grau corta-fogo (min)
Estanqueidade	Isolamento térmico	Estabilidade		
240	240	240	240	240
A amostra se manteve estanque durante 240 minutos de ensaio.	Limite de elevação de temperatura da face não exposta ao fogo: Média: 140°C + To = 164°C ou Qualquer ponto: 180°C + To = 204°C Não foi ultrapassado durante os 240 minutos de ensaio.	Aos 237 minutos foram realizados choques mecânicos para a verificação da estabilidade da amostra para o tempo de 240 min. A amostra se manteve estável durante o período de 240 min. de exposição ao fogo.	A parede apresentou resistência ao fogo no grau para-chama por 240 minutos (PC 240).	A parede apresentou resistência ao fogo no grau corta-fogo por 240 minutos (CF 240).

Observações do ensaio: Nada a relatar.

Esta ficha de desempenho apresenta um resumo dos resultados obtidos no ensaio. O relatório de ensaio completo está disponível na BlocoBrasil e poderá ser consultado pelos Associados da entidade. Os Blocos ensaiados possuem o Selo de Qualidade ABCP.

Ficha de desempenho
RESISTÊNCIA AO FOGO
Parede sem função estrutural

ENSAIO 07

MANUAL DE DESEMPENHO
Alvenaria com Blocos de Concreto

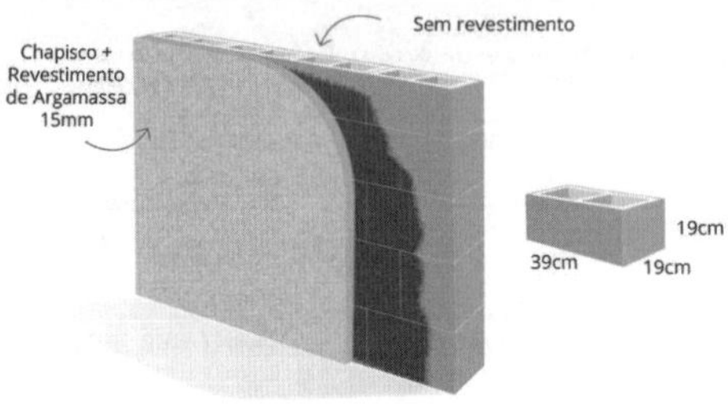

Resultados extraídos do relatório de ensaio executado pelo IPT (Instituto de Pesquisas Tecnológicas)	
Relatório	**RE 1.050.328-203**
Norma técnica	**ABNT NBR 10636**

Elemento ensaiado			
 Face não exposta ao fogo	**Bloco de concreto**	Classe de Resistência	Classe C
		Dimensões (cm)	19 x 19 x 39
		Espessura média das paredes (mm)	19
		Resistência à Compressão (MPa)	4
	Dimensões da parede	270 x 260 x 20,5 cm	
	Assentamento dos Blocos (a)	Argamassa industrializada; juntas amarradas de 10mm; preenchimento das juntas verticais e horizontais.	
	Revestimento (b)	A face exposta ao fogo foi revestida com chapisco industrializado e emboço de argamassa industrializada com 15mm de espessura. A face oposta não foi revestida.	
 Face exposta ao fogo	**Argamassa**	(a) Resistência à compressão média: não declarado. (b) Resistência à compressão média: não declarado.	
	Cura	Acima de 34 dias de cura após o assentamento e revestimento para a execução dos ensaios.	
	Condições do ensaio	Temperatura inicial de To = 20° C, atingindo temperatura média de até 1.090° C no interior do forno. Pressão no interior do forno: 10 Pa.	
		Duração: 180 minutos.	

IMAGENS MERAMENTE ILUSTRATIVAS

Resultados				
Tempo de atendimento aos critérios de avaliação (min)			Classificação quanto à resistência ao fogo, no grau para-chama (min)	Classificação quanto à resistência ao fogo, no grau corta-fogo (min)
Estanqueidade	Isolamento térmico	Estabilidade		
180	151	180	180	120
A amostra se manteve estanque durante 180 minutos de ensaio.	Limite de elevação de temperatura da face não exposta ao fogo: Média: 140°C + To = 164°C ou Qualquer ponto: 180°C + To = 204°C Ultrapassado aos 151 minutos de ensaio.	Aos 117 e 177 min. foram realizados choques mecânicos para a verificação da estabilidade da amostra para o tempo de 120 e 180 min. A amostra se manteve estável durante o período de 180 min. de exposição ao fogo.	A parede apresentou resistência ao fogo no grau para-chama por 180 minutos (PC 180).	A parede apresentou resistência ao fogo no grau corta-fogo por 120 minutos (CF120).
Observações do ensaio: Aos 87 minutos de ensaio foi verificado o surgimento de fissuras na face não exposta ao fogo.				

Esta ficha de desempenho apresenta um resumo dos resultados obtidos no ensaio. O relatório de ensaio completo está disponível na BlocoBrasil e poderá ser consultado pelos Associados da entidade. Os Blocos ensaiados possuem o Selo de Qualidade ABCP.

Ficha de desempenho
RESISTÊNCIA AO FOGO
Parede sem função estrutural

ENSAIO 08

MANUAL DE DESEMPENHO
Alvenaria com Blocos de Concreto

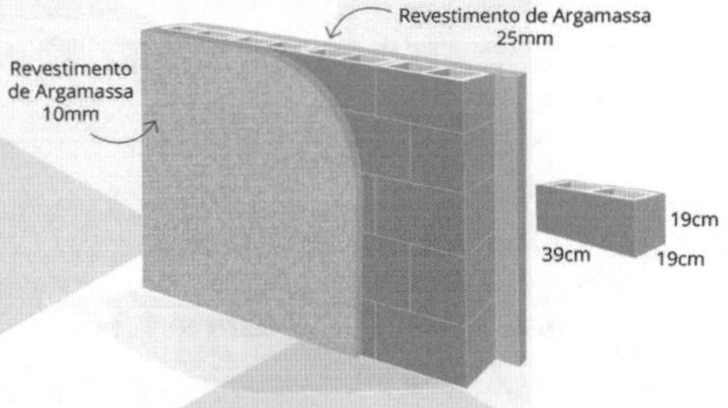

Resultados extraídos do relatório de ensaio executado pelo IPT (Instituto de Pesquisas Tecnológicas)	
Relatório	**RE 855 138**
Norma técnica	**ABNT NBR 10636**

IMAGENS MERAMENTE ILUSTRATIVAS

Elemento ensaiado			
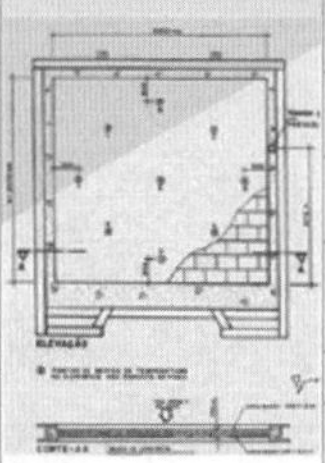	**Bloco de concreto**	**Classe de Resistência**	Classe C
		Dimensões (cm)	19 x 19 x 39
		Espessura média das paredes (mm)	30
		Resistência à Compressão (MPa)	Não declarado
	Dimensões da parede	260 x 280 x 22,5 cm	
	Assentamento dos Blocos (a)	Argamassa industrializada; juntas amarradas de 10mm; preenchimento das juntas verticais e horizontais.	
	Revestimento (b)	A face exposta ao fogo foi revestida com argamassa industrializada com 10mm de espessura. A face oposta foi revestida com argamassa industrializada com 25mm de espessura.	
	Argamassa	(a) Resistência à compressão média: não declarado.	
	Cura	Acima de 46 dias de cura após o assentamento e revestimento para a execução dos ensaios.	
	Condições do ensaio	Temperatura inicial de To = 19ºC, atingindo temperatura média de até 1.131º C no interior do forno. Pressão no interior do forno: 10 Pa.	
		Duração: 240 minutos.	

Resultados				
Tempo de atendimento aos critérios de avaliação (min)			Classificação quanto à resistência ao fogo, no grau para-chama (min)	Classificação quanto à resistência ao fogo, no grau corta-fogo (min)
Estanqueidade	Isolamento térmico	Estabilidade		
240	220	240	240	180
A amostra se manteve estanque durante 240 minutos de ensaio.	Limite de elevação de temperatura da face não exposta ao fogo: Média: 140ºC + To = 159ºC ou Qualquer ponto: 180ºC + To = 199ºC Ultrapassado aos 220 minutos de ensaio.	Aos 237 minutos foram realizados choques mecânicos para a verificação da estabilidade da amostra. A amostra se manteve-se íntegra e estável.	A parede apresentou resistência ao fogo no grau para-chama por 240 min. (PC 240).	A parede apresentou resistência ao fogo no grau corta-fogo por 180 min. (CF 180).

Observações do ensaio: Nada a relatar.

Esta ficha de desempenho apresenta um resumo dos resultados obtidos no ensaio. O relatório de ensaio completo está disponível na BlocoBrasil e poderá ser consultado pelos Associados da entidade. Os Blocos ensaiados possuem o Selo de Qualidade ABCP.

Ficha de desempenho
RESISTÊNCIA AO FOGO
Parede sem função estrutural

ENSAIO 09

MANUAL DE DESEMPENHO
Alvenaria com Blocos de Concreto

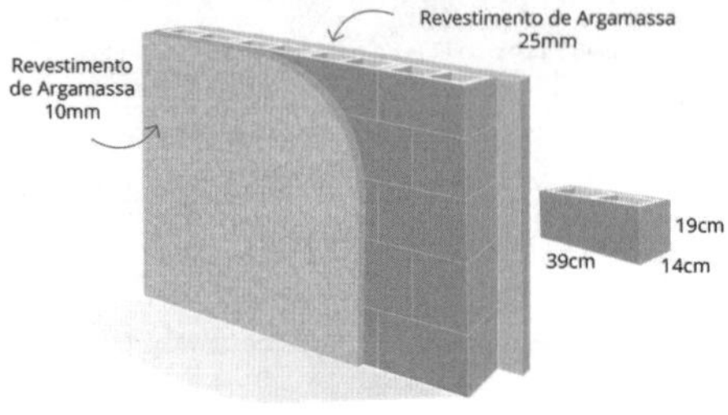

Resultados extraídos do relatório de ensaio executado pelo IPT (Instituto de Pesquisas Tecnológicas)	
Relatório	**RE 855 139**
Norma técnica	**ABNT NBR 10636**

IMAGENS MERAMENTE ILUSTRATIVAS

Elemento ensaiado			
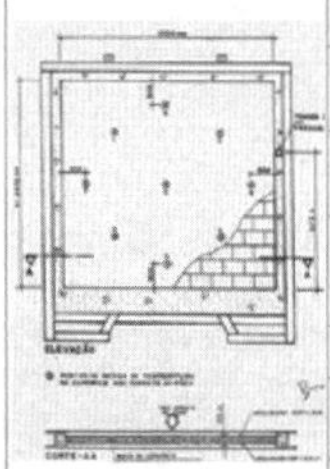	Bloco de concreto	Classe de Resistência	Classe C
		Dimensões (cm)	14 x 19 x 39
		Espessura média das paredes (mm)	30
		Resistência à Compressão (MPa)	Não declarado
	Dimensões da parede	260 x 280 x 17,5 cm	
	Assentamento dos Blocos (a)	Argamassa industrializada; juntas amarradas de 10mm; preenchimento das juntas verticais e horizontais.	
	Revestimento (b)	A face exposta ao fogo foi revestida com argamassa industrializada com 10mm de espessura. A face oposta foi revestida com argamassa industrializada com 25mm de espessura.	
	Argamassa	(a) Resistência à compressão média: não declarado.	
	Cura	Acima de 35 dias de cura após o assentamento e revestimento para a execução dos ensaios.	
	Condições do ensaio	Temperatura inicial de To = 22° C, atingindo temperatura média de até 1.092° C no interior do forno. Pressão no interior do forno: 10 Pa.	
		Duração: 180 minutos.	

Resultados				
Tempo de atendimento aos critérios de avaliação (min)			Classificação quanto à resistência ao fogo, no grau para-chama (min)	Classificação quanto à resistência ao fogo, no grau corta-fogo (min)
Estanqueidade	Isolamento térmico	Estabilidade		
180	150	240	180	120
A amostra se manteve estanque durante 180 minutos de ensaio.	Limite de elevação de temperatura da face não exposta ao fogo: Média: 140°C + To = 162°C ou Qualquer ponto: 180°C + To = 202°C Ultrapassado aos 150 minutos de ensaio.	Aos 117 minutos foram realizados choques mecânicos para a verificação da estabilidade da amostra. A amostra se manteve-se íntegra e estável.	A parede apresentou resistência ao fogo no grau para-chama por 180 min. (PC 180).	A parede apresentou resistência ao fogo no grau corta-fogo por 120min. (CF120).

Observações do ensaio: Nada a relatar.

Esta ficha de desempenho apresenta um resumo dos resultados obtidos no ensaio. O relatório de ensaio completo está disponível na BlocoBrasil e poderá ser consultado pelos Associados da entidade. Os Blocos ensaiados possuem o Selo de Qualidade ABCP.

Ficha de desempenho
RESISTÊNCIA AO FOGO
Parede sem função estrutural

ENSAIO 10

MANUAL DE DESEMPENHO
Alvenaria com Blocos de Concreto

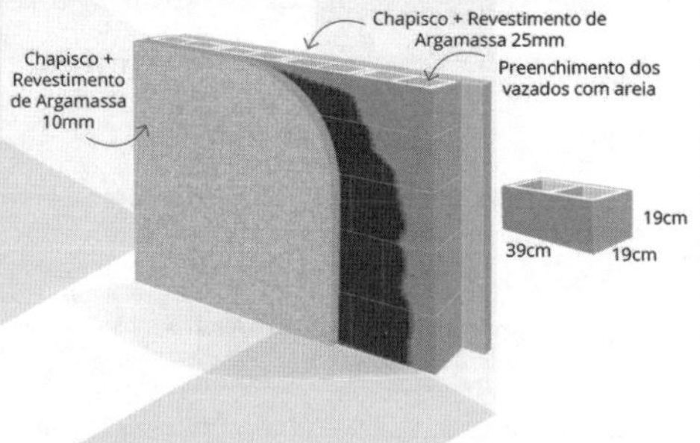

Resultados extraídos do relatório de ensaio executado pelo IPT (Instituto de Pesquisas Tecnológicas)	
Relatório	**RE 868 255**
Norma técnica	**ABNT NBR 10636**

Elemento ensaiado			
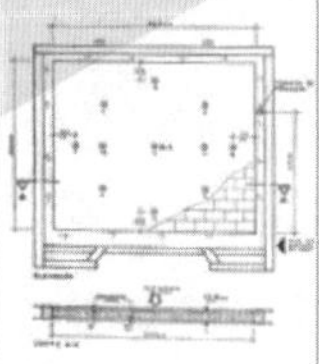	**Bloco de concreto**	**Classe de Resistência**	Classe C
		Dimensões (cm)	19 x 19 x 39
		Espessura média das paredes (mm)	30
		Resistência à Compressão (MPa)	Não declarado
	Dimensões da parede	260 x 280 x 22,5 cm	
	Assentamento dos Blocos (a)	Argamassa industrializada; juntas amarradas de 10mm; preenchimento das juntas verticais e horizontais.	
	Revestimento (b)	A face exposta ao fogo foi revestida com argamassa industrializada com 10mm de espessura. A face oposta foi revestida com argamassa industrializada com 25mm de espessura.	
	Argamassa	(a) Resistência à compressão média: não declarado.	
	Cura	Acima de 46 dias de cura após o assentamento e revestimento para a execução dos ensaios.	
	Condições do ensaio	Temperatura inicial de To = 23ºC, atingindo temperatura média de até 1.128º C no interior do forno. Pressão no interior do forno: 10 Pa.	
		Duração: 240 minutos.	

Resultados				
Tempo de atendimento aos critérios de avaliação (min)			Classificação quanto à resistência ao fogo, no grau para-chama (min)	Classificação quanto à resistência ao fogo, no grau corta-fogo (min)
Estanqueidade	Isolamento térmico	Estabilidade		
240	240	240	240	240
A amostra se manteve estanque durante 240 minutos de ensaio.	Limite de elevação de temperatura da face não exposta ao fogo: Média: 140°C + To = 163°C ou Qualquer ponto: 180°C + To = 203°C Ultrapassado aos 240 minutos de ensaio.	Aos 237 minutos foram realizados choques mecânicos para a verificação da estabilidade da amostra. A amostra se manteve-se íntegra e estável.	A parede apresentou resistência ao fogo no grau para-chama por 240 minutos (PC 240).	A parede apresentou resistência ao fogo no grau corta-fogo por 240 minutos (CF 240).

Observações do ensaio: Aos 30 minutos de ensaio observou-se a formação de fissuras na argamassa de revestimento, junto à região central da amostra, persistindo durante todo o transcorrer do ensaio e consideradas desprezíveis.

IMAGENS MERAMENTE ILUSTRATIVAS

Esta ficha de desempenho apresenta um resumo dos resultados obtidos no ensaio. O relatório de ensaio completo está disponível na BlocoBrasil e poderá ser consultado pelos Associados da entidade. Os Blocos ensaiados possuem o Selo de Qualidade ABCP.

Ficha de desempenho
RESISTÊNCIA AO FOGO
Parede com função estrutural

ENSAIO 11

MANUAL DE DESEMPENHO
Alvenaria com Blocos de Concreto

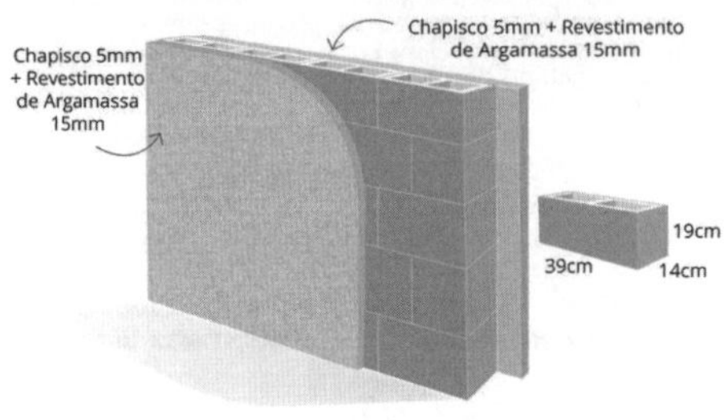

Resultados extraídos do relatório de ensaio executado pelo laboratório itt Performance - Unisinos	
Relatório	**0874/2015**
Norma técnica	**ABNT NBR 5628**

Elemento ensaiado			
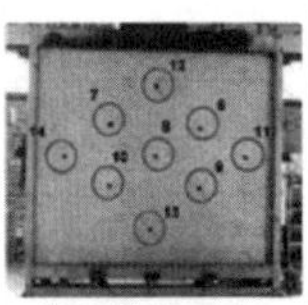 Face não exposta ao fogo	**Bloco de concreto**	**Classe de Resistência**	Classe A
		Dimensões (cm)	14 x 19 x 39
		Espessura média das paredes (mm)	26
		Resistência à Compressão (MPa)	9
	Dimensões da parede	305 x 280 x 18 cm	
	Assentamento dos Blocos (a)	Argamassa industrializada; juntas amarradas de 10mm; preenchimento das juntas verticais e horizontais.	
	Revestimento (b)	A face exposta ao fogo foi revestida com chapisco 1:4 com 5mm de espessura e emboço de argamassa industrializada com 15mm de espessura. A face oposta foi revestida com chapisco 1:4 com 5mm de espessura e emboço de argamassa industrializada com 15mm de espessura.	
 Face exposta ao fogo	**Argamassa**	(a) Resistência à compressão média: 10,0 MPa. (b) Resistência à compressão média: não declarado.	
	Cura	Não declarado.	
	Condições do ensaio	Temperatura inicial de To = 21,5° C, Pressão no interior do forno: 10 Pa.	
		Aplicação de carregamento axial 9.174 kg/m - durante todo o programa de aquecimento.	
		Duração: 240 minutos.	

IMAGENS MERAMENTE ILUSTRATIVAS

Resultados				
Tempo de atendimento aos critérios de avaliação (min)			Classificação quanto à resistência ao fogo, no grau para-chama (min)	Classificação quanto à resistência ao fogo, no grau corta-fogo (min)
Estanqueidade	Isolamento térmico	Estabilidade		
240	180,5	240	240	180
A amostra se manteve estanque durante todo de ensaio.	Limite de elevação de temperatura da face não exposta ao fogo: Média: 140°C + To = 161,5°C ou Qualquer ponto: 180°C + To = 201,5°C Ultrapassado aos 180,5 minutos de ensaio.	A amostra se manteve estável durante todo período de ensaio. Após 24h do término do programa de aquecimento, A amostra foi submetida novamente à carga de serviço e manteve-se estável.	A parede apresentou resistência ao fogo no grau para-chama por 240 minutos (PC 240).	A parede apresentou resistência ao fogo no grau corta-fogo por 180 minutos (CF180).
Observações do ensaio: Foi verificado que houve abertura de fissura na região central do corpo de prova aos 6 minutos de ensaio, mas esta não comprometeu sua estanqueidade.				

Esta ficha de desempenho apresenta um resumo dos resultados obtidos no ensaio. O relatório de ensaio completo está disponível na BlocoBrasil e poderá ser consultado pelos Associados da entidade. Os Blocos ensaiados possuem o Selo de Qualidade ABCP.

Ficha de desempenho
RESISTÊNCIA AO FOGO
Parede com função estrutural

ENSAIO 12

MANUAL DE DESEMPENHO
Alvenaria com Blocos de Concreto

Resultados extraídos do relatório de ensaio executado pelo IPT (Instituto de Pesquisas Tecnológicas)	
Relatório	**1.123.380-203**
Norma técnica	**ABNT NBR 5628**

Elemento ensaiado			
 Face não exposta ao fogo	**Bloco de concreto**	Classe de Resistência	Classe A
		Dimensões (cm)	14 x 19 x 39
		Espessura média das paredes (mm)	31
		Resistência à Compressão (MPa)	14
	Dimensões da parede	260 x 260 x 14 cm	
	Assentamento dos Blocos (a)	Argamassa industrializada; juntas amarradas de 10mm; preenchimento das juntas verticais e horizontais.	
 Face exposta ao fogo	**Revestimento (b)**	Sem revestimento.	
	Argamassa	Resistência à compressão média: 8,1 MPa.	
	Cura	Não declarado	
	Condições do ensaio	Temperatura inicial de To = 26° C. Pressão no interior do forno: 10 Pa.	
		Aplicação de carregamento axial 10.000 kgf/m - durante todo o programa de aquecimento.	
		Duração: 180min.	

Resultados				
Tempo de atendimento aos critérios de avaliação (min)			Classificação quanto à resistência ao fogo, no grau para-chama (min)	Classificação quanto à resistência ao fogo, no grau corta-fogo (min)
Estanqueidade	Isolamento térmico	Estabilidade		
120	80	120	120	60
A amostra se manteve estanque durante todo de ensaio.	O limite de elevação de temperatura da face não exposta ao fogo do corpo de prova, ou seja, 140°C + T0 (166°C) na média, ou 180°C + T0 (206°C) em qualquer ponto de medida, foi ultrapassado aos 80 minutos de ensaio.	A amostra se manteve estável durante todo período de ensaio. Após 24h do término do programa de aquecimento, a amostra foi submetida novamente à carga de serviço e manteve-se estável.	A parede apresentou resistência ao fogo no grau para-chama por 120 minutos. (PC 120).	A parede apresentou resistência ao fogo no grau corta-fogo por 60 minutos. (CF60).
Observações do ensaio: Aos 20 minutos foi verificado o surgimento de trincas na face não exposta ao fogo.				

IMAGENS MERAMENTE ILUSTRATIVAS

Esta ficha de desempenho apresenta um resumo dos resultados obtidos no ensaio. O relatório de ensaio completo está disponível na BlocoBrasil e poderá ser consultado pelos Associados da entidade. Os Blocos ensaiados possuem o Selo de Qualidade ABCP.

CAPÍTULO VI

DESEMPENHO TÉRMICO - método simplificado

ENSAIO	TIPOLOGIA DA PAREDE ENSAIADA		RESULTADO
Ensaio 01	**Bloco Classe B** 14x19x39 cm	**Face externa:** 25 mm de Argamassa **Face interna:** 05 mm de Gesso	**U = 2,70 W/m2.K** **CT = 194 KJ/m2.K**

Ficha de desempenho
DESEMPENHO TÉRMICO
Método simplificado

ENSAIO 01

MANUAL DE DESEMPENHO
Alvenaria com Blocos de Concreto

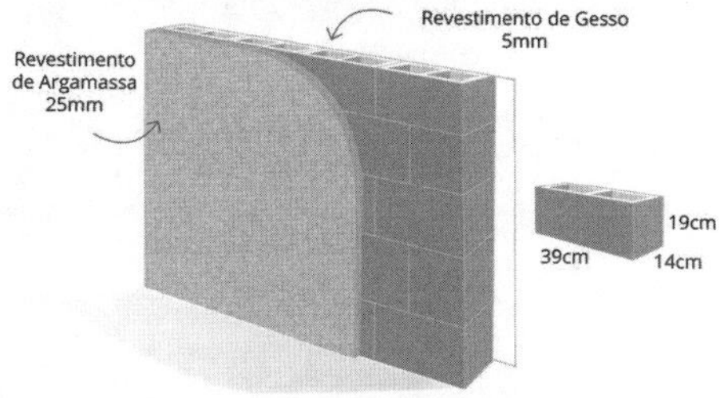

Resultados extraídos do relatório de ensaio executado pelo IPT (Instituto de Pesquisas Tecnológicas)	
Relatório	**RE 145.318-205**
Norma técnica	**ABNT NBR 15575-4**

Elemento ensaiado	**Classe de Resistência**	Classe B
	Dimensões	14 x 19 x 39cm. Paredes dos blocos 25mm
	Revestimento: face externa	25 mm de Argamassa
	Revestimento: face interna	5 mm de Gesso

Resultados	
Transmitância Térmica (U) (W/m2.K)	Capacidade térmica (CT) (kJ/m2.K)
2,70	194

Critérios de Aprovação				
Z1 e Z2	Z3 a Z8	Z1 a Z7	Z8	
Atende (M)	α ≤ 0,6	α ≤ 130	Atende (M)	Sem exigência
	Atende (M)	Atende (M)		

*Quando a parede não atende aos critérios do método simplificado é necessário avaliar o desempenho térmico da parede por meio do método detalhado.
M = desempenho mínimo.

Zoneamento bioclimático brasileiro (ABNT NBR 15220-3)

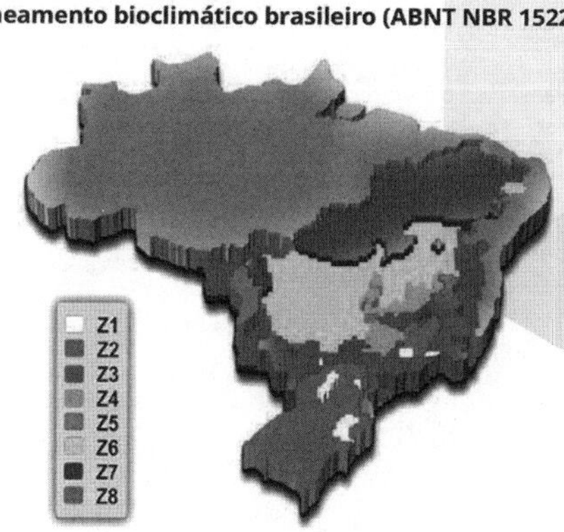

IMAGENS MERAMENTE ILUSTRATIVAS

Esta ficha de desempenho apresenta um resumo dos resultados obtidos no ensaio. O relatório de ensaio completo está disponível na BlocoBrasil e poderá ser consultado pelos Associados da entidade. Os Blocos ensaiados possuem o Selo de Qualidade ABCP.

CAPÍTULO VII

DESEMPENHO TÉRMICO - Método detalhado

ENSAIO	TIPOLOGIA DA PAREDE ENSAIADA		RESULTADO
Ensaio 01	**Bloco Classe B** 14x19x39 cm	**Face externa:** 25 mm de Argamassa **Face interna:** 05 mm de Gesso	**Verão:** Z1 intermediário Z2 mínimo **Inverno:** Z1 mínimo Z2 intermediário
Ensaio 02	**Bloco Classe C** 14x19x39 cm	**Face externa:** 25 mm de Argamassa **Face interna:** 05 mm de Gesso	**Verão:** Z1 intermediário Z2 mínimo **Inverno:** Z1 mínimo Z2 intermediário

Ficha de desempenho
DESEMPENHO TÉRMICO
Método detalhado - Parede com função estrutural

ENSAIO 01

MANUAL DE DESEMPENHO
Alvenaria com Blocos de Concreto

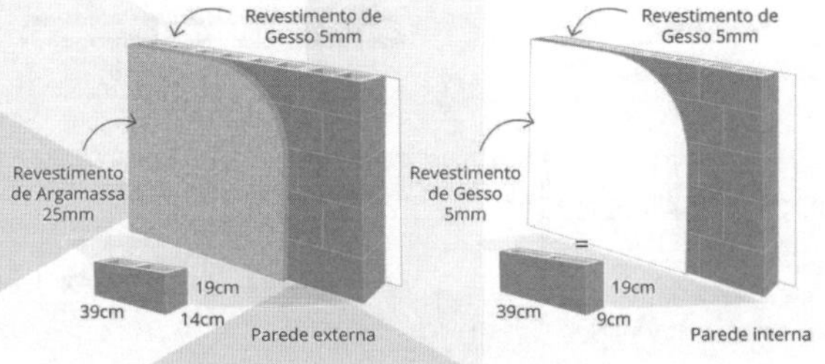

Resultados extraídos do relatório de ensaio executado pelo IPT (Instituto de Pesquisas Tecnológicas)	
Relatório	**RE 143.318-205**
Norma técnica	**ABNT NBR 15575-4**

Características construtivas da habitação	
Paredes externas	Blocos de concreto - Classe B (14x19x39) cm. Espessura parede do bloco da ordem de 25mm. Pé direito: 2,60m. Revestimento Externo: argamassa comum com espessura 25mm. Revestimento interno: gesso com espessura de 5mm.
Paredes externas	Blocos de concreto - Classe C (9x19x39) cm. Espessura da ordem de 15mm. Revestimento nas duas faces: gesso com espessura de 5mm.
Coberturas	Telhas cerâmicas, espessura média de 2,5cm. Sobre laje horizontal maciça de concreto convencional, com espessura de 9cm.
Janelas	Dormitórios e sala: "de correr", dimensões de (120x120) cm, com caixilhos metálicos, com duas folhas de vidro liso incolor transparente com 3mm de espessura. Cozinha: "de correr", dimensões de (100x80)cm, compostas por caixilhos metálicos, com duas folhas de vidro liso incolor transparente com 3mm de espessura. Banheiro: "basculante", dimensões de (60x60) cm, composta por caixilho metálico, com vidro liso incolor transparente com 3mm de espessura.
Portas	Internas e externas, com tipologia "de abrir", dimensões de (80x210)cm, com perfil de desempenho PIM (ABNT NBR 15930-2).
Absortância à radiação solar: Superfície externa das paredes: cor clara = 0,3; cor média = 0,5; cor escura = 0,7. Superfície externa das telhas: cor escura = 0,65.	

Propriedades dos materiais considerados na edificação				
Material	**Massa específica - ρ (kg/m3)**	**Condutividade térmica - λ(W/(m.K)**		**Calor específico - c (kJ/(kg.K)**
Argamassa comum	2.100	1,15		1,00
Concreto (lajes)	2.400	1,75		1,00
Concreto (blocos)	2.200	1,50		1,00
Gesso	1.200	0,50		0,84
Cerâmica (telhas)	1.700	1,00		0,92
Cidade/Estado		**Curitiba/PR**		**São Lourenço/MG**
Zona Bioclimática (ABNT NBR 15220-3)		Z1		Z2
Latitude		25,24 S		22,1 S
Longitude		49,27 W		45,01 W
Altitude (m)		924		953
Dados climáticos dos dias típicos de verão				
Valor máximo diário da temperatura do ar (°C)		31,4		31,8
Amplitude diária da temperatura do ar (°C)		10,2		11,7
Temperatura de bulbo úmido (°C)		21,3		21,6
Radiação solar global no plano horizontal (Wh/m²)		2774[b]	4986[c]	5307
Dados climáticos dos dias típicos de inverno				
Valor máximo diário da temperatura do ar (°C)		0,7		2,6
Amplitude diária da temperatura do ar (°C)		11,6		16,6
Temperatura de bulbo úmido (°C)		11,0		14,0
Radiação solar global no plano horizontal (Wh/m²)		1666[b]	3211[c]	3595

Os dados desta cidade não constam da norma ABNT NBR 15575 e foram gerados pelo IPT com base em dados climáticos do INMET e dados de radiação solar global no plano horizontal obtidos do CRESESB CEPEL. Valor de radiação solar global constante da norma ABNT NBR 15575 Valor de radiação global obtido pelo CRESESB CEPEL.

Ficha de desempenho
DESEMPENHO TÉRMICO
Método detalhado

ENSAIO 01

MANUAL DE DESEMPENHO
Alvenaria com Blocos de Concreto

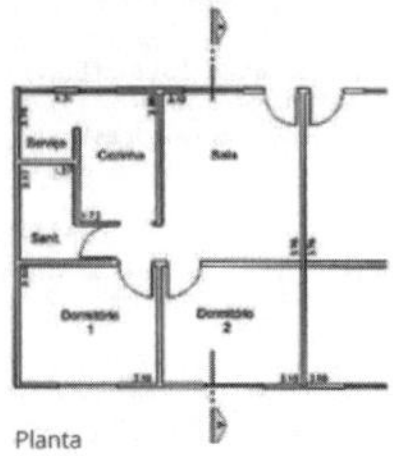

Planta

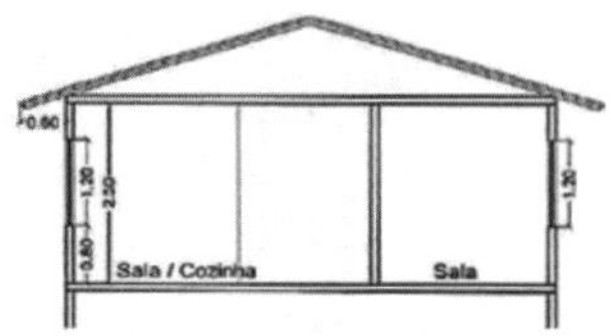

Corte A

Projeto modelo - CDHU - Planta e corte da habitação avaliada, sem escala

Resultados extraídos do relatório de ensaio executado pelo IPT (Instituto de Pesquisas Tecnológicas)	
Relatório	**RE 143.318-205**
Norma técnica	**ABNT NBR 15575-4**

Níveis de desempenho térmico dos recintos analisados, no verão
Valores máximos de temperatura

Zona Bioclimática	Temperatura máxima do ar externo (°C)	Cor da parede externa	Dormitório 1/Condição				Sala/Condição			
			CP	SOMB.	VENT.	SOMB. +VENT.	CP	SOMB.	VENT.	SOMB. +VENT.
Z1 (radicação solar NBR 15575)	31,4	clara: α = 0,3	28,3	27,7	28,8	28,4	28,3	27,6	28,8	28,4
		média: α = 0,5	28,8	28,2	29,0	28,6	28,6	27,9	29,0	28,6
		escura: α = 0,7	29,3	28,7	29,3	28,9	28,9	28,2	29,1	28,7
Z1 (radicação solar CRESESB)	31,4	clara: α = 0,3	30,7	29,7	30,1	29,5	31,2	30,1	30,4	29,8
		média: α = 0,5	31,4	30,5	30,5	29,9	31,5	30,5	30,6	30,0
		escura: α = 0,7	32,2	31,2	31,0	30,4	31,9	30,9	30,8	30,2
Z2	31,8	clara: α = 0,3	30,7	29,7	30,2	29,6	31,3	30,1	30,5	29,9
		média: α = 0,5	31,4	30,4	30,6	29,9	31,6	30,6	30,7	30,1
		escura: α = 0,7	32,2	31,1	31,1	30,4	32,1	31,0	30,9	30,3

Níveis de desempenho térmico dos recintos analisados, no inverno
Valores mínimos de temperatura

Zona Bioclimática	Temperatura máxima do ar externo (°C)	Cor da parede externa	Dormitório 1/Condição	Sala/Condição
			CP	CP
Z1 (radicação solar NBR 15575)	0,7	clara: α = 0,3	3,9	4,2
		média: α = 0,5	4,0	4,3
		escura: α = 0,7	4,4	4,5
Z1 (radicação solar CRESESB)	0,7	clara: α = 0,3	4,8	5,2
		média: α = 0,5	5,0	5,4
		escura: α = 0,7	5,5	5,8
Z2	2,6	clara: α = 0,3	8,8	9,4
		média: α = 0,5	9,1	9,7
		escura: α = 0,7	9,4	9,9

CP - Condição padrão: Ambiente com ventilação somente por infiltração através de frestas em janelas e portas, a uma taxa de 1,0 Ren/h (renovação do volume de ar do ambiente por hora) e janelas sem sombreamento.
SOMB. - Sombreamento: Janelas com proteção solar externa ou interna, como cortinas ou outros elementos, que impeçam a entrada de radiação solar direta ou reduzem em 50% a incidência da radiação solar global no ambiente.
VENT. - Ambiente ventilado a uma taxa de 5,0 Ren/h (renovação do volume de ar do ambiente por hora).
SOMB. + VENT. - Ambiente com a combinação de sombreamento e ventilação, conforme descrito.

Vermelho: nível de desempenho térmico abaixo do mínimo
Amarelo: nível de desempenho térmico mínimo
Verde: nível de desempenho térmico intermediário
Azul: nível de desempenho térmico superior

IMAGENS MERAMENTE ILUSTRATIVAS

Esta ficha de desempenho apresenta um resumo dos resultados obtidos no ensaio. O relatório de ensaio completo está disponível na BlocoBrasil e poderá ser consultado pelos Associados da entidade. Os Blocos ensaiados possuem o Selo de Qualidade ABCP.

Ficha de desempenho
DESEMPENHO TÉRMICO
Método detalhado - Parede sem função estrutural

ENSAIO 02

MANUAL DE DESEMPENHO
Alvenaria com Blocos de Concreto

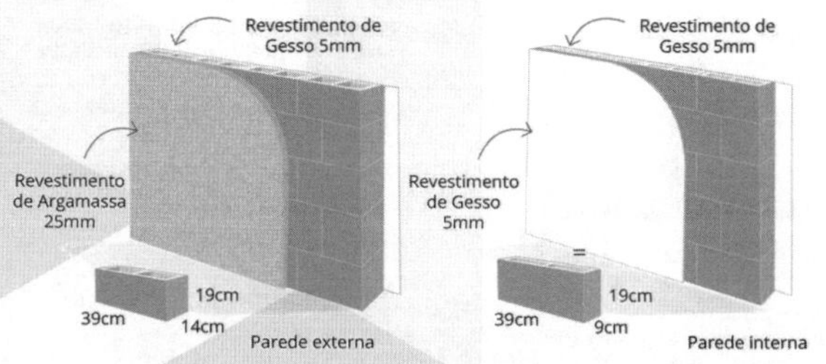

Resultados extraídos do relatório de ensaio executado pelo IPT (Instituto de Pesquisas Tecnológicas)	
Relatório	**RE 155.250-205**
Norma técnica	**ABNT NBR 15575-4**

	Características construtivas da habitação
Paredes externas	Blocos de concreto - Classe C (14x19x39) cm. Espessura parede do bloco da ordem de 20mm. Pé direito: 2,60m. Revestimento Externo: argamassa comum com espessura 25mm. Revestimento interno: gesso com espessura de 5 mm.
Paredes externas	Blocos de concreto - Classe C (9x19x39) cm. Espessura da ordem de 18mm. Revestimento nas duas faces: gesso com espessura de 5mm.
Coberturas	Telhas cerâmicas, espessura média de 2,5cm. Sobre laje horizontal maciça de concreto convencional, com espessura de 9cm.
Janelas	Dormitórios e sala: "de correr", dimensões de (120x120) cm, com caixilhos metálicos, com duas folhas de vidro liso incolor transparente com 3mm de espessura. Cozinha: "de correr", dimensões de (100x80) cm, compostas por caixilhos metálicos, com duas folhas de vidro liso incolor transparente com 3mm de espessura. Banheiro: "basculante", dimensões de (60x60) cm, composta por caixilho metálico, com vidro liso incolor transparente com 3 mm de espessura.
Portas	Internas e externas, com tipologia "de abrir", dimensões de (80x210) cm, com perfil de desempenho PIM (ABNT, 2011).
Absortância à radiação solar: Superfície externa das paredes: cor clara = 0,3; cor média = 0,5; cor escura = 0,7. Superfície externa das telhas: cor escura = 0,65.	

Cidade/Estado	**Curitiba/PR**		**São Lourenço/MG**
Zona Bioclimática (ABNT NBR 15220-3)	Z1		Z2
Latitude	25,42 S		22,1 S
Longitude	49,27 W		45,01 W
Altitude (m)	924		953
Dados climáticos dos dias típicos de verão			
Valor máximo diário da temperatura do ar (°C)	31,4		31,8
Amplitude diária da temperatura do ar (°C)	10,2		11,7
Temperatura de bulbo úmido (°C)	21,3		21,6
Radiação solar global no plano horizontal (Wh/m²)	2774[b]	4986[c]	5307
Dados climáticos dos dias típicos de inverno			
Valor máximo diário da temperatura do ar (°C)	0,7		2,6
Amplitude diária da temperatura do ar (°C)	11,6		16,6
Temperatura de bulbo úmido (°C)	11,0		14,0
Radiação solar global no plano horizontal (Wh/m²)	1666[b]	3211[c]	3595

[a]Os dados desta cidade não constam da norma ABNT NBR 15575 e foram gerados pelo IPT com base em dados climáticos do INMET e dados de radiação solar global no plano horizontal obtidos do CRESESB CEPEL.
[b]Valor de radiação solar global constante da norma ABNT NBR 15575.
[c]Valor de radiação global obtido pelo CRESESB CEPEL.

Ficha de desempenho
DESEMPENHO TÉRMICO
Método detalhado - Parede sem função estrutural

ENSAIO 02

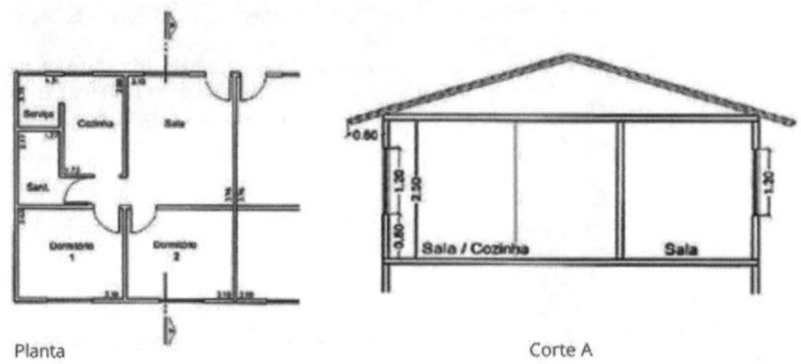

Planta | Corte A

Projeto modelo - CDHU - Planta e corte da habitação avaliada, sem escala

Resultados extraídos do relatório de ensaio executado pelo IPT (Instituto de Pesquisas Tecnológicas)	
Relatório	**RE 155.250-205**
Norma técnica	**ABNT NBR 15575-4**

Níveis de desempenho térmico dos recintos analisados, no verão
Valores máximos de temperatura

Zona Bioclimática	Temperatura máxima do ar externo (°C)	Cor da parede externa	Dormitório 1/Condição				Sala/Condição			
			CP	SOMB.	VENT.	SOMB. +VENT.	CP	SOMB.	VENT.	SOMB. +VENT.
Z1 (radicação solar NBR 15575)	31,4	clara: α = 0,3	28,6	28,0	29,1	28,4	28,5	27,8	29,1	28,6
		média: α = 0,5	29,3	28,7	29,4	29,0	28,8	28,1	29,2	28,8
		escura: α = 0,7	30,0	29,3	29,8	29,4	29,2	28,5	29,4	28,9
Z1 (radicação solar CRESESB)	31,4	clara: α = 0,3	31,5	30,3	30,7	29,9	31,6	30,4	30,7	30,1
		média: α = 0,5	32,4	31,2	31,4	30,6	32,1	30,9	30,9	30,3
		escura: α = 0,7	33,4	32,2	32,1	31,3	32,5	31,3	31,2	30,5
Z2	31,8	clara: α = 0,3	31,6	30,3	30,9	30,1	31,8	30,5	31,0	30,2
		média: α = 0,5	32,6	31,3	31,5	30,7	32,3	31,0	31,2	30,5
		escura: α = 0,7	33,6	32,3	32,2	31,3	32,8	31,5	31,5	30,8

Níveis de desempenho térmico dos recintos analisados, no inverno
Valores mínimos de temperatura

Zona Bioclimática	Temperatura máxima do ar externo (°C)	Cor da parede externa	Dormitório 1/Condição	Sala/Condição
			CP	CP
Z1 (radicação solar NBR 15575)	0,7	clara: α = 0,3	3,3	3,7
		média: α = 0,5	3,5	3,8
		escura: α = 0,7	3,6	4,0
Z1 (radicação solar CRESESB)	0,7	clara: α = 0,3	4,2	4,8
		média: α = 0,5	4,5	5,1
		escura: α = 0,7	4,8	5,3
Z2	2,6	clara: α = 0,3	8,2	9,0
		média: α = 0,5	8,5	9,3
		escura: α = 0,7	8,8	9,6

CP - Condição padrão: Ambiente com ventilação somente por infiltração através de frestas em janelas e portas, a uma taxa de 1,0 Ren/h (renovação do volume de ar do ambiente por hora) e janelas sem sombreamento.
SOMB. - Sombreamento: Janelas com proteção solar externa ou interna, como cortinas ou outros elementos, que impeçam a entrada de radiação solar direta ou reduzem em 50% a incidência da radiação solar global no ambiente.
VENT. - Ambiente ventilado a uma taxa de 5,0 Ren/h (renovação do volume de ar do ambiente por hora).
SOMB. + VENT. - Ambiente com a combinação de sombreamento e ventilação, conforme descrito.

Vermelho: nível de desempenho térmico abaixo do mínimo
Amarelo: nível de desempenho térmico mínimo
Verde: nível de desempenho térmico intermediário
Azul: nível de desempenho térmico superior

Esta ficha de desempenho apresenta um resumo dos resultados obtidos no ensaio. O relatório de ensaio completo está disponível na BlocoBrasil e poderá ser consultado pelos Associados da entidade. Os Blocos ensaiados possuem o Selo de Qualidade ABCP.

CAPÍTULO VIII

DESEMPENHO ACÚSTICO

ENSAIO	TIPOLOGIA DA PAREDE ENSAIADA		RESULTADO
Ensaio 01	**Bloco Classe C** 14x19x39 cm	**Face interna:** 05 mm de Gesso **Face externa:** 05 mm de Gesso	38 dB
Ensaio 02	**Bloco Classe C** 14x19x39 cm	**Face interna:** 22 mm de Argamassa **Face externa:** 22 mm de Argamassa	43 dB
Ensaio 03	**Bloco Classe B** 14x19x39 cm	**Face interna:** 19 mm de Argamassa **Face externa:** 19 mm de Argamassa	48 dB
Ensaio 04	**Bloco Classe B** 14x19x39 cm	**Face interna:** 29 mm de Argamassa **Face externa:** 29 mm de Argamassa	50 dB
Ensaio 05	**Bloco Classe C** 19x19x39 cm	**Face interna:** 25 mm de Argamassa **Face externa:** 25 mm de Argamassa	44 dB
Ensaio 06	**Bloco Classe A** 14x19x39 cm	Sem revestimento	46 dB
Ensaio 07	**Bloco Classe A** 14x19x39 cm	**Face interna:** 16 mm de Argamassa **Face externa:** 16 mm de Argamassa	48 dB
Ensaio 08	**Bloco Classe A** 19x19x39 cm	Sem revestimento	47 dB
Ensaio 09	**Bloco Classe A** 19x19x39 cm	**Face interna:** 10 mm de Gesso **Face externa:** 10 mm de Gesso	48 dB

Ficha de desempenho
DESEMPENHO ACÚSTICO
Rw

ENSAIO 01

MANUAL DE DESEMPENHO
Alvenaria com Blocos de Concreto

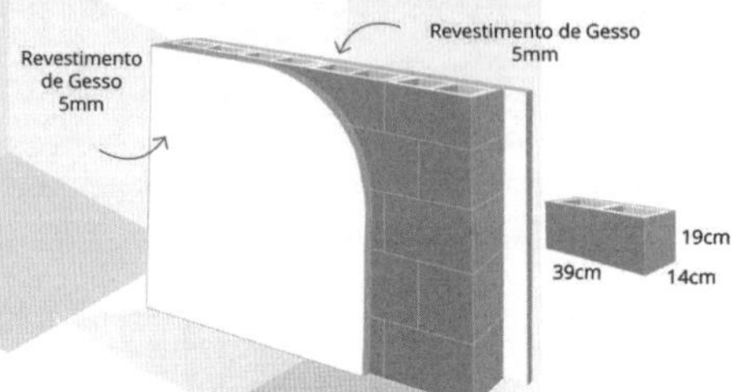

Resultados extraídos do relatório de ensaio executado pelo IPT (Instituto de Pesquisas Tecnológicas)	
Relatório	**RE 1.107.027-203**
Norma técnica	**ISO 10140:2010**

Elemento ensaiado

Montagem da parede

Parede revestida

Bloco de concreto	**Classe de Resistência**	Classe C
	Dimensões (cm)	14 x 19 x 39
	Espessura média das paredes (mm)	20,0
	Massa média (kg)	9,50
	Resistência à Compressão (MPa)	3,9
Gesso industrializado	**Densidade (g/cm³)**	1,3
Dimensões da parede	300 x 400 x 15 cm	
Área ensaiada	12,0 m² - em ambos os lados.	
Assentamento dos blocos	Argamassa moldada em obra com traço em volume 1:2:9 (cimento, cal e areia) juntas amarradas de 10mm; preenchimento das juntas verticais e horizontais.	
Revestimento	Face interna revestidas com gesso: 5,0 mm de espessura. Face externa revestidas com gesso: 5,0 mm de espessura.	
	Composição do gesso: Sulfato de cálcio hemi-hidratado e aditivos especiais.	
Condições do ensaio	Temperatura ambiente: 25,3°C. Umidade relativa: 78,0%.	

IMAGENS MERAMENTE ILUSTRATIVAS

Características das câmaras reverberantes utilizadas		
Câmara emissora	**Área**	252m²
	Volume	225m³
	Num. difusores	14 un
Câmara receptora	**Área**	229m²
	Volume	217m³
	Num. difusores	13 un

Ficha de desempenho
DESEMPENHO ACÚSTICO
Rw

ENSAIO 01

MANUAL DE DESEMPENHO
Alvenaria com Blocos de Concreto

Resultado

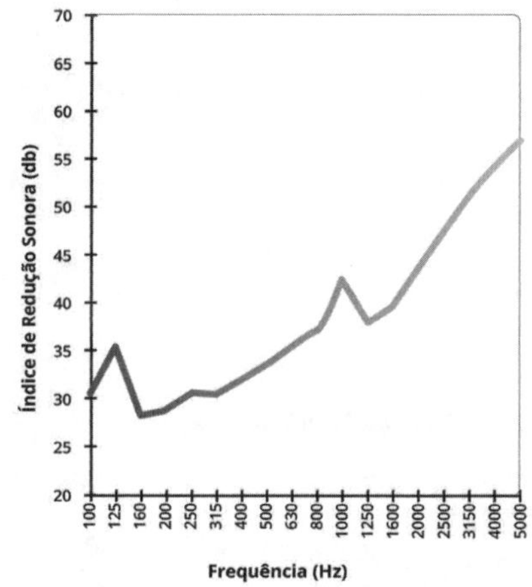

Frequência (Hz)	Índice de Redução Sonora (dB)
100	30,2
125	35,7
160	28,3
200	28,8
250	30,6
315	30,5
400	32,0
500	33,6
630	35,6
800	37,4
1000	42,4
1250	37,9
1600	39,8
2000	43,8
2500	47,7
3150	51,4
4000	54,1
5000	57,0

Índice de Redução Sonora Ponderado, Rw	38dB

IMAGENS MERAMENTE ILUSTRATIVAS

Esta ficha de desempenho apresenta um resumo dos resultados obtidos no ensaio. O relatório de ensaio completo está disponível na BlocoBrasil e poderá ser consultado pelos Associados da entidade. Os Blocos ensaiados possuem o Selo de Qualidade ABCP.

Ficha de desempenho
DESEMPENHO ACÚSTICO
Rw

ENSAIO 02

MANUAL DE DESEMPENHO
Alvenaria com Blocos de Concreto

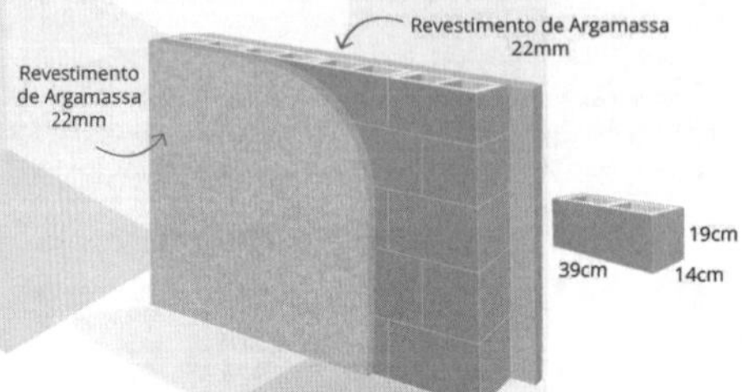

Resultados extraídos do relatório de ensaio executado pelo IPT (Instituto de Pesquisas Tecnológicas)	
Relatório	**RE 1.096.399-203**
Norma técnica	**ISO 10140:2010**

Elemento ensaiado

Montagem da parede

Parede revestida

Bloco de concreto	Classe de Resistência	Classe C
	Dimensões (cm)	14 x 19 x 39
	Espessura média das paredes (mm)	19,0
	Massa média (kg)	8,90
	Resistência à Compressão (MPa)	3,6
Argamassa industrializado	Densidade (g/cm³)	1,9
Dimensões da parede	300 x 400 x 18,5 cm	
Área ensaiada	12,0 m² - em ambos os lados.	
Assentamento dos blocos	Argamassa industrializada; juntas amarradas de 10mm; preenchimento das juntas verticais e horizontais.	
Revestimento	Face interna revestidas com argamassa: 22,0mm de espessura. Face externa revestidas com argamassa: 22,0mm de espessura.	
Cura	Não declarado.	
Condições do ensaio	Temperatura ambiente: 21,5°C. Umidade relativa: 68,0%.	

IMAGENS MERAMENTE ILUSTRATIVAS

Características das câmaras reverberantes utilizadas		
Câmara emissora	Área	252m²
	Volume	225m³
	Num. difusores	14 un
Câmara receptora	Área	229m²
	Volume	217m³
	Num. difusores	13 un

Ficha de desempenho
DESEMPENHO ACÚSTICO
Rw

ENSAIO 02

MANUAL DE DESEMPENHO
Alvenaria com Blocos de Concreto

Resultado

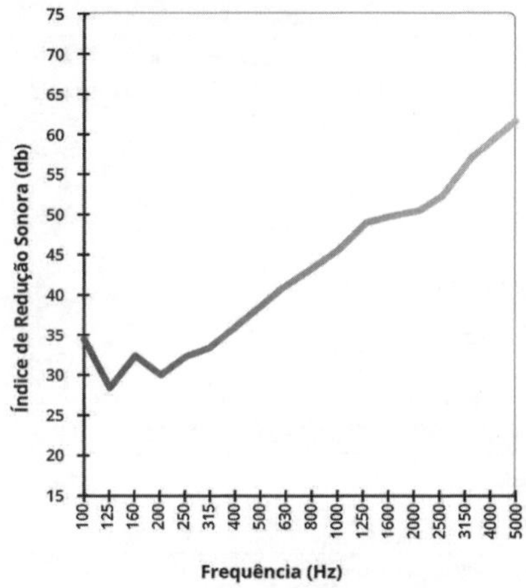

Frequência do centro da banda de terço de oitava (Hz)	Índice de Redução Sonora (dB)
100	34,4
125	28,3
160	32,6
200	29,8
250	32,5
315	33,6
400	36,3
500	38,9
630	41,6
800	43,6
1000	45,9
1250	49,1
1600	50,0
2000	50,6
2500	52,2
3150	56,7
4000	59,6
5000	61,8

Índice de Redução Sonora Ponderado, Rw	43dB

IMAGENS MERAMENTE ILUSTRATIVAS

Esta ficha de desempenho apresenta um resumo dos resultados obtidos no ensaio. O relatório de ensaio completo está disponível na BlocoBrasil e poderá ser consultado pelos Associados da entidade. Os Blocos ensaiados possuem o Selo de Qualidade ABCP.

Ficha de desempenho
DESEMPENHO ACÚSTICO
Rw

ENSAIO 03

MANUAL DE DESEMPENHO
Alvenaria com Blocos de Concreto

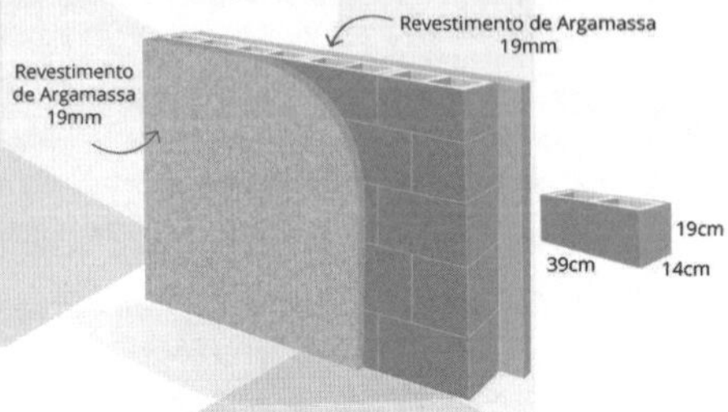

Resultados extraídos do relatório de ensaio executado pelo IPT (Instituto de Pesquisas Tecnológicas)	
Relatório	**RE 1.096.400-203**
Norma técnica	**ISO 10140-2**

IMAGENS MERAMENTE ILUSTRATIVAS

Elemento ensaiado

Parede em construção

Montagem da parede

Montagem da parede

Bloco de concreto	**Classe de Resistência**	Classe B
	Dimensões (cm)	14 x 19 x 39
	Espessura média das paredes (mm)	25,5
	Massa média (kg)	12,7
	Resistência à Compressão (MPa)	7,2
Argamassa industrializado	**Densidade (g/cm³)**	1,9
Dimensões da parede	300 x 400 x 17,8 cm	
Área ensaiada	12,0 m² - em ambos os lados.	
Assentamento dos blocos	Argamassa industrializada; juntas amarradas de 10mm; preenchimento das juntas verticais e horizontais.	
Revestimento	Face interna revestidas com argamassa: 19,0mm de espessura. Face externa revestidas com argamassa: 19,0mm de espessura.	
Cura	Não declarado.	
Condições do ensaio	Temperatura ambiente: 22,0ºC. Umidade relativa: 68,0%.	

Características das câmaras reverberantes utilizadas		
Câmara emissora	**Área**	252m²
	Volume	225m³
	Num. difusores	14 un
Câmara receptora	**Área**	229m²
	Volume	217m³
	Num. difusores	13 un

Ficha de desempenho
DESEMPENHO ACÚSTICO
Rw

ENSAIO 03

MANUAL DE DESEMPENHO
Alvenaria com Blocos de Concreto

Resultado

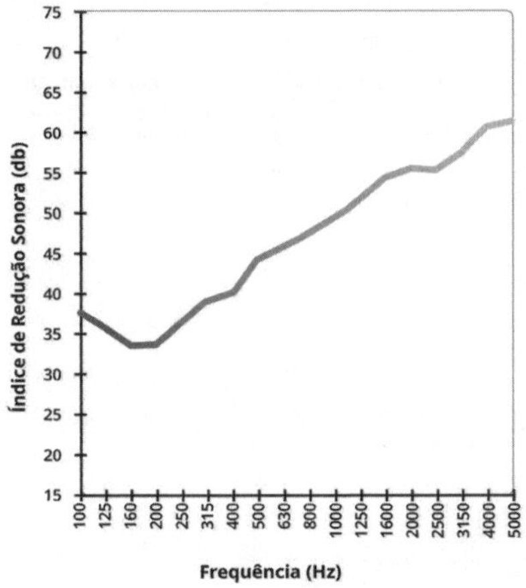

Frequência do centro da banda de terço de oitava (Hz)	Índice de Redução Sonora (dB)
100	37,9
125	36,3
160	33,7
200	34,2
250	36,7
315	39,4
400	40,4
500	44,8
630	46,2
800	47,7
1000	49,9
1250	51,9
1600	54,6
2000	55,6
2500	55,4
3150	57,8
4000	61,0
5000	61,7

Índice de Redução Sonora Ponderado, Rw	48dB

IMAGENS MERAMENTE ILUSTRATIVAS

Esta ficha de desempenho apresenta um resumo dos resultados obtidos no ensaio. O relatório de ensaio completo está disponível na BlocoBrasil e poderá ser consultado pelos Associados da entidade. Os Blocos ensaiados possuem o Selo de Qualidade ABCP.

Ficha de desempenho
DESEMPENHO ACÚSTICO
Rw

ENSAIO 04

MANUAL DE DESEMPENHO
Alvenaria com Blocos de Concreto

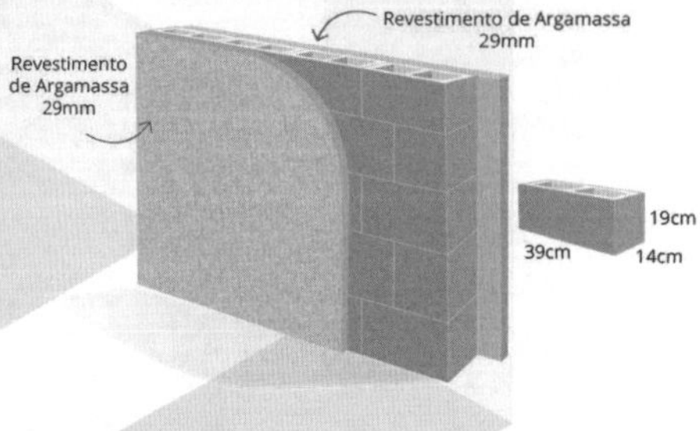

Resultados extraídos do relatório de ensaio executado pelo IPT (Instituto de Pesquisas Tecnológicas)	
Relatório	**RE 1.096.401-203**
Norma técnica	**ISO 10140:2010**

Elemento ensaiado			
 Montagem da parede	**Bloco de concreto**	**Classe de Resistência**	Classe B
		Dimensões (cm)	14 x 19 x 39
		Espessura média das paredes (mm)	25,5
		Massa média (kg)	12,7
		Resistência à Compressão (MPa)	7,2
	Argamassa industrializado	**Densidade (g/cm³)**	1,9
	Dimensões da parede	300 x 400 x 19,8 cm	
	Área ensaiada	12,0 m² - em ambos os lados.	
 Parede revestida	**Assentamento dos blocos**	Argamassa industrializada; juntas amarradas de 10mm; preenchimento das juntas verticais e horizontais.	
	Revestimento	Face interna revestidas com argamassa: 29,0mm de espessura. Face externa revestidas com argamassa: 29,0mm de espessura.	
	Cura	Não declarado.	
	Condições do ensaio	Temperatura ambiente: 21,7°C. Umidade relativa: 77,0%.	

IMAGENS MERAMENTE ILUSTRATIVAS

Características das câmaras reverberantes utilizadas		
Câmara emissora	**Área**	252m²
	Volume	225m³
	Num. difusores	14 un
Câmara receptora	**Área**	229m²
	Volume	217m³
	Num. difusores	13 un

Ficha de desempenho
DESEMPENHO ACÚSTICO
Rw

ENSAIO 04

MANUAL DE DESEMPENHO
Alvenaria com Blocos de Concreto

Resultado

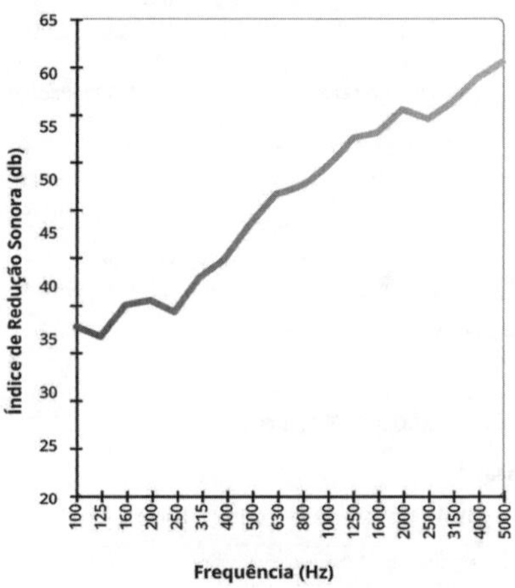

Frequência do centro da banda de terço de oitava (Hz)	Índice de Redução Sonora (dB)
100	36,1
125	35,1
160	38,1
200	38,6
250	37,5
315	41,0
400	42,5
500	45,9
630	48,6
800	49,4
1000	51,1
1250	53,9
1600	54,5
2000	56,7
2500	55,6
3150	57,4
4000	59,6
5000	61,1

Índice de Redução Sonora Ponderado, Rw	50dB

IMAGENS MERAMENTE ILUSTRATIVAS

Esta ficha de desempenho apresenta um resumo dos resultados obtidos no ensaio. O relatório de ensaio completo está disponível na BlocoBrasil e poderá ser consultado pelos Associados da entidade. Os Blocos ensaiados possuem o Selo de Qualidade ABCP.

Ficha de desempenho
DESEMPENHO ACÚSTICO
Rw

ENSAIO 05

MANUAL DE DESEMPENHO
Alvenaria com Blocos de Concreto

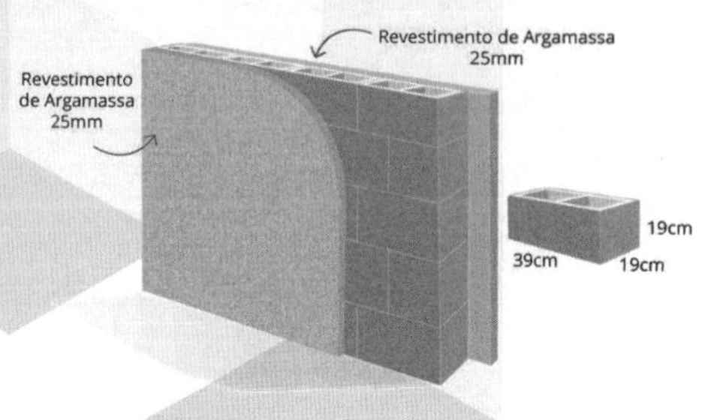

Resultados extraídos do relatório de ensaio executado pelo IPT (Instituto de Pesquisas Tecnológicas)	
Relatório	**RE 1.096.402-203**
Norma técnica	**ISO 10140:2010**

Elemento ensaiado			
 Montagem da parede	**Bloco de concreto**	**Classe de Resistência**	Classe C
		Dimensões (cm)	19 x 19 x 39
		Espessura média das paredes (mm)	20,0
		Massa média (kg)	11,68
		Resistência à Compressão (MPa)	4,4
	Argamassa industrializado	**Densidade (g/cm³)**	1,9
	Dimensões da parede	300 x 400 x 24 cm	
 Parede revestida	**Área ensaiada**	12,0 m² - em ambos os lados.	
	Assentamento dos blocos	Argamassa industrializada; juntas amarradas de 10mm; preenchimento das juntas verticais e horizontais.	
	Revestimento	Face interna revestidas com argamassa: 25,0mm de espessura. Face externa revestidas com argamassa: 25,0mm de espessura.	
	Cura	Não declarado.	
	Condições do ensaio	Temperatura ambiente: 23,7°C. Umidade relativa: 71,0%.	

IMAGENS MERAMENTE ILUSTRATIVAS

Características das câmaras reverberantes utilizadas		
Câmara emissora	**Área**	252m²
	Volume	225m³
	Num. difusores	14 un
Câmara receptora	**Área**	229m²
	Volume	217m³
	Num. difusores	13 un

Ficha de desempenho
DESEMPENHO ACÚSTICO
Rw

ENSAIO 05

MANUAL DE DESEMPENHO
Alvenaria com Blocos de Concreto

Resultado

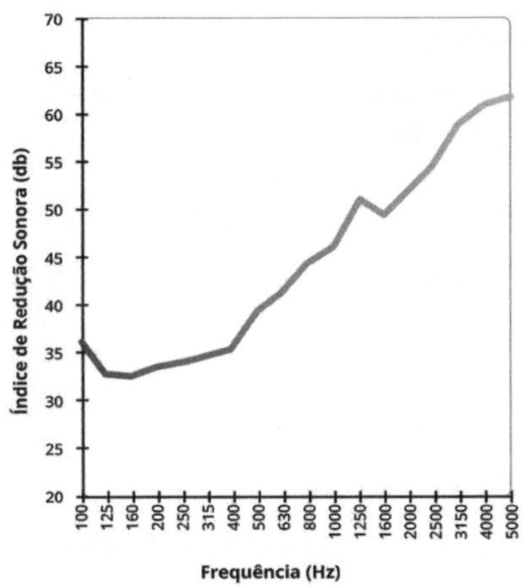

Frequência do centro da banda de terço de oitava (Hz)	Índice de Redução Sonora (dB)
100	36,5
125	32,7
160	32,6
200	33,6
250	34,1
315	34,8
400	35,6
500	39,6
630	41,5
800	44,6
1000	46,3
1250	51,1
1600	49,5
2000	52,2
2500	54,8
3150	59,4
4000	61,1
5000	61,8

Índice de Redução Sonora Ponderado, Rw	44dB

IMAGENS MERAMENTE ILUSTRATIVAS

Esta ficha de desempenho apresenta um resumo dos resultados obtidos no ensaio. O relatório de ensaio completo está disponível na BlocoBrasil e poderá ser consultado pelos Associados da entidade. Os Blocos ensaiados possuem o Selo de Qualidade ABCP.

Ficha de desempenho
DESEMPENHO ACÚSTICO
Rw

ENSAIO 06

MANUAL DE DESEMPENHO
Alvenaria com Blocos de Concreto

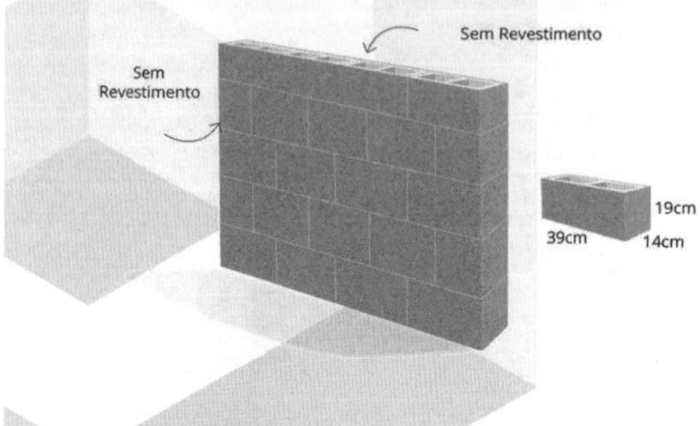

Resultados extraídos do relatório de ensaio executado pelo IPT (Instituto de Pesquisas Tecnológicas)	
Relatório	**RE 1 122 992-203**
Norma técnica	**ISO 10140:2010**

Elemento ensaiado			
 Montagem da parede	**Bloco de concreto**	Classe de Resistência	Classe A
		Dimensões (cm)	14 x 19 x 39
		Espessura média das paredes (mm)	31,0
		Massa média (kg)	14,3
		Resistência à Compressão (MPa)	14,0
	Argamassa industrializado	Densidade (g/cm³)	2,0
	Dimensões da parede	300 x 400 x 14 cm	
	Área ensaiada	12,0 m² - em ambos os lados.	
	Assentamento dos blocos	Argamassa industrializada; juntas amarradas de 10mm; preenchimento das juntas verticais e horizontais.	
 Parede revestidaz	**Revestimento**	Sem revestimento.	
	Cura	Não declarado.	
	Condições do ensaio	Temperatura ambiente: 23,7°C. Umidade relativa: 68,0%.	

IMAGENS MERAMENTE ILUSTRATIVAS

Características das câmaras reverberantes utilizadas		
Câmara emissora	Área	252m²
	Volume	225m³
	Num. difusores	14 un
Câmara receptora	Área	229m²
	Volume	217m³
	Num. difusores	13 un

Ficha de desempenho
DESEMPENHO ACÚSTICO
Rw

ENSAIO 06

MANUAL DE DESEMPENHO
Alvenaria com Blocos de Concreto

Resultado

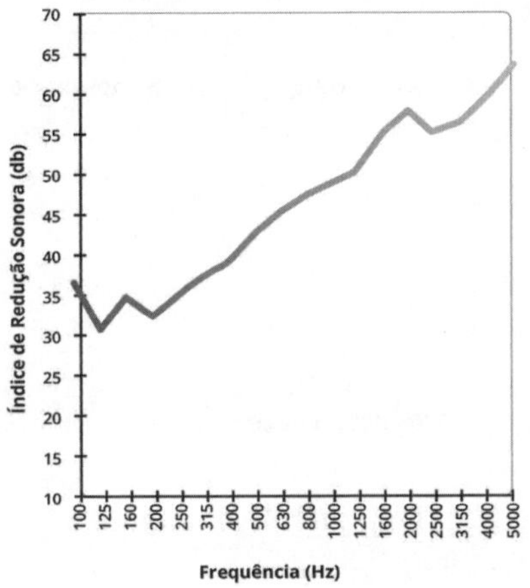

Frequência do centro da banda de terço de oitava (Hz)	Índice de Redução Sonora (dB)
100	36,7
125	30,7
160	34,7
200	32,3
250	34,9
315	37,4
400	39,2
500	42,6
630	45,0
800	47,3
1000	48,9
1250	50,2
1600	55,1
2000	57,8
2500	55,0
3150	56,4
4000	59,5
5000	63,4

Índice de Redução Sonora Ponderado, Rw	46dB

Esta ficha de desempenho apresenta um resumo dos resultados obtidos no ensaio. O relatório de ensaio completo está disponível na BlocoBrasil e poderá ser consultado pelos Associados da entidade. Os Blocos ensaiados possuem o Selo de Qualidade ABCP.

Ficha de desempenho
DESEMPENHO ACÚSTICO
Rw

ENSAIO 07

MANUAL DE DESEMPENHO
Alvenaria com Blocos de Concreto

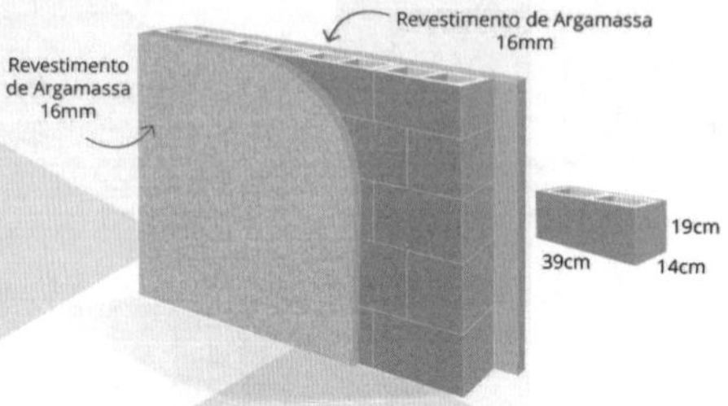

Resultados extraídos do relatório de ensaio executado pelo IPT (Instituto de Pesquisas Tecnológicas)	
Relatório	**RE 1.123.146-203**
Norma técnica	**ISO 10140:2010**

Elemento ensaiado

Montagem da parede

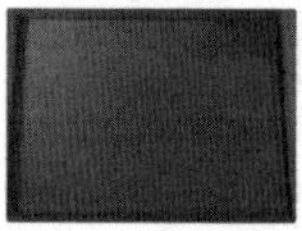

Parede revestida

Bloco de concreto	Classe de Resistência	Classe A
	Dimensões (cm)	14 x 19 x 39
	Espessura média das paredes (mm)	31,0
	Massa média (kg)	14,3
	Resistência à Compressão (MPa)	14,0
Argamassa industrializado	Densidade (g/cm³)	2,0
Dimensões da parede	300 x 400 x 17,2 cm	
Área ensaiada	12,0 m² - em ambos os lados.	
Assentamento dos blocos	Argamassa industrializada; juntas amarradas de 10mm; preenchimento das juntas verticais e horizontais	
Revestimento	Revestimento com 16 mm de argamassa em ambos os lados.	
Cura	Não declarado.	
Condições do ensaio	Temperatura ambiente: 23,7ºC. Umidade relativa: 68,0%.	

IMAGENS MERAMENTE ILUSTRATIVAS

Características das câmaras reverberantes utilizadas		
Câmara emissora	Área	252m²
	Volume	225m³
	Num. difusores	14 un
Câmara receptora	Área	229m²
	Volume	217m³
	Num. difusores	13 un

Ficha de desempenho
DESEMPENHO ACÚSTICO
Rw

ENSAIO 07

MANUAL DE DESEMPENHO
Alvenaria com Blocos de Concreto

Resultado

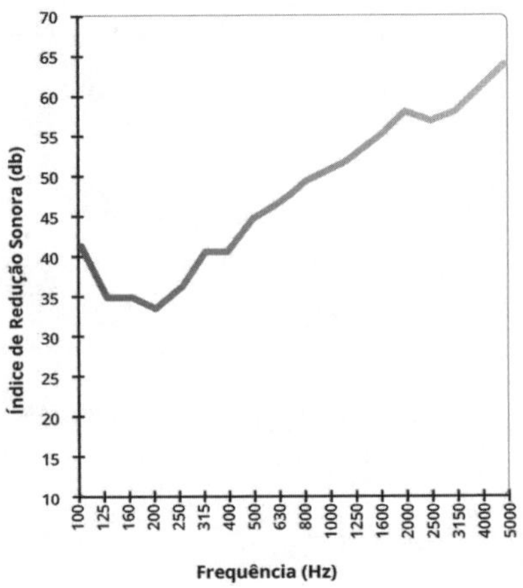

Frequência do centro da banda de terço de oitava (Hz)	Índice de Redução Sonora (dB)
100	41,0
125	35,2
160	35,0
200	33,6
250	36,5
315	40,5
400	40,6
500	44,7
630	46,6
800	49,0
1000	50,5
1250	52,3
1600	54,9
2000	58,1
2500	57,1
3150	58,2
4000	60,9
5000	64,0

Índice de Redução Sonora Ponderado, Rw	48dB

IMAGENS MERAMENTE ILUSTRATIVAS

Esta ficha de desempenho apresenta um resumo dos resultados obtidos no ensaio. O relatório de ensaio completo está disponível na BlocoBrasil e poderá ser consultado pelos Associados da entidade. Os Blocos ensaiados possuem o Selo de Qualidade ABCP.

Ficha de desempenho
DESEMPENHO ACÚSTICO
Rw

ENSAIO 08

MANUAL DE DESEMPENHO
Alvenaria com Blocos de Concreto

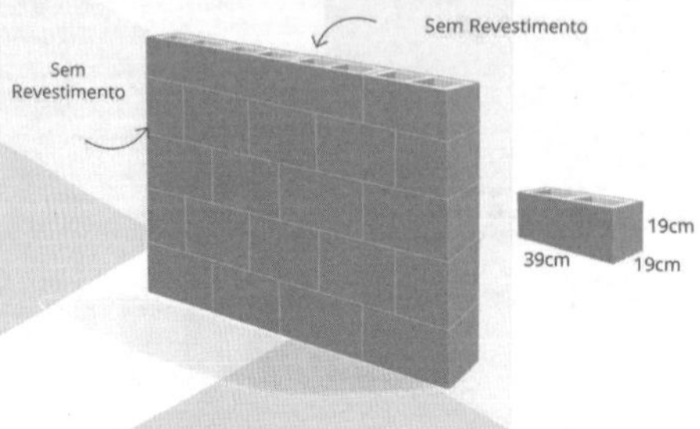

Resultados extraídos do relatório de ensaio executado pelo IPT (Instituto de Pesquisas Tecnológicas)	
Relatório	**RE 1.124.991-203**
Norma técnica	**ISO 10140:2010**

Elemento ensaiado

Montagem da parede

Durante o ensaio

Bloco de concreto	**Classe de Resistência**	Classe A
	Dimensões (cm)	19 x 19 x 39
	Espessura média das paredes (mm)	33
	Massa média (kg)	16,7
	Resistência à Compressão (MPa)	10,1
Argamassa industrializado	**Densidade (g/cm³)**	2,0
Dimensões da parede	300 x 400 x 19 cm	
Área ensaiada	12,0 m² - em ambos os lados.	
Assentamento dos blocos	Argamassa industrializada; juntas amarradas de 10mm; preenchimento das juntas verticais e horizontais.	
Revestimento	Sem revestimento.	
Cura	Não declarado.	
Condições do ensaio	Temperatura ambiente: 23,7ºC. Umidade relativa: 68,0%.	

IMAGENS MERAMENTE ILUSTRATIVAS

Características das câmaras reverberantes utilizadas		
Câmara emissora	Área	252m²
	Volume	225m³
	Num. difusores	14 un
Câmara receptora	Área	229m²
	Volume	217m³
	Num. difusores	13 un

Ficha de desempenho
DESEMPENHO ACÚSTICO
Rw

ENSAIO 08

MANUAL DE DESEMPENHO
Alvenaria com Blocos de Concreto

Resultado

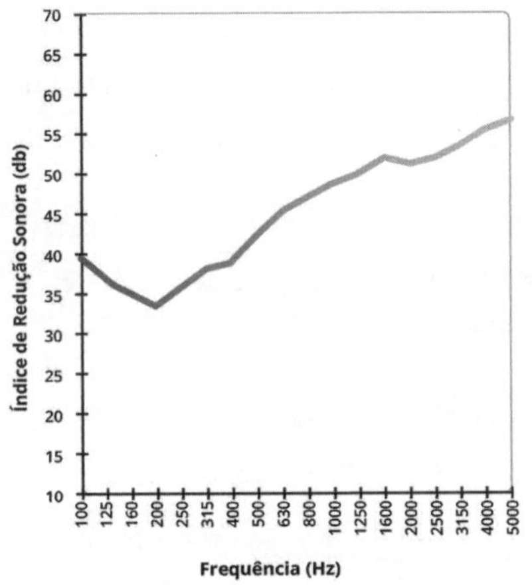

Frequência do centro da banda de terço de oitava (Hz)	Índice de Redução Sonora (dB)
100	39,4
125	37,0
160	34,9
200	33,3
250	35,6
315	38,2
400	38,9
500	42,4
630	45,3
800	46,9
1000	48,8
1250	50,1
1600	51,9
2000	51,4
2500	52,1
3150	53,7
4000	55,5
5000	56,7

Índice de Redução Sonora Ponderado, Rw	47dB

IMAGENS MERAMENTE ILUSTRATIVAS

Esta ficha de desempenho apresenta um resumo dos resultados obtidos no ensaio. O relatório de ensaio completo está disponível na BlocoBrasil e poderá ser consultado pelos Associados da entidade. Os Blocos ensaiados possuem o Selo de Qualidade ABCP.

Ficha de desempenho
DESEMPENHO ACÚSTICO
Rw

ENSAIO 09

MANUAL DE DESEMPENHO
Alvenaria com Blocos de Concreto

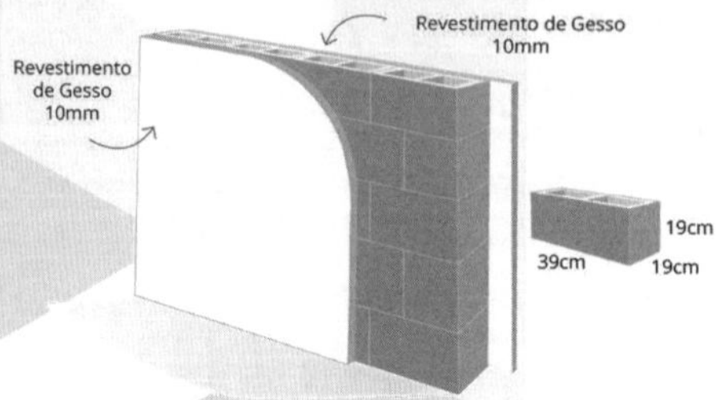

Resultados extraídos do relatório de ensaio executado pelo IPT (Instituto de Pesquisas Tecnológicas)	
Relatório	**RE 1.124.993-203**
Norma técnica	**ISO 10140:2010**

Elemento ensaiado

Montagem da parede

Parede revestida

Bloco de concreto	**Classe de Resistência**	Classe A
	Dimensões (cm)	19 x 19 x 39
	Espessura média das paredes (mm)	33
	Massa média (kg)	16,7
	Resistência à Compressão (MPa)	10,1
Gesso	**Densidade (g/cm³)**	1,6
Argamassa industrializado	**Densidade (g/cm³)**	2,0
Dimensões da parede	300 x 400 x 21 cm	
Área ensaiada	12,0 m² - em ambos os lados.	
Assentamento dos blocos	Argamassa industrializada; juntas amarradas de 10mm; preenchimento das juntas verticais e horizontais.	
Revestimento	Revestimento com 10mm de gesso em ambos os lados.	
Cura	Não declarado.	
Condições do ensaio	Temperatura ambiente: 23,7ºC. Umidade relativa: 68,0%.	

IMAGENS MERAMENTE ILUSTRATIVAS

Características das câmaras reverberantes utilizadas		
Câmara emissora	**Área**	252m²
	Volume	225m³
	Num. difusores	14 un
Câmara receptora	**Área**	229m²
	Volume	217m³
	Num. difusores	13 un

Ficha de desempenho
DESEMPENHO ACÚSTICO
Rw

ENSAIO 09

MANUAL DE DESEMPENHO
Alvenaria com Blocos de Concreto

Resultado

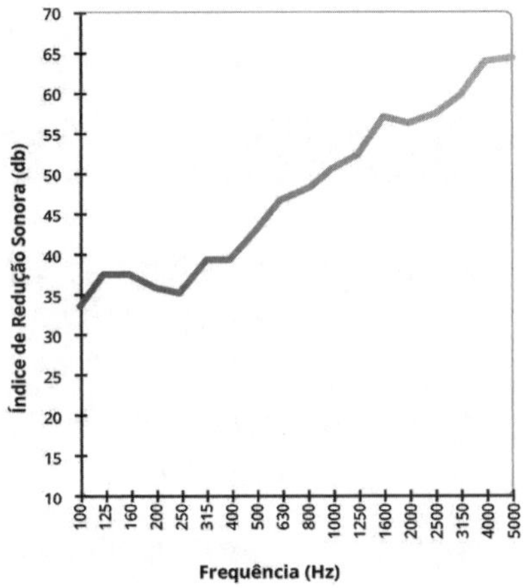

Frequência do centro da banda de terço de oitava (Hz)	Índice de Redução Sonora (dB)
100	33,4
125	37,7
160	37,4
200	35,9
250	35,3
315	39,2
400	39,4
500	43,0
630	46,8
800	48,2
1000	50,7
1250	52,6
1600	57,3
2000	56,4
2500	57,5
3150	60,0
4000	64,2
5000	64,7

Índice de Redução Sonora Ponderado, Rw	48dB

IMAGENS MERAMENTE ILUSTRATIVAS

Esta ficha de desempenho apresenta um resumo dos resultados obtidos no ensaio. O relatório de ensaio completo está disponível na BlocoBrasil e poderá ser consultado pelos Associados da entidade. Os Blocos ensaiados possuem o Selo de Qualidade ABCP.

CAPÍTULO IX

AÇÕES TRANSMITIDAS POR PORTA

ENSAIO	TIPOLOGIA DA PAREDE ENSAIADA		RESULTADO
Ensaio 01	**Bloco Classe C** 14x19x39 cm	Sem revestimento | **Fixação da porta:** Parafuso e bucha S12 + espuma expansiva	**Atende ao critério**
Ensaio 02	**Bloco Classe C** 14x19x39 cm	Sem revestimento | **Fixação da porta:** Espuma expansiva aplicada em três trechos	**Atende ao critério**
Ensaio 03	**Bloco Classe C** 14x19x39 cm	Sem revestimento | **Fixação da porta:** Espuma expansiva aplicada com lata ao longo das duas ombreiras do marco	**Atende ao critério**
Ensaio 04	**Bloco Classe C** 14x19x39 cm	Sem revestimento | **Fixação da porta:** Espuma expansiva aplicada com pistola ao longo das duas ombreiras do marco	**Atende ao critério**

Ficha de desempenho
AÇÕES TRANSMITIDAS POR PORTA
Parede sem função estrutural

ENSAIO 01

MANUAL DE DESEMPENHO
Alvenaria com Blocos de Concreto

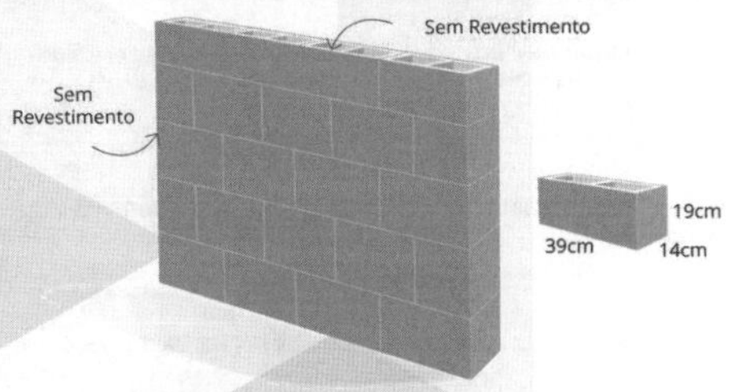

Resultados extraídos do relatório de ensaio executado pelo IPT (Instituto de Pesquisas Tecnológicas)	
Relatório	**RE 1.114.174-203**
Norma técnica	**ABNT NBR 15575-4**

<table>
<tr><th rowspan="10">Elemento ensaiado

Fechamento Brusco
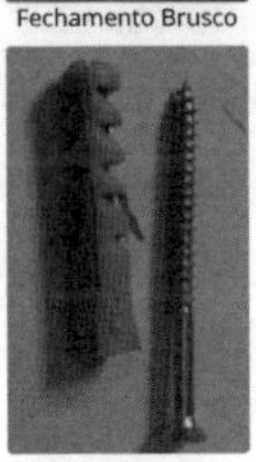
Bucha e Parafuso utilizados na fixação da porta.</th><td rowspan="4">Bloco de concreto</td><td>Classe de Resistência</td><td>Classe C</td></tr>
<tr><td>Dimensões (cm)</td><td>14 x 19 x 39</td></tr>
<tr><td>Espessura média das paredes longitudinais (mm)</td><td>20</td></tr>
<tr><td>Resistência à Compressão (MPa)</td><td>4,7</td></tr>
<tr><td>Dimensões da parede</td><td colspan="2">270 x 260 x 14 cm</td></tr>
<tr><td>Assentamento dos blocos</td><td colspan="2">Argamassa industrializada; juntas amarradas de 10mm; preenchimento das juntas verticais e horizontais.</td></tr>
<tr><td>Revestimento (b)</td><td colspan="2">Sem revestimento.</td></tr>
<tr><td>Fixação da Porta</td><td colspan="2">A fixação da porta foi realizada com parafuso e bucha S12, e a vedação do vão entre a porta e a alvenaria foi feita em alguns trechos com espuma expansiva.</td></tr>
<tr><td>Local de impacto</td><td colspan="2">Face interna e externa da porta.</td></tr>
</table>

IMAGENS MERAMENTE ILUSTRATIVAS

Requisito	Componente	Avaliação/Recomendação
Fechamento Brusco (147J)	Parede interna com porta interna	Atende ao critério pois não apresentou falhas, como rupturas, fissuras, destacamentos no encontro com o marco, cisalhamento nas regiões de solidarização do marco, destacamentos em juntas entre componentes das paredes.
Impacto de Corpo Mole (240 J)	Parede interna com porta interna	Atende ao critério pois não ocorreu arrancamento do marco, nem ruptura ou perda de estabilidade da parede.

Esta ficha de desempenho apresenta um resumo dos resultados obtidos no ensaio. O relatório de ensaio completo está disponível na BlocoBrasil e poderá ser consultado pelos Associados da entidade. Os Blocos ensaiados possuem o Selo de Qualidade ABCP.

Ficha de desempenho
AÇÕES TRANSMITIDAS POR PORTA
Parede sem função estrutural

ENSAIO 02

MANUAL DE DESEMPENHO
Alvenaria com Blocos de Concreto

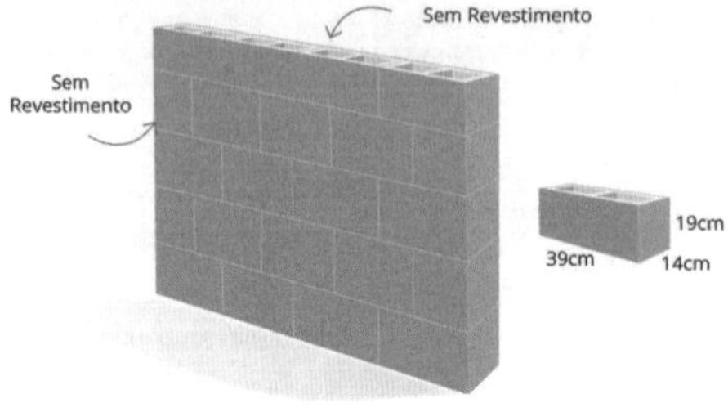

Resultados extraídos do relatório de ensaio executado pelo IPT (Instituto de Pesquisas Tecnológicas)	
Relatório	**RE 1.114.760-203**
Norma técnica	**ABNT NBR 15575-4**

Elemento ensaiado			
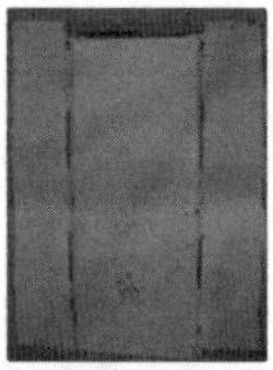 Porta fixada na alvenaria	**Bloco de concreto**	**Classe de Resistência**	Classe C
		Dimensões (cm)	14 x 19 x 39
		Espessura média das paredes longitudinais (mm)	20
		Resistência à Compressão (MPa)	4,7
	Dimensões da parede	270 x 260 x 14 cm	
	Assentamento dos blocos	Argamassa industrializada; juntas amarradas de 10mm; preenchimento das juntas verticais e horizontais.	
	Revestimento (b)	Sem revestimento.	
 Impacto de Corpo Mole	**Fixação da Porta**	A fixação da porta foi realizada com espuma expansiva, aplicada em três trechos, ao longo das duas ombreiras do marco, com dimensões aproximadas de: 30 cm de comprimento (ao longo da altura do marco), 2 cm de espessura (vão entre marco e parede) e 14 cm de largura (largura do marco) cada trecho. Não foi aplicada espuma na travessa do marco. Espuma aplicada com lata.	
	Local de impacto	Face interna e externa da porta.	

Requisito	Componente	Avaliação/Recomendação
Fechamento Brusco (147J)	Parede interna com porta interna	Atende ao critério pois não apresentou falhas, como rupturas, fissuras, destacamentos no encontro com o marco, cisalhamento nas regiões de solidarização do marco, destacamentos em juntas entre componentes das paredes.
Impacto de Corpo Mole (240 J)	Parede interna com porta interna	Atende ao critério pois não ocorreu arrancamento do marco, nem ruptura ou perda de estabilidade da parede.

IMAGENS MERAMENTE ILUSTRATIVAS

Esta ficha de desempenho apresenta um resumo dos resultados obtidos no ensaio. O relatório de ensaio completo está disponível na BlocoBrasil e poderá ser consultado pelos Associados da entidade. Os Blocos ensaiados possuem o Selo de Qualidade ABCP.

Ficha de desempenho
AÇÕES TRANSMITIDAS POR PORTA
Parede sem função estrutural

ENSAIO 03

MANUAL DE DESEMPENHO
Alvenaria com Blocos de Concreto

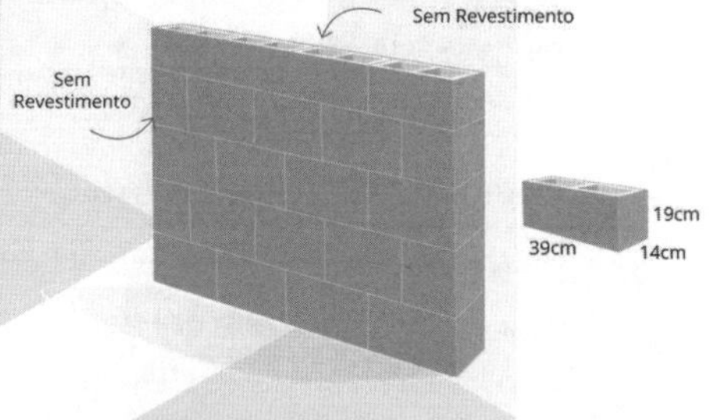

Resultados extraídos do relatório de ensaio executado pelo IPT (Instituto de Pesquisas Tecnológicas)	
Relatório	**RE 1.114.758-203**
Norma técnica	**ABNT NBR 15575-4**

Elemento ensaiado

Porta fixada na alvenaria

Aplicação da espuma expansiva multiuso

Bloco de concreto	Classe de Resistência	Classe C
	Dimensões (cm)	14 x 19 x 39
	Espessura média das paredes longitudinais (mm)	20
	Resistência à Compressão (MPa)	4,7
Dimensões da parede	270 x 260 x 14 cm	
Assentamento dos blocos	Argamassa industrializada; juntas amarradas de 10mm; preenchimento das juntas verticais e horizontais.	
Revestimento (b)	Sem revestimento.	
Fixação da Porta	A fixação da porta foi realizada com espuma expansiva, **aplicada ao longo das duas ombreiras do marco**, com dimensões aproximadas de: 214 cm de comprimento (ao longo da altura do marco), 2 cm de espessura (vão entre marco e parede) e 14 cm de largura (largura do marco). Não foi aplicada espuma na travessa do marco. Espuma aplicada com a lata.	
Local de impacto	Face interna e externa da porta.	

Requisito	Componente	Avaliação/Recomendação
Fechamento Brusco (147J)	Parede interna com porta interna	Atende ao critério pois não apresentou falhas, como rupturas, fissuras, destacamentos no encontro com o marco, cisalhamento nas regiões de solidarização do marco, destacamentos em juntas entre componentes das paredes.
Impacto de Corpo Mole (240 J)	Parede interna com porta interna	Atende ao critério pois não ocorreu arrancamento do marco, nem ruptura ou perda de estabilidade da parede.

IMAGENS MERAMENTE ILUSTRATIVAS

Esta ficha de desempenho apresenta um resumo dos resultados obtidos no ensaio. O relatório de ensaio completo está disponível na BlocoBrasil e poderá ser consultado pelos Associados da entidade. Os Blocos ensaiados possuem o Selo de Qualidade ABCP.

Ficha de desempenho
AÇÕES TRANSMITIDAS POR PORTA
Parede sem função estrutural

ENSAIO 04

MANUAL DE DESEMPENHO
Alvenaria com Blocos de Concreto

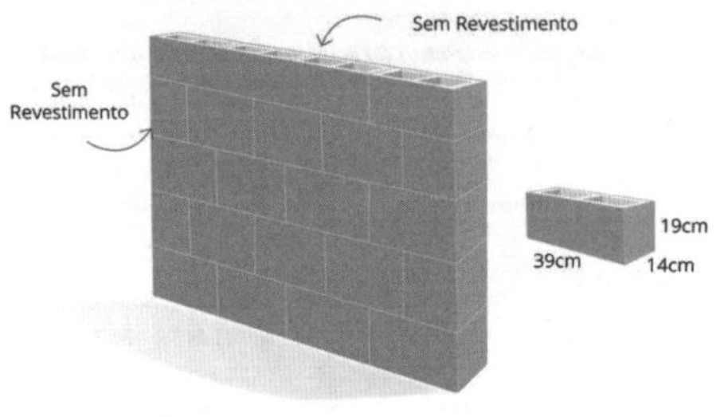

Resultados extraídos do relatório de ensaio executado pelo IPT (Instituto de Pesquisas Tecnológicas)	
Relatório	**RE 1.114.757-203**
Norma técnica	**ABNT NBR 15575-4**

IMAGENS MERAMENTE ILUSTRATIVAS

Elemento ensaiado			
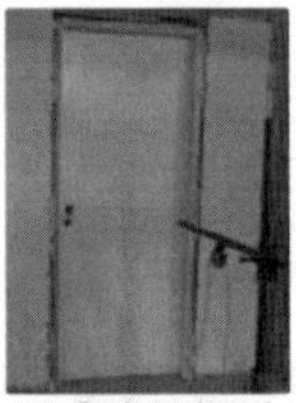 Porta fixada na alvenaria	**Bloco de concreto**	Classe de Resistência	Classe C
		Dimensões (cm)	14 x 19 x 39
		Espessura média das paredes longitudinais (mm)	20
		Resistência à Compressão (MPa)	4,7
	Dimensões da parede	270 x 260 x 14 cm	
	Assentamento dos blocos	Argamassa industrializada; juntas amarradas de 10mm; preenchimento das juntas verticais e horizontais.	
	Revestimento (b)	Sem revestimento.	
 Parede revestida	**Fixação da Porta**	A fixação da porta foi realizada com espuma expansiva, aplicada ao longo das duas ombreiras do marco, com dimensões aproximadas de: 214 cm de comprimento (ao longo da altura do marco), 2 cm de espessura (vão entre marco e parede) e 14 cm de largura (largura do marco). Não foi aplicada espuma na travessa do marco. Aplicação da espuma feita com pistola.	
	Local de impacto	Face interna e externa da porta.	

Requisito	Componente	Avaliação/Recomendação
Fechamento Brusco (147J)	Parede interna com porta interna	Atende ao critério pois não apresentou falhas, como rupturas, fissuras, destacamentos no encontro com o marco, cisalhamento nas regiões de solidarização do marco, destacamentos em juntas entre componentes das paredes.
Impacto de Corpo Mole (240 J)	Parede interna com porta interna	Atende ao critério pois não ocorreu arrancamento do marco, nem ruptura ou perda de estabilidade da parede.

Esta ficha de desempenho apresenta um resumo dos resultados obtidos no ensaio. O relatório de ensaio completo está disponível na BlocoBrasil e poderá ser consultado pelos Associados da entidade. Os Blocos ensaiados possuem o Selo de Qualidade ABCP.

CAPÍTULO X

DURABILIDADE E CHOQUE TÉRMICO

ENSAIO	TIPOLOGIA DA PAREDE ENSAIADA		RESULTADO
Ensaio 01	**Bloco Classe C** 14x19x39 cm	**Face externa:** 25 mm (chapisco + argamassa industrializada) e pintura com tinta acrílica fosca na cor branca. **Face interna:** Gesso com espessura de 5 mm	**Atende ao critério**

Ficha de desempenho
DURABILIDADE E CHOQUE TÉRMICO
Parede sem função estrutural

ENSAIO 01

MANUAL DE DESEMPENHO
Alvenaria com Blocos de Concreto

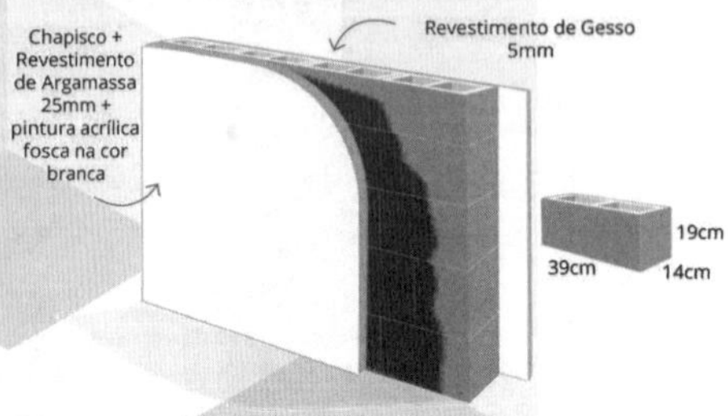

Resultados extraídos do relatório de ensaio executado pelo IPT (Instituto de Pesquisas Tecnológicas)	
Relatório	**RE 1.112.486-203**
Norma técnica	**ABNT NBR 15575-4**

Elemento ensaiado

Montagem da parede

Parede revestida

Bloco de concreto	**Classe de Resistência**	Classe C
	Dimensões (cm)	14 x 19 x 39
	Espessura média das paredes longitudinais (mm)	20
	Resistência à Compressão (MPa)	4,7
Dimensões da parede	120 x 246,5 x 17 cm	
Assentamento dos blocos	Argamassa industrializada; juntas amarradas de 10mm; preenchimento das juntas verticais e horizontais.	
Revestimento	Revestimento externo: 25 mm (chapisco + argamassa industrializada) e pintura com tinta crílica fosca na cor branca. Revestimento interno: Gesso com espessura de 5 mm.	
Montagem	A parede foi montada sobre viga de concreto. Os blocos foram assentados com argamassa sobre esta viga e encunhados em uma viga mista de aço e concreto ao longo da largura, em sua extremidade superior.	

IMAGENS MERAMENTE ILUSTRATIVAS

Esta ficha de desempenho apresenta um resumo dos resultados obtidos no ensaio. O relatório de ensaio completo está disponível na BlocoBrasil e poderá ser consultado pelos Associados da entidade. Os Blocos ensaiados possuem o Selo de Qualidade ABCP.

Ficha de desempenho
DURABILIDADE E CHOQUE TÉRMICO
Parede sem função estrutural

ENSAIO 01

MANUAL DE DESEMPENHO
Alvenaria com Blocos de Concreto

Resultados			
Nº do ciclo	Temperatura superficial da parede	Deslocamento horizontal (mm)	Ocorrências
1	80ºC	1,3	Nada a relatar
	(20±5) ºC	-0,3	Nada a acrescentar
2	80ºC	1,3	Nada a acrescentar
	(20±5) ºC	-0,4	Nada a acrescentar
3	80ºC	1,3	Nada a acrescentar
	(20±5) ºC	-0,3	Nada a acrescentar
4	80ºC	1,3	Nada a acrescentar
	(20±5) ºC	-0,4	Nada a acrescentar
5	80ºC	1,4	Nada a acrescentar
	(20±5) ºC	-0,4	Nada a acrescentar
6	80ºC	1,2	Nada a acrescentar
	(20±5) ºC	-0,4	Nada a acrescentar
7	80ºC	1,3	Nada a acrescentar
	(20±5) ºC	-0,3	Nada a acrescentar
8	80ºC	1,4	Nada a acrescentar
	(20±5) ºC	-0,4	Nada a acrescentar
9	80ºC	1,3	Nada a acrescentar
	(20±5) ºC	-0,3	Nada a acrescentar
10	80ºC	1,3	Nada a acrescentar
	(20±5) ºC	-0,3	Nada a acrescentar

IMAGENS MERAMENTE ILUSTRATIVAS

Atende ao critério, conforme item 14.1.1 da NBR 15:575, não apresentando: - Deslocamento horizontal instantâneo, no plano perpendicular ao corpo de prova, superior a h/300, onde h é a altura do corpo de prova.

- Ocorrência de falhas, como fissuras, destacamentos, empolamentos, descoloramentos e outros danos que possam comprometer a utilização do SVVE.

Esta ficha de desempenho apresenta um resumo dos resultados obtidos no ensaio. O relatório de ensaio completo está disponível na BlocoBrasil e poderá ser consultado pelos Associados da entidade. Os Blocos ensaiados possuem o Selo de Qualidade ABCP.

CAPÍTULO XI

ESTANQUEIDADE

ENSAIO	TIPOLOGIA DA PAREDE ENSAIADA		RESULTADO
Ensaio 01	**Bloco Classe C** 14x19x39 cm	**Face interna:** 15 mm de gesso **Face externa:** 16 mm de monocamada na cor branca	**Atende ao critério**
Ensaio 02	**Bloco Classe C** 14x19x39 cm	**Face interna:** 5 mm de gesso **Face externa:** chapisco + 25 mm de Argamassa + pintura acrílica fosca	**Atende ao critério**

Ficha de desempenho
ESTANQUEIDADE
Parede sem função estrutural

ENSAIO 01

MANUAL DE DESEMPENHO
Alvenaria com Blocos de Concreto

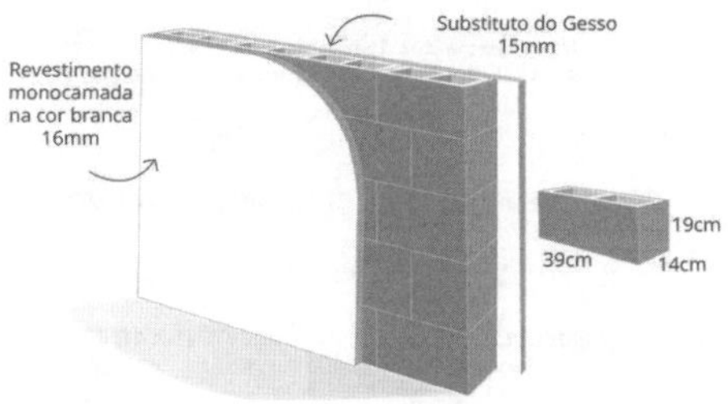

Resultados extraídos do relatório de ensaio executado pelo IPT (Instituto de Pesquisas Tecnológicas)	
Relatório	**RE 1.103.501-203**
Norma técnica	**ABNT NBR 15575-4**

<table>
<tr><td rowspan="7">Elemento ensaiado

Montagem da parede

Parede revestida</td><td rowspan="4">Bloco de concreto</td><td>Classe de Resistência</td><td>Classe C</td></tr>
<tr><td>Dimensões (cm)</td><td>14 x 19 x 39</td></tr>
<tr><td>Espessura média das paredes longitudinais (mm)</td><td>20</td></tr>
<tr><td>Resistência à Compressão (MPa)</td><td>4,7</td></tr>
<tr><td>Revestimento</td><td colspan="2">Face interna revestidas com substituto do gesso: 15 mm de espessura.
Face externa revestidas com monocamada na cor branca: 16 mm de espessura.</td></tr>
<tr><td>Dimensões da parede</td><td colspan="2">119,5 x 138,5 x 16 cm</td></tr>
<tr><td>Assentamento dos blocos</td><td colspan="2">Argamassa industrializada; juntas amarradas de 10mm; preenchimento das juntas verticais e horizontais.</td></tr>
</table>

IMAGENS MERAMENTE ILUSTRATIVAS

Resultados

Pressão de ensaio (Pa)	Corpo de prova n.º	Ocorrências
50	1	Após 7 horas de ensaio, não foram observadas infiltrações, formação de gotas de água aderentes na face interna, nem mesmo manchas de umidade ou vazamentos.
	2	Após 7 horas de ensaio, não foram observadas infiltrações, formação de gotas de água aderentes na face interna, nem mesmo manchas de umidade ou vazamentos.

Esta ficha de desempenho apresenta um resumo dos resultados obtidos no ensaio. O relatório de ensaio completo está disponível na BlocoBrasil e poderá ser consultado pelos Associados da entidade. Os Blocos ensaiados possuem o Selo de Qualidade ABCP.

Ficha de desempenho
ESTANQUEIDADE
Parede sem função estrutural

ENSAIO 02

MANUAL DE DESEMPENHO
Alvenaria com Blocos de Concreto

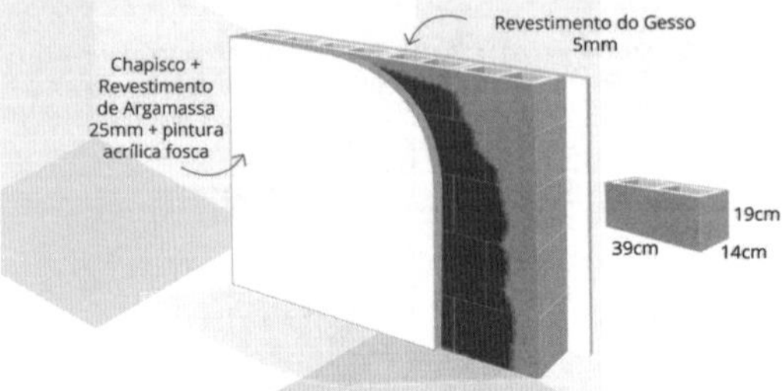

Resultados extraídos do relatório de ensaio executado pelo IPT (Instituto de Pesquisas Tecnológicas)	
Relatório	**RE 1.103.447-203**
Norma técnica	**ABNT NBR 15575-4**

<table>
<tr><td rowspan="7">Elemento ensaiado

Montagem da parede

Face revestida com gesso</td><td rowspan="4">Bloco de concreto</td><td>Classe de Resistência</td><td>Classe C</td></tr>
<tr><td>Dimensões (cm)</td><td>14 x 19 x 39</td></tr>
<tr><td>Espessura média das paredes longitudinais (mm)</td><td>20</td></tr>
<tr><td>Resistência à Compressão (MPa)</td><td>4,7</td></tr>
<tr><td>Revestimento</td><td colspan="2">Face interna revestidas com gesso com espessura de 5 mm.
Face externa revestidas com chapisco + 25mm de argamassa + pintura acrílica fosca.</td></tr>
<tr><td>Dimensões da parede</td><td colspan="2">119 x 138 x 16,7 cm</td></tr>
<tr><td>Assentamento dos blocos</td><td colspan="2">Argamassa industrializada; juntas amarradas de 10mm; preenchimento das juntas verticais e horizontais.</td></tr>
</table>

IMAGENS MERAMENTE ILUSTRATIVAS

Resultados		
Pressão de ensaio (Pa)	**Corpo de prova n.°**	**Ocorrências**
50	1	Após 7 horas de ensaio, não foram observadas infiltrações, formação de gotas de água aderentes na face interna, nem mesmo manchas de umidade ou vazamentos.
	2	Após 7 horas de ensaio, não foram observadas infiltrações, formação de gotas de água aderentes na face interna, nem mesmo manchas de umidade ou vazamentos.

Esta ficha de desempenho apresenta um resumo dos resultados obtidos no ensaio. O relatório de ensaio completo está disponível na BlocoBrasil e poderá ser consultado pelos Associados da entidade. Os Blocos ensaiados possuem o Selo de Qualidade ABCP.

ASSOCIAÇÃO
BlocoBrasil
SISTEMA UNIFICADO
DE QUALIDADE
PSQ
EMPRESA PARTICIPANTE
PBQP H
SELO DE
QUALIDADE

Para maiores informações e
conhecer melhor os nossos
associados, visite em nosso site:
www.blocobrasil.com.br
ASSOCIAÇÃO
BlocoBrasil
blocobrasil@blocobrasil.com.br
(11) 3768-6917
Av. Torres de Oliveira, 76 - Jaguaré/SP

GRÁFICA PAYM
Tel. [11] 4392-3344
paym@graficapaym.com.br